郑文杰 杨 芳 刘应亮 编著
Written by Zheng Wenjie Yang Fang Liu Yingliang

无机化学实验 [第三版]

Third Edition

Inorganic Chemistry Experiments

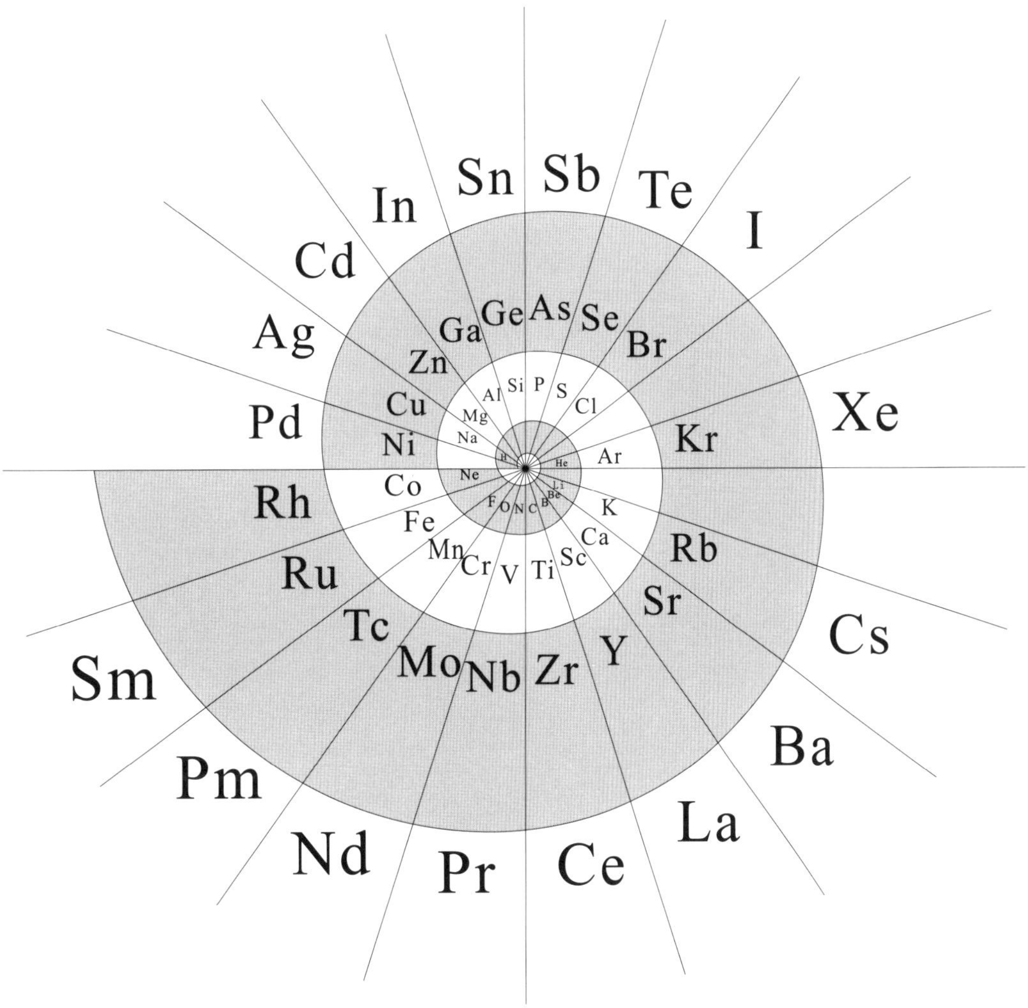

暨南大學出版社
JINAN UNIVERSITY PRESS
中国・广州

图书在版编目（CIP）数据

无机化学实验/郑文杰，杨芳，刘应亮编著．—3 版．—广州：暨南大学出版社，2010. 8（2012. 7 重印）

ISBN 978 - 7 - 81135 - 579 - 6

Ⅰ. ①无… Ⅱ. ①郑…②杨…③刘… Ⅲ. ①无机化学—化学实验—高等学校—教材 Ⅳ. ①O61 - 33

中国版本图书馆 CIP 数据核字（2010）第 144545 号

出版发行：暨南大学出版社

地　址：中国广州暨南大学
电　话：总编室（8620）85221601
营销部（8620）85225284　85228291　85228292（邮购）
传　真：（8620）85221583（办公室）　85223774（营销部）
邮　编：510630
网　址：http：//www. jnupress. com　http：//press. jnu. edu. cn

排　版：暨南大学出版社照排中心
印　刷：佛山市浩文彩色印刷有限公司

开　本：787mm × 1092mm　1/16
印　张：16. 5
字　数：409 千
版　次：1993 年 10 月第 1 版　2010 年 8 月第 3 版
印　次：2012 年 7 月第 5 次
印　数：10001—11000 册

定　价：30. 00 元

前 言

本书是在《无机化学实验》第二版的基础上修订而成的。本书主要是面向生命科学技术学院的各专业本科生，同时也涵盖了医学院、药学院、理工学院等相关专业的无机化学课程的实验内容，因此，第三版有更宽的适用面。

本书分基础操作训练、常数测定、化合物的制备与提纯、元素及其化合物的性质、离子的分离与鉴定、废液的回收处理和水的净化及特色创新实验七部分。不同专业可根据需要选择自己所侧重的内容。此外，一些实验还设有选做部分，这部分内容具有一定的难度，各专业可根据需要适当选用。

每个实验中的“实验提要”目的在于使学生对实验的内容达到基本理解，使实验顺利进行；“问题与讨论”有助于学生在实验前能更好地理解实验原理，把握实验重点，抓住实验关键，在实验后能分析实验现象和实验结果，深入思考并进一步扩展知识。因此要求在实验前充分预习并认真思考。

为了加强培养学生的动手、分析能力，进一步提高实验课的质量，本书尽量减少验证性实验，增加制备、分离、提纯、鉴定和设计性实验等方面的内容。同时把四大平衡统一到热力学原理中进行叙述，并贯彻在各有关实验中。与第二版相比，第三版删减了部分略为陈旧的内容，增加了部分新的内容，如纳米硒、纳米硫的制备等，这些内容是编著者的一些最新研究成果。

本书的实验既各自独立又相互联系，通过适当安排可以形成系列实验。如果教师在选择和安排实验时能注意利用其内在联系，则既可激发学生的兴趣，又可节省实验经费，减少环境污染，收到更好的教学效果。

在修订过程中，有些经典实验借鉴已出版教材的内容。使用过第二版的师生也提出了一些宝贵的意见。暨南大学出版社和化学系给予了大力支持和热情帮助。在此一一致以衷心的感谢！

编著者

2010 年 6 月

目　录

第二部分　常数测定

第三部分　化合物的制备与提纯

第四部分 元素及其化合物的性质

第五部分 离子的分离与鉴定

第六部分 废液的回收处理和水的净化

第七部分 特色创新实验

无机化学实验的目的

化学是一门实验科学。任何化学规律的发现和化学理论的建立，都必须以严格的实验为基础，并受实验的检验，所以化学实验是研究化学的重要手段和方法。无机化学实验是学生进入大学后在化学实验技能方面受到系统和严格训练的开端，它不仅为学习无机化学的基础理论提供了依据，而且为后续课程的实验打好了基础，也为以后独立进行科学实验和科学研究起了开路铺石的作用。

通过实验，更好地理解和掌握无机化学的基本理论和基础知识；掌握典型元素及其化合物的重要性质和反应性能；掌握测定常数以及制备、分离、提纯和鉴定物质等方法。从而巩固和扩大课堂所学到的知识，学会用实验的方法去验证定律和认识定律。

通过实验，可以正确地掌握无机化学实验的基本操作和技能技巧，学会正确观察和记录实验现象，分析、归纳、判断和评价实验结果，并学会处理实验数据和撰写实验报告。

通过实验，培养理论联系实际和实事求是的科学作风，严肃认真、一丝不苟的科学态度，知难而进、百折不挠的科学精神，善于观察、善于思考的科学习惯，有条不紊、周密准确的科学修养。

无机化学实验的学习方法

无机化学实验的学习方法，主要抓住下列3个环节：

1. 预习

为了确保实验顺利进行并达到预期效果，实验前必须认真地进行预习，并要求：

（1）阅读实验教材、教科书和参考文献的有关内容。

（2）明确实验目的，了解实验的内容、原理、操作方法、步骤以及安全注意事项。

（3）对于设计实验，应反复认真思考，预先拟定出合理的实验方案。

（4）在认真预习的基础上，写出实验预习报告（包括实验步骤、操作要领、注意事项及对问题的思考等），作为进行实验的依据。

2. 实验

根据实验教材（或自己的设计方案）所拟定的方法、步骤和试剂用量进行操作。要求做到：

（1）认真操作，细心观察，及时地、如实地、详细地记录实验现象。

（2）若发现异常实验现象应主动进行分析，找出原因，解决问题，必要时重做实验。逐步培养自己独立思考和解决实际问题的能力。

（3）发现疑难问题，可提请教师帮助，共同研究、解决。

（4）实验过程中应保持肃静，严格遵守实验室的工作守则和安全守则。

3. 实验报告

实验报告要求简明扼要，标题明显，文理通顺，字迹清楚，整齐洁净。实验报告要求包括以下内容：

（1）实验名称。

（2）实验目的：扼要地简述实验的目的。

（3）实验原理：测定实验或制备实验应扼要叙述其原理。

（4）实验步骤：尽量用简图、表格、化学式或化学符号表示。

（5）实验现象和数据的记录：清晰地描述实验现象，如实记录每一个实验数据，做到严谨、认真、实事求是。

（6）现象解释与数据处理：根据实验的现象进行分析、解释，并得出结论，写出有关的反应方程式；或根据记录的数据进行计算或作图。

（7）问题讨论：针对实验遇到的异常或特别的现象或疑难问题提出自己的见解；或总结实验中某方面的收获或教训；对定量实验应分析产生误差的原因；对教学方法、实验内容、实验方法都可提出自己的意见。

下面列举出不同类型的实验报告形式，以供参考。

类型 1　无机物制备或提纯实验

无机化学实验报告

实验名称________________________室温__________________

班组______________姓名_____________日期_____________

实验目的

____

简述原理

____

主要现象记录

____

产品纯度检验（根据实验要求进行）

____

产品外观
产　　量
产　　率

____

问题与讨论

____

附录

指导教师签名__________

类型2　测定实验

无机化学实验报告

实验名称______________________室温_____________气压_____________

班组__________________姓名_________________日期_________________

实验目的

____

简述测定原理

____

数据记录和结果处理

____

问题与讨论

____

附录

指导教师签名___________

类型 3　性质实验

无机化学实验报告

实验名称________________________室温__________________

班组_______________姓名_____________日期______________

实验内容与步骤	实验现象	解释、反应方程式和结论

小结

____

问题与讨论

____

附录

指导教师签名__________

学生实验守则

（1）实验前应认真预习，写好实验预习报告，上课时交指导教师检查和签字。

（2）遵守纪律，保持肃静，集中思想，认真操作，积极思考，仔细观察，如实记录。

（3）爱护各种设备和仪器，节约水电和药品。实验过程中如有仪器破损，应填写仪器破损单，经指导教师签字后及时领取补齐，对破损仪器酌情赔偿。

（4）实验后，废纸、火柴梗和废液废渣应倒入指定的回收容器内，严禁倒入水槽，以防水槽腐蚀、堵塞和造成环境污染。废玻璃应放入废玻璃箱内。

（5）使用试剂应注意以下几点：

①按教材规定用量使用，如无规定用量，应适量取用，注意节约。

②公用试剂和试剂架上的试剂使用后，应立即盖上原来的瓶塞，并放回原处。注意确保洁净和放置有序。

③取用固体试剂时，注意避免洒落。

④试剂从瓶中取出后，不应倒回原瓶中。滴管未经洗净时，不准在试剂瓶中吸取溶液，以免带入杂质而使瓶中试剂变质。

⑤规定要回收的药品都应倒入指定的回收瓶内。

（6）使用精密仪器时，必须严格按操作规程操作，细心谨慎，避免粗心大意而损坏仪器。发现仪器有故障，应立即停止使用，报告指导教师，及时排除故障。

（7）注意安全操作，遵守实验室安全守则。

（8）实验后应将仪器洗净，放回原处，清理实验台面。

（9）值日生应按规定打扫整个实验室，清洗水槽，检查并关闭水源、电源和门窗。

实验室安全守则

进入化学实验室，每个人都务必十分重视安全问题，决不能麻痹大意。进入化学实验室的每一个人，都必须十分熟悉实验室的一般安全守则；熟悉易燃、易爆、具有腐蚀性的药物及毒物的使用规则；熟悉化学实验意外事故的处理及救护措施。在每一个实验前都应充分了解该实验的有关安全注意事项，在整个实验过程中，都应集中注意力，严格遵守操作规程和各项安全守则，避免事故的发生。

1. 实验室的一般安全守则

（1）师生务必了解实验室内及周围环境各项灭火和救护设备（如沙箱、灭火器、急救箱等）及安放的位置，以及水管阀门、电闸的位置；熟悉各类灭火器的性能和使用方法。

（2）严禁在实验室内饮食、吸烟。

（3）使用电器时，要谨防触电。不要用湿手湿物接触电器设备。实验后应随手关闭电器开关。

（4）加热试管时，试管口不要对着自己和别人，也不要俯视正在加热的液体，以免因液体溅出而受到伤害。

（5）不要直接用手触及毒物。实验完毕，洗净双手方可离开实验室。

（6）实验室内所有药品不得携带出室外。

2. 易燃、易爆、具有腐蚀性的药物及毒物的使用规则

（1）涉及氢气的实验，操作时要远离明火，点燃氢气前，必须先检查氢气的纯度。

（2）银氨溶液久置后会变成氮化银而发生爆炸，用剩的银氨溶液必须酸化后回收。

（3）某些强氧化剂（如氯酸钾、过氧化钠、硝酸钾、高锰酸钾）及其混合物（如氯酸钾与红磷、碳、硫等的混合物）不能研磨，以防爆炸。

（4）钾、钠暴露在空气中或与水接触易燃烧，应保存在煤油中，并用镊子取用。

（5）白磷在空气中易自燃且有剧毒，能灼伤皮肤，切勿与人体接触，应保存在水中，在水下切割并用镊子取用。

（6）有机溶剂（如乙醇、乙醚、苯、丙酮等）易燃，使用时要远离明火，用后立即盖紧瓶塞并放置在阴凉处。

（7）浓酸、浓碱具有强腐蚀性，切勿使其溅在皮肤或衣服上，尤其要注意保护眼睛。稀释时（特别是浓硫酸），应将它们慢慢倒入水中而不能相反进行，以避免迸溅。

（8）能产生有毒、有刺激性恶臭气体的实验（如硫化氢、氯气、一氧化碳、二氧化氮、二氧化硫、溴等），都要在通风橱或台面通风口下面进行操作。

(9) 嗅闻气体时，用手轻拂气体，把少量气体扇向自己的鼻孔，决不能将鼻子直接对着瓶口嗅闻。

(10) 可溶性汞盐、铬（Ⅵ）的化合物、氰化物、砷盐、锑盐、镉盐和钡盐都有毒，不得进入口内或接触伤口，其废液也不能倒入下水道，应集中统一处理。

(11) 金属汞易挥发，它在人体内会累积起来引起慢性中毒。一旦把汞洒落在桌上或地面上，必须尽可能收集起来，并用硫黄粉盖在洒落的地方，使汞转变成不挥发的硫化汞。

3. 意外事故的处理及救护措施

(1) 割伤。在伤口上抹红药水或紫药水，洒些消炎粉并包扎，或贴上止血贴。如为玻璃扎伤，应先挑出伤口里的玻璃碎片再包扎。

(2) 烫伤。切勿用水冲洗，在烫伤处抹上烫伤膏或万花油。

(3) 受酸腐蚀。先用大量水冲洗，再用饱和碳酸氢钠溶液或稀氨水洗，最后再用水冲洗。如果酸溅入眼内也用此法处理。

(4) 受碱腐蚀。先用大量水冲洗，再用醋酸（20g/L）洗，最后再用水冲洗。如果碱溅入眼中，可用硼酸溶液洗，再用水冲洗。

(5) 受溴腐蚀。用苯或甘油洗，再用水冲洗。

(6) 受白磷灼伤。用质量分数为1%的硫酸银溶液，或质量分数为1%的硫酸铜溶液，或浓高锰酸钾溶液洗后进行包扎。

(7) 吸入刺激性气体。吸入氯气、氯化氢气体时，可吸入少量乙醇和乙醚的混合蒸气使之解毒。吸入硫化氢气体而感到不适时，应立即到室外呼吸新鲜空气。

(8) 毒物进入口内。把5~10mL稀硫酸铜溶液（质量分数为5%）加入一杯温水中，内服后，把手指伸入咽喉部，促使呕吐再送医院治疗。

(9) 触电。首先切断电源，然后在必要时进行人工呼吸。

(10) 起火。起火后，要立即一面灭火，一面防止火势扩大（如采取切断电源，停止加热，停止通风，移走易燃、易爆物品等措施）。灭火要根据起火原因采取相应的扑灭方法。

①一般的小火可用湿布、石棉布或沙土覆盖在燃烧物上。

②火势大时可用泡沫灭火器喷射起火处。

③由电器设备引起的火灾，不能用泡沫灭火器，以免触电，只能用四氯化碳气体或二氧化碳灭火器扑灭。

④因某些化学药品（如金属钠）和水反应引起的火灾，应用沙土来灭火。

⑤实验人员的衣服着火时，切勿惊慌乱跑，赶快脱下衣服，或用石棉布覆盖在着火处，就地卧倒打滚，可起灭火作用。

⑥伤势严重者，立即送往医院。

无机化学实验常用仪器介绍

仪　器	规　格	作　用	注意事项
 普通试管 test-tube  离心试管 centrifugal test-tube	玻璃质。分硬质试管，软质试管；普通试管，离心试管。 无刻度的普通试管规格以管口外径（mm）×管长（mm）表示。 离心试管规格以容量（cm^3）表示。	普通试管用作少量试剂的反应容器，便于操作和观察。也可用于少量气体的收集。 离心试管主要用于沉淀分离。	普通试管可直接用火加热。硬质试管可加热至高温。 加热时应用试管夹夹持。 加热后不能骤冷。 离心试管只能用水浴加热。
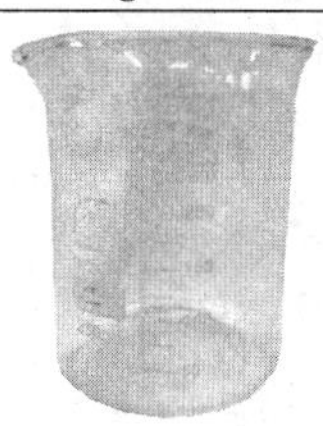 烧杯 beaker	玻璃质。分普通型，高型；有刻度，无刻度。 规格以容量(cm^3)表示。	用作较大量反应物的反应容器，反应物易混合均匀。 也用作配制溶液的容器或简易水浴的盛水器。	加热时应置于石棉网上，使其受热均匀。 刚加热后不能直接置于桌面上，应垫以石棉网。
 锥形烧瓶 conical flask	玻璃质。 规格以容量(cm^3)表示。	反应容器，振荡方便，适用于滴定操作。	加热时应置于石棉网上，使其受热均匀。 刚加热后不能直接置于桌面上，应垫以石棉网。

（续上表）

仪　　器	规　　格	作　　用	注意事项
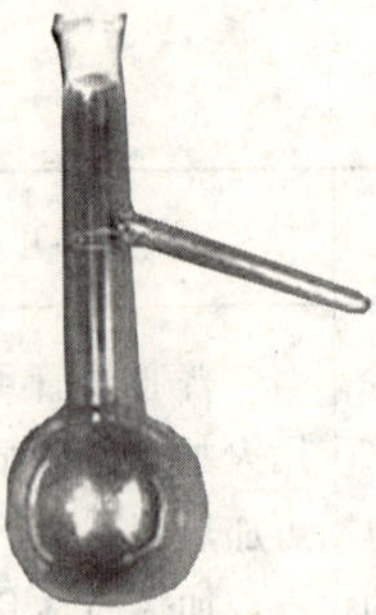 蒸馏烧瓶 distilling flask	玻璃质。 规格以容量(cm^3)表示。	用于液体蒸馏，也可用作少量气体的发生装置。	加热时应放置在石棉网上。 竖放在桌面上时，应垫以合适器具，以防滚动而打破。
 普通圆底烧瓶 round flask  磨口圆底烧瓶 ground-in round flask	玻璃质。 分普通型和标准磨口型。 规格以容量(cm^3)表示。 磨口的还以磨口标号表示其口径大小，如10、14、19等。	反应物较多，且需长时间加热时常用它做反应容器。	加热时应放置在石棉网上。 竖放桌面上时，应垫以合适器具，以防滚动而打破。

（续上表）

仪　　器	规　　格	作　　用	注意事项
 量筒 measuring cylinder	玻璃质。 规格以刻度所能量度的最大容积（cm^3）表示。 上口大下部小的称作量杯。	用于量度一定体积的液体。	不能加热。 不能量热的液体。 不能用作反应容器。
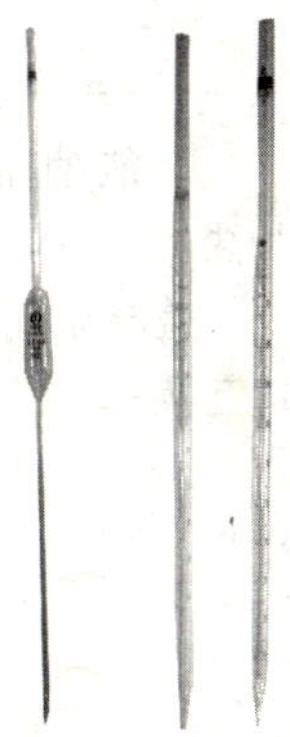 移液管　吸量管 pipette	玻璃质。 移液管为单刻度，吸量管有分刻度。 规格以刻度最大标度（cm^3）表示。	用于精确移取一定体积的液体。	不能加热。 用后应洗净，置于吸管架（板）上，以免沾污。
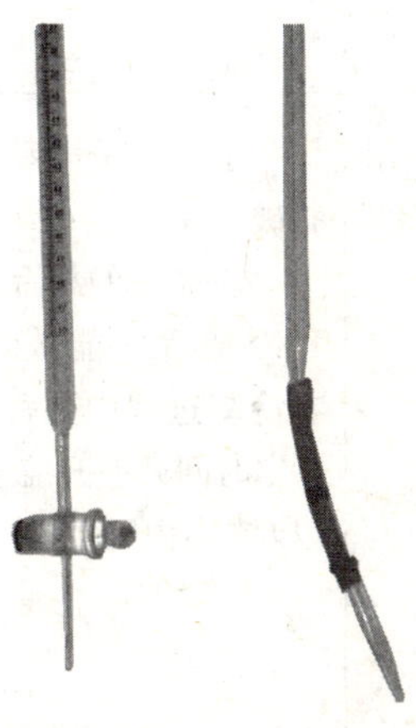 酸式滴定管　碱式滴定管 acidic buret　basic buret	玻璃质。 分酸式和碱式两种；管身颜色为棕色或无色。 规格以刻度最大标度（cm^3）表示。	用于滴定，或用于量取较准确体积的液体。	不能加热或量取热的液体。不能用毛刷洗涤内管壁。 酸、碱管不能互换使用。酸管与酸管的玻璃活塞配套使用，不能互换。

（续上表）

仪　器	规　格	作　用	注意事项
 容量瓶 volumetric flask	玻璃质。 规格以刻度以下的容积（cm^3）表示。 有的配以塑料瓶塞。	配制准确浓度的溶液时用。	不能加热。不能用毛刷洗刷。 瓶的磨口瓶塞配套使用，不能互换。
 称量瓶 weighing bottle	玻璃质。 分高型和矮型。 规格以外径（mm）×瓶高（mm）表示。	需要准确称取一定量的固体样品时用。	不能直接用火加热。 盖与瓶配套，不能互换。
 干燥器 desiccator	玻璃质。 分普通干燥器和真空干燥器。 规格以上口内径（mm）表示。	内放干燥剂，用作样品的干燥和保存。	小心盖子滑动而打破。 灼烧过的样品应稍冷却后才能放入，在冷却过程中要每隔一定时间开一开盖子，以调节器内压力。

（续上表）

仪　　器	规　　格	作　　用	注意事项
 坩埚钳 crucible tongs	金属（铁、铜）制品。有长短不一的各种规格。习惯上以长度（cm）表示。	夹持坩埚加热，或往热源（煤气灯、电炉、马福炉）中取、放坩埚。	使用前钳尖应预热；用后钳尖应向上放在桌面或石棉网上。
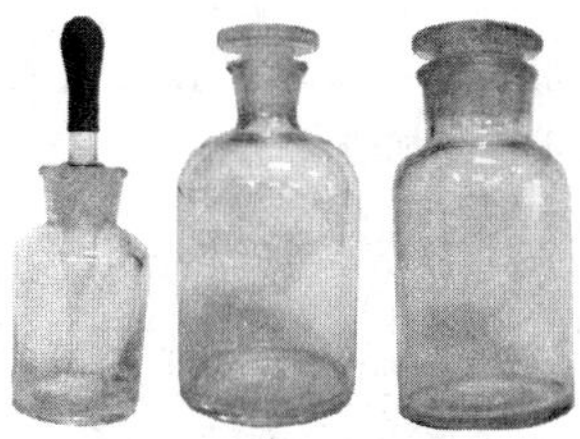 滴瓶　细口瓶　广口瓶 reagent bottle	玻璃质。 带磨口塞或滴管，有无色和棕色。规格以容量（cm^3）表示。	滴瓶、细口瓶用于盛放液体药品。广口瓶用于盛放固体药品。	不能直接加热。瓶塞不能互换。盛放碱液时要用橡皮塞，防止瓶塞被腐蚀而粘在一起。
 集气瓶 gas-jar	玻璃质。无塞，瓶口面磨砂并配毛玻璃盖片。 规格以容量（cm^3）表示。	用作气体收集或气体燃烧实验。	进行固—气燃烧实验时，瓶底应放少量沙子或水。
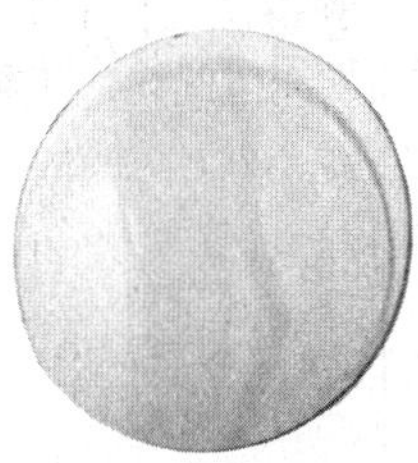 表面皿 watch glass	玻璃质。 规格以口径（mm）表示。	盖在烧杯上，防止液体迸溅或其他用途。	不能用火直接加热。

（续上表）

仪　器	规　格	作　用	注意事项
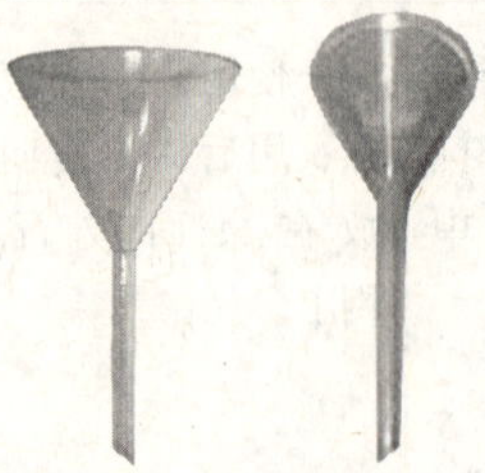 漏斗　　长颈漏斗 funnel	玻璃质或搪瓷质。分长颈、短颈。 规格以斗径（mm）表示。	用于过滤操作以及倾注液体。长颈漏斗特别适用于定量分析中的过滤操作。	不能用火直接加热。
 抽滤瓶和布氏漏斗 filter flask and buchner funnel	布氏漏斗为瓷质。规格以容量（cm^3）或斗径（cm）表示。 抽滤瓶为玻璃质。规格以容量（cm^3）表示。	两者配套，用于无机制备晶体或粗颗粒沉淀的减压过滤。	不能用火直接加热。
 砂芯漏斗 glass sand funnel	又称烧结漏斗、细菌漏斗。 漏斗为玻璃质。砂芯滤板为烧结陶瓷。 其规格以砂芯板孔的平均孔径（μm）和漏斗的容积（cm^3）表示。	用作细颗粒沉淀以及细菌的分离。也可用于气体洗涤和扩散实验。	不能用于含氢氟酸、浓碱液及活性炭等物质体系的分离，避免因腐蚀而造成微孔堵塞或沾污。 不能用火直接加热。 用后应及时洗涤，以防滤渣堵塞滤板孔。
 分液漏斗 separating funnel	玻璃质。规格以容量（cm^3）和形状（球形、梨形、筒形、锥形）表示。	用于互不相溶的液—液分离。也可用于少量气体发生器装置中加液。	不能用火直接加热。玻璃活塞、磨口漏斗塞子与漏斗配套使用，不能互换。

(续上表)

仪　器	规　格	作　用	注意事项
 蒸发皿 evaporating basin	瓷质，也有玻璃、石英或金属制成的。 规格以口径（mm）或容量（cm^3）表示。	蒸发浓缩液体用。随液体性质不同可选用不同质地的蒸发皿。	能耐高温但不宜骤冷。蒸发溶液时一般放在石棉网上。也可直接用火加热。
 坩埚 crucible	有瓷、石英、铁、镍、铂及玛瑙等材质。 规格以容量(cm^3)表示。	灼烧固体用。随固体性质之不同而选用。	可直接灼烧至高温。 灼热的坩埚置于石棉网上。
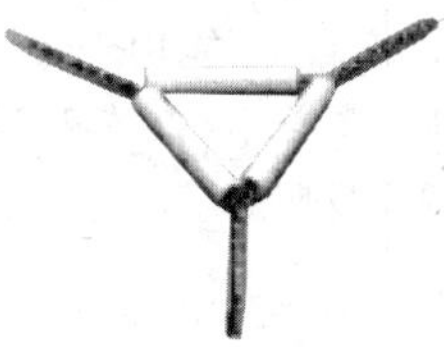 泥三角 wire triangle	用铁丝弯成，套以瓷管。 有大小之分。	灼烧坩埚时放置坩埚用。	铁丝已断裂的不能使用。灼热的泥三角不能直接置于桌面上。
 石棉网 asbestos center gauze	由铁丝编成，中间涂有石棉。 规格以铁网边长（cm）表示，如 16 × 16、23 × 23 等。	加热时垫在受热仪器与热源之间，能使受热物体均匀受热。	用前检查石棉是否完好，石棉脱落的不能使用。不能与水接触或卷折。
 燃烧匙 combustion spoon	铁制品或铜制品。	检验物质可燃性，进行固一气燃烧实验。	用后应立即洗净，擦干匙勺。

（续上表）

仪　器	规　格	作　用	注意事项
 铁夹（烧瓶夹） flask clamp 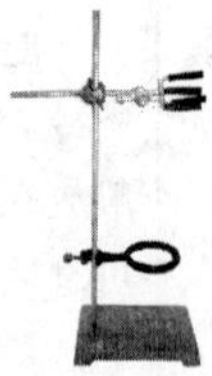 铁架（台） ring stand	铁制品。烧瓶夹也有铝或铜制成的。	用于固定或放置反应容器。 铁环还可代替漏斗架使用。	使用前检查各旋钮是否可旋动。 使用时仪器的重心应处于铁架台底盘中部。
 研钵 mortar	用瓷、玻璃、玛瑙或金属制成。 规格以口径（mm）表示。	用于研磨固体物质及固体物质的混合。按固体物质的性质和硬度选用。	不能用火直接加热。 研磨时，不能舂碎，只能碾压。 不能研磨易爆物质。
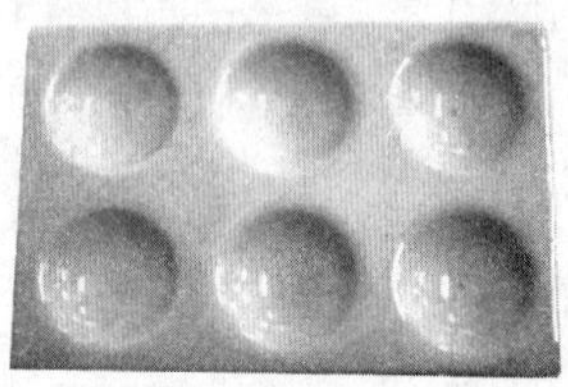 点滴板 spot plate	透明玻璃质、瓷质。分黑釉和白釉两种。 按凹穴的多少分有四穴、六穴、十二穴等。	用作同时进行多个不需分离的少量沉淀反应的容器，根据生成的沉淀以及反应溶液的颜色选用黑、白或透明点滴板。	不能加热。 不能用于含氢氟酸溶液和浓碱液的反应。
 碘量瓶 iodine flask	玻璃质。瓶塞、瓶颈部为磨砂玻璃。 规格以容量(cm^3)表示。	主要用作碘的定量反应的容器。	瓶塞与瓶配套使用。

第一部分

基本操作训练

无机化学实验基本操作

一、常用玻璃仪器的洗涤和干燥

仪器的洗涤

化学实验必须在干净的反应容器中进行，才能得到正确可靠的结果。因此，在开始实验之前，必须把仪器洗涤干净。

洗涤仪器的方法很多，应根据实验的要求、污物的性质和沾污的程度来选用。一般说来，附着在仪器上的污物既有可溶性物质，也有尘土和其他不溶性物质，还有油污和有机物质。针对各种情况，可以分别采用适当的洗涤方法来洗涤。常见污物处理方法见表1－1。

表 1－1 常见污物处理方法

污　物	处理方法
可溶于水的污物、灰尘等	用自来水清洗
不溶于水的污物	用肥皂、合成洗涤剂洗
氧化性污物（如 MnO_2、铁锈等）	用浓盐酸、草酸洗液洗
油污、有机物	用碱性洗液（如 Na_2CO_3、NaOH 等）、有机溶剂、铬酸洗液或碱性高锰酸钾洗涤液洗
残留的 Na_2SO_4、$NaHSO_4$ 固体	用沸水使其溶解后趁热倒掉
高锰酸钾污垢	用酸性草酸溶液洗
黏附的硫黄	用煮沸的石灰水处理
瓷研钵内的污迹	用少量食盐在研钵内研磨后倒掉，再用水洗
被有机物染色的比色皿	用体积比为 1∶2 的盐酸—酒精混合液处理
银迹、铜迹	用硝酸洗
碘迹	用 KI 溶液浸泡，再用温热的稀 NaOH 或 $Na_2S_2O_3$ 溶液处理

常见玻璃仪器的洗涤方法有：

1. 用水刷洗

用毛刷和自来水刷洗，可洗去可溶性物质，使附着在仪器上的尘土和不溶性物质脱落下来，但往往洗不去油污和有机物质。

2. 用去污粉或合成洗涤剂洗

去污粉中含有碳酸钠，合成洗涤剂中含有表面活性剂，它们都能除去仪器上的油污。去污粉中还含有白土和细沙，刷洗时起摩擦作用，使洗涤效果更好。刷洗后，再用自来水反复冲洗，以除去附着在仪器内外壁上的白土、细沙或洗涤剂。

3. 用铬酸洗液洗

对于口颈细小的仪器，很难用上述方法洗涤，可用铬酸洗液洗。铬酸洗液由浓硫酸和重铬酸钾溶液配成，具有很强的氧化性，对有机物和油污的去污能力特别强。

洗涤时，在仪器中加入少量洗液，倾斜容器，来回旋转，使器壁全部为洗液润湿，稍等片刻，待洗液与污物充分作用，然后把洗液倒回原瓶，再用自来水把残留洗液冲洗干净。如果用洗液把仪器浸泡一段时间或用热的洗液洗，则效果更好。

使用洗液时必须注意：

（1）尽量把待洗容器内的积水去掉后，再注入洗液，以免水把洗液冲稀。

（2）使用后的洗液应倒回原瓶内，可以反复使用至失效为止。失效的洗液呈绿色（重铬酸钾还原为硫酸铬）。

（3）绝不允许将毛刷放入洗液中刷洗。

（4）洗液具有很强的腐蚀性，会灼伤皮肤和破坏衣物。若不慎把洗液洒在皮肤、衣物或实验桌上，应立即用水冲洗。

（5）Cr(Ⅵ)有毒，残液排放到下水道将污染环境，造成公害，要尽量避免使用。若使用时，清洗器壁的第一、二遍残液要回收处理，不要直接排放到下水道［处理方法：加入 $FeSO_4$ 使 Cr(Ⅵ)还原成无毒的 Cr(Ⅲ)再排放］。

近来，使用市售厨用洗洁精代替铬酸洗液刷洗分析仪器，效果很好。厨用洗洁精是以一种非离子表面活性剂为主要成分的中性洗液，具有较强的去污去油能力，实验室使用时配成1%～2%的溶液，按常规方法刷洗即可。

4. 特殊物质的去除

应根据沾在器壁上的污物的性质，采取“对症下药”的办法进行处理。如 MnO_2 用 $NaHSO_3$ 或草酸溶液洗净。

用以上各种方法洗涤后的仪器，经自来水冲洗后，往往还残留有 Ca^{2+}、Mg^{2+}、Cl^- 等离子，如果实验中不允许这些杂质存在，则应该用蒸馏水或去离子水把它们洗去，一般以冲洗3次为宜。每次用量不必太多，采用“少量多次”的洗涤方法效果更佳，既洗得干净又不至于浪费。

已洗净的仪器，可以被水润湿，将水倒出后把仪器倒置，可观察到仪器透明，器壁不挂水珠，否则仪器尚未洗净。

已经洗净的仪器不能用手指、布或纸擦拭内壁，以免重新沾污容器。

仪器的干燥

洗净的仪器如需要干燥，可采用以下方法：

1. 加热烘干

洗干净的仪器可以放在电烘箱（温度控制在105℃左右）内烘干（见图1－1），仪器放入之前应尽量把水倒净，然后小心放入，应注意仪器口朝下倒置，不稳的仪器应平放，并在烘箱下层放一个搪瓷盘，以承接从仪器上滴下的水珠。

一般常用的烧杯、蒸发皿等可置于石棉网上用小火烤干（外壁水珠应先揩干）。试管可以直接用小火烤干，如图1－2所示。操作时，试管口要略向下倾斜，以免水珠倒流炸裂试管。火焰不要集中于某一部位，可从底部开始缓慢向下移至管口。如此烘烤到不见水珠时，再使管口朝上，以便把水气赶尽。

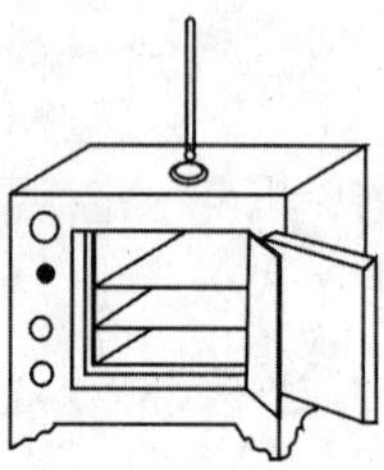

图1－1　电烘箱

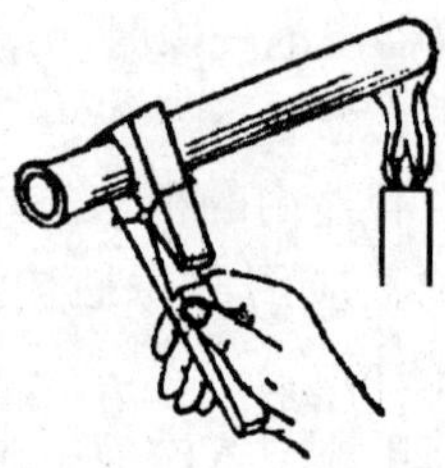

图1－2　烤干试管

2. 晾干

不急用的洗净的仪器可倒置放在实验柜内或仪器架上，任其自然晾干。

3. 吹干

用压缩空气或吹风机把仪器吹干。

4. 用有机溶剂干燥

带有刻度的计量仪器，不能用加热的方法进行干燥，因为加热会影响仪器的精密度。可以加一些易挥发的有机溶剂（最常用的是酒精或酒精与丙酮按体积比为1∶1的混合物）到洗净的仪器中，倾斜并转动仪器，使器壁上的水与这些有机溶剂互相溶解、混合，然后倾出它们，少量残留在仪器中的混合物很快就挥发了。若用吹风机往仪器中吹风，那就干得更快了。

二、加热的方法

常用的加热装置及其使用方法

1. 酒精灯

酒精灯的加热温度为400～500℃，适用于温度不太高的实验。

酒精灯是由灯帽、灯芯和盛有酒精的灯壶所组成的。灯的颈口与灯头（瓷套管）连接是活动的。使用酒精灯时应注意：

（1）灯内酒精不可装得太满，一般不应超过酒精灯容积的2/3，以免移动时洒出或点燃时受热膨胀而溢出。

（2）点燃酒精灯之前，先将灯头提起，吹去灯内的酒精蒸气。

（3）点燃酒精灯时，要用火柴引燃（见图1－3），不能用燃着的酒精灯引燃，避免灯内的酒精洒在外面，着火而引起事故。

（4）熄灭酒精灯时要用灯罩盖熄火焰，不能用嘴吹灭。待火焰熄灭片刻，还需再提起灯盖一次，通一通气再罩好，以免下次使用时揭不开盖子。

（5）添加酒精时，应把火焰熄灭，然后借助于漏斗把酒精加入灯内（见图1－4）。

图1－3　点燃酒精灯

图1－4　往酒精灯内添加酒精

2. 酒精喷灯

酒精喷灯是用酒精作燃料的加热器。使用时，先将酒精汽化后与空气混合，点燃混合气体，故其火焰温度高，约900℃。常用于需要温度高的实验。

酒精喷灯有挂式和座式两种，这里着重介绍挂式酒精喷灯（见图1－5）。其喷灯部分是金属制成的。除灯座外还有预热盆和灯管。灯管处有一蒸气开关，预热盆下方有一支管为酒精入口，支管通过橡皮管与酒精储罐相连。使用时，先将储罐悬挂在高处，打开储罐下的开关，在预热盆中注上酒精并点燃，以预热灯管。待盆内酒精将近燃完时，开启蒸气开关，由于灯管已被灼热，进入灯管的酒精即自行汽化，酒精蒸气与从气孔进来的空气混合，即可在管口点燃。调节灯管处的蒸气开关可控制火焰的大小。使用完毕，关上蒸气开关及储罐下的酒精开关，火焰即自行熄灭。

必须注意：

（1）在点燃前，灯管必须充分预热，否则酒精在管内不能完全汽化，开启蒸气开关时，含有液态酒精从管口喷出，形成“火雨”，四处洒落，酿成事故。这时应立即关闭蒸气开关，重新预热。

（2）酒精蒸气喷出口，应经常用特制的金属针穿通，以防阻塞。

（3）不用时，必须将储罐口用盖子盖紧，关好储罐的酒精开关，以免酒精漏失造成危险。

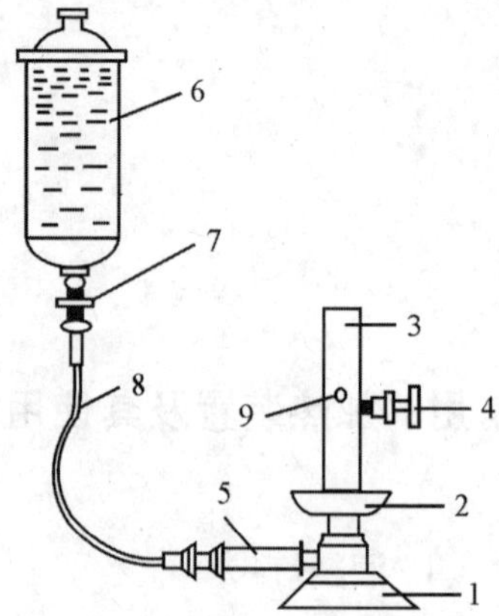

图 1－5　酒精喷灯

1. 灯座　2. 预热盆　3. 灯管
4. 蒸气开关　5. 支管
6. 酒精储罐　7. 储罐开关
8. 橡皮管　9. 空气入口

3. 水浴、油浴和沙浴

当被加热物质要求受热均匀，温度在 100℃以下时，可用水浴加热。例如，蒸发浓缩溶液时，把溶液放在蒸发皿中，将蒸发皿置于铜质水浴锅上，煮沸锅中的水，利用水蒸气加热。实验室也常用大烧杯代替水浴锅（见图 1－6）。

使用水浴锅加热应注意以下几点：

（1）水浴中的水量不要超过容量的 2/3，水量不足时用少量的热水补充，绝对不能把水烧干。

（2）水浴锅上根据承受不同的器皿，选择不同的铜圈，但应注意增大器皿的受热面积，保持水浴的严密。

（3）在水浴上受热的蒸发皿不能浸入水里。烧杯或锥形瓶，可直接浸入水浴中但不能触及锅底，以防因受热不均匀而破裂。

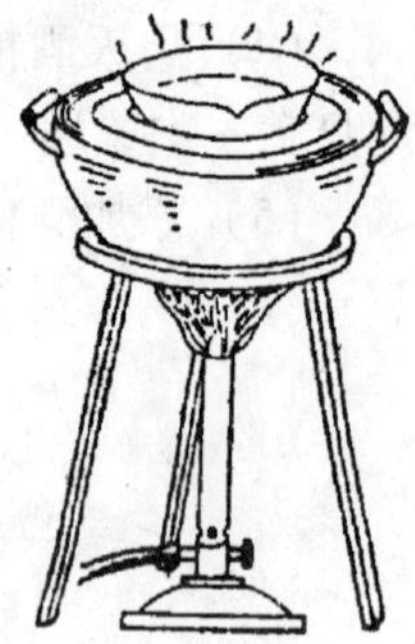

图 1－6　水浴加热

当被加热物质要求受热均匀，温度又需高于 100℃时，可使用油浴或沙浴。用油代替水浴中的水即是油浴。沙浴是一个铺有一层均匀细沙的铁盘，加热铁盘，把被加热的器皿的下部埋置在细沙中（见图 1－7）。若要测量温度，可把温度计插入沙中。

4. 电加热

常用电加热器包括电炉（见图 1－8）、马福炉（见图 1－9）和管式炉（见图 1－10）等。

图1－7　**电沙浴加热**

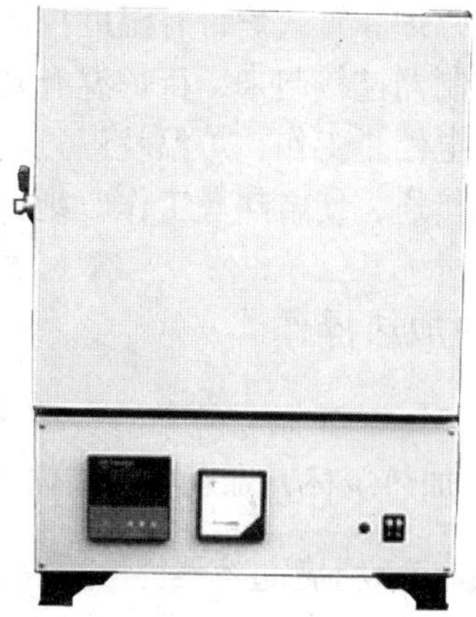

图1－8　**电炉**

（1）　　（2）

图1－9　马福炉

图1－10　管式炉

电炉用于一般加热。若用于加热盛于玻璃器皿中的液体，玻璃器皿与电炉之间要隔一块石棉网，使加热均匀。

马福炉是一种用电热丝或硅碳棒加热的炉子。它的炉膛是长方体，试样置于坩埚或其他耐高温的器皿中，将器皿放入炉膛加热，最高使用温度可达950℃或1 300℃。

管式炉有一管状炉膛，也是用电热丝或硅碳棒来加热的，温度可调节，最高使用温度可达950℃或1 300℃。炉膛中可插入一根耐高温的瓷管或石英管，加热试样放在瓷管或瓷盘中，并推入炉膛加热。试样可在空气气氛或其他气氛中受热。

马福炉和管式炉的温度测量，不是用一般玻璃质的温度计，而是用一种热电偶高温计。将两种不同的金属丝或不同成分的合金丝（例如，一根是镍铬丝，另一根是镍铝丝）两端焊好，构成闭合回路。当这两个焊接端温度不同时，回路中就产生电动势，称温差电动势（或称热电势），并有电流流过。这一金属或合金的组合体就称为热电偶（见图1－11）。对确定的热电偶，其热电势只与两焊接端的温度差有关。如果将一焊接端置于冰水混合液中以保持0℃，另一端置于待测的物体中，用毫伏计测出回路中的热电势，就可求出待测温度。

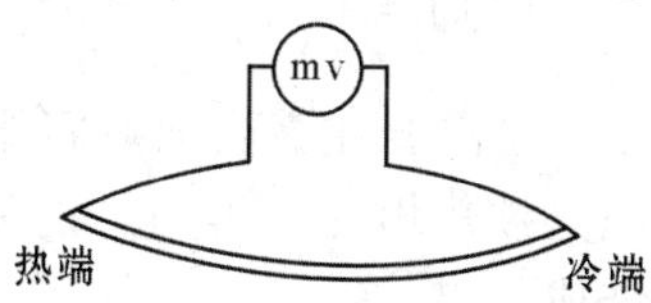

图1－11

马福炉和管式炉带有温度控制器，可以把炉温控制在某一温度附近。只要把热电偶和温度控制器连接起来，待炉温升到所需温度时，控制器就会把电源自动切断，使炉子的电热丝断电停止工作，炉温就停止上升。由于炉子散热，炉温略低于所需温度时，控制器又把电源接通，使电热丝工作，则炉温上升，不断交替，就可把炉温控制在某一温度附近。

常用的加热操作

1. 加热烧杯、烧瓶中的液体

液体一般不超过容器容量的一半。仪器必须放在石棉网上，使之受热均匀。

2. 直接加热试管中的液体

在火焰上直接加热试管中的液体，操作如图 1－12 所示。

（1）用试管夹夹住试管的中上部，不要用手拿住试管加热，以免烫手。

（2）试管应稍微倾斜，管口向上。加热过程中管口不能对着自己或别人，以免在溶液煮沸时迸溅而造成烫伤。

（3）液体量不能超过试管高度的 1/3。

（4）先加热液体的中上部，再慢慢往下移动，然后不时地上下移动，使溶液各部分受热均匀。

3. 直接加热试管中的固体

在火焰中直接加热试管中的固体，操作如图 1－13 所示。试管口略向下倾，防止物体释放出来，而冷凝的水珠流到试管的灼热处，使试管破裂。

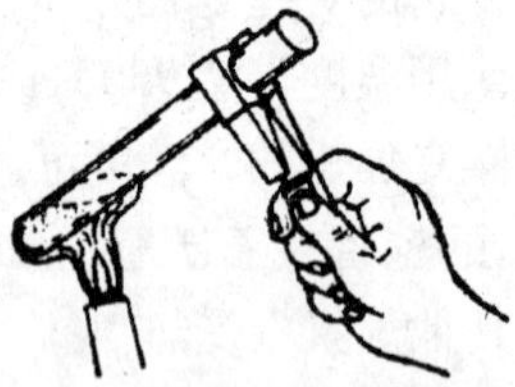

图 1－12　加热试管中的液体

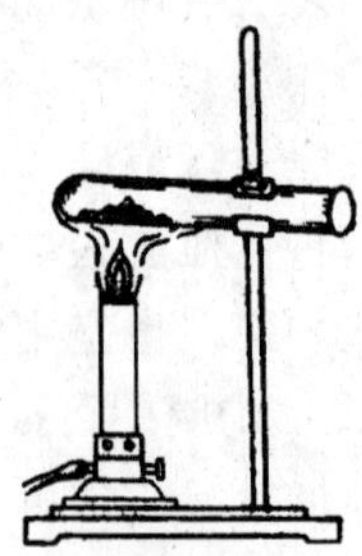

图 1－13 加热试管中的固体

4. 灼烧

当需要在高温加热固体时，可以把固体放在坩埚中灼烧（见图 1－14）。首先用小火预热坩埚，再用灯的氧化焰灼烧。应避免让还原焰接触坩埚底，以免在坩埚底结成炭黑。

要夹取高温下的坩埚时，必须使用干净的坩埚钳，用前先把坩埚钳放在火焰上预热片刻。坩埚钳用后应平放在石棉网上（见图 1－15）。

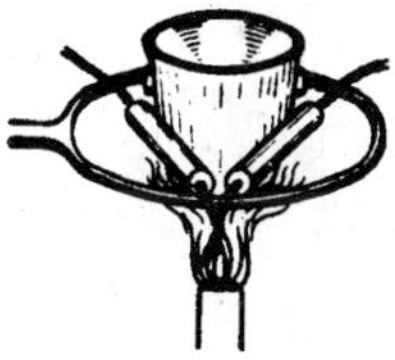

图 1－14　灼烧坩埚

图 1－15　坩埚钳放法

当加热较多固体时，可把固体放在蒸发皿中进行，但应注意充分搅拌，使固体受热均匀。

三、玻璃操作和塞子钻孔

1. 玻璃管（棒）的截断和圆口

第一步：锉痕。如图 1－16 所示，将玻璃管平放在实验桌边缘上，左手拇指按住要切割地方的左侧，右手持三角锉，用锉刀的棱边在要切割的部位用力锉出一道凹痕，应向一个方向锉，不要来回锉。锉出来的凹痕应与玻璃管垂直，以保证折断后的截面是平整的。

第二步：截断。双手持玻璃管，使凹痕朝外，两手拇指放在凹痕的后面（见图1－17），轻轻向前推，同时用食指和拇指把玻璃管向外拉，以折断玻璃管。

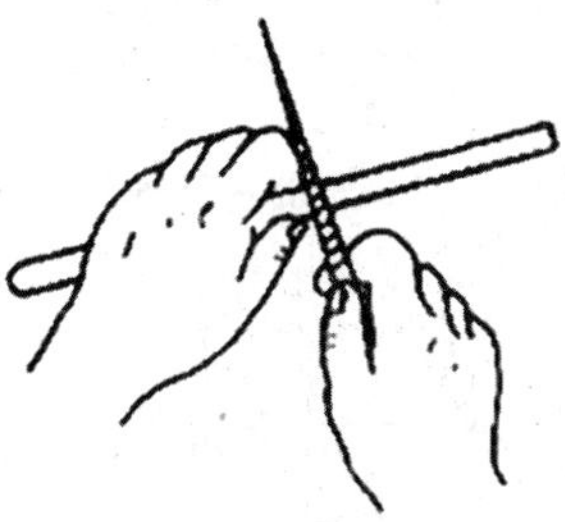

图 1－16　玻璃管的锉痕

图 1－17　玻璃管的截断

第三步：圆口。玻璃管的截断面很锋利，容易划破皮肤或橡皮管，且难以插入塞子的圆孔内，需要熔烧后使之平滑，这一操作称为圆口（见图 1－18）。把截断面（见图 1－19a）斜插入氧化焰中，缓慢转动玻璃管，使其受热均匀，直到管口光滑为止（见图 1－19b）。注意加热时间不能太长，以免管口口径缩小（见图 1－19c）。熔烧后的玻璃管应放在石棉网上冷却，不可直接放在桌上，更不要用手去摸，以免烫伤。

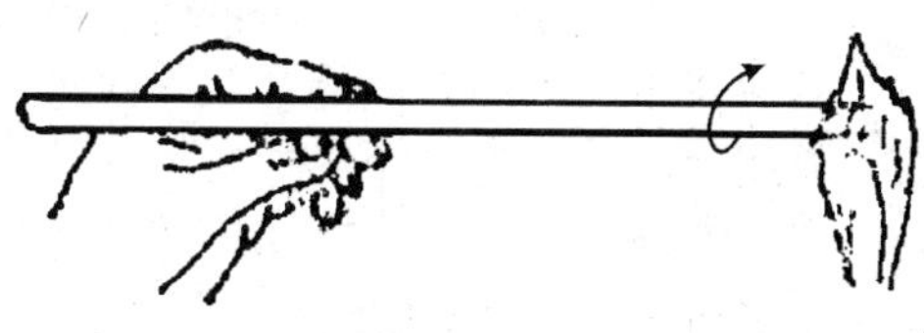

图 1－18　熔烧玻璃管的断截面

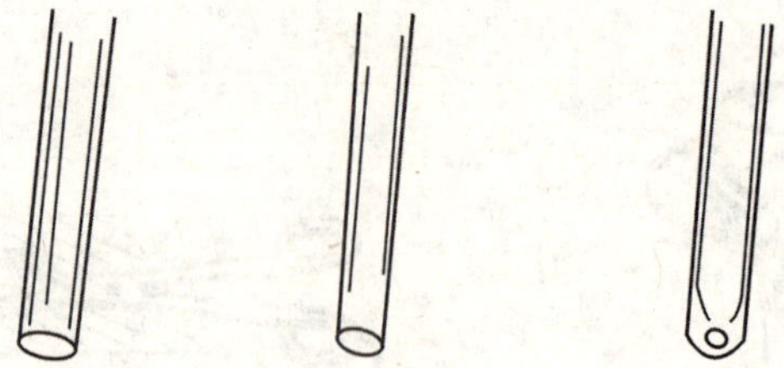

a. 截断面　　b. 正确圆口　　c. 熔烧过度

图 1－19　圆口好坏的比较

玻璃棒的截断和熔烧的操作与玻璃管相同。

2. 玻璃管的弯曲

第一步：烧管。先用布把玻璃管擦净，双手持玻璃管，用小火预热要弯曲的部分，然后把要弯曲的部位斜插入氧化焰内，以扩大玻璃管的受热面积。缓慢而均匀地转动玻璃管，使其四周受热均匀，两手用力均等，转速要一致，不要让玻璃管在火焰中扭曲。加热到玻璃管发黄变软（见图 1－20）。

第二步：弯管。自火焰中取出玻璃管，稍等 1～2 秒钟后，使各部分温度均匀，然后把它弯成一定的角度（不要慌乱）。弯管的正确手法是“V”字形，两手在上方，玻璃管的弯曲部分在两手中间下方（见图 1－21）。

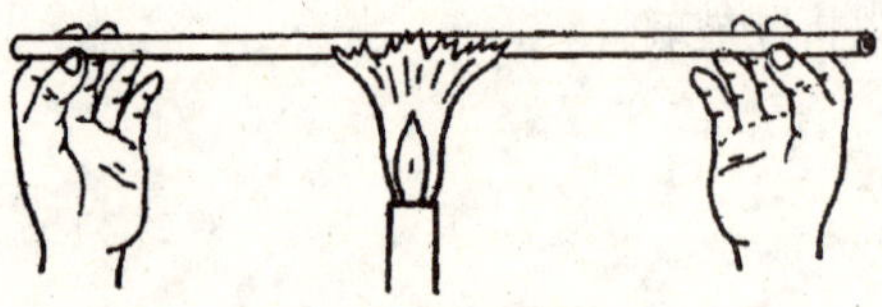

图 1－20　加热玻璃管

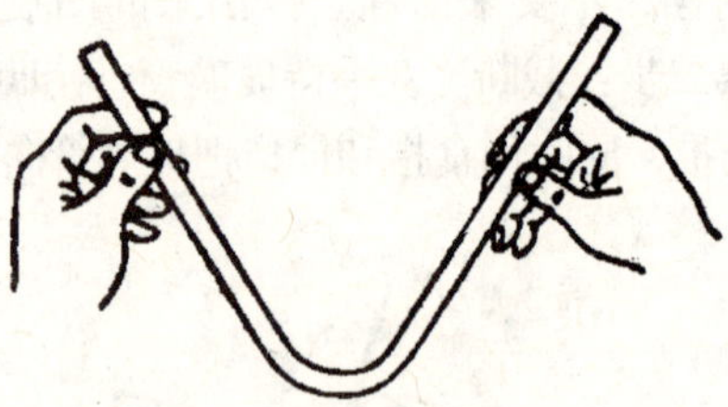

图 1－21　弯曲玻璃管

120°以上的角度，可以一次弯成，较小的角度可以分几次弯成。先弯成一个较大的角度，然后在第一次受热部位的偏左、偏右处进行第二次、第三次加热和弯管，直到弯成所需的角度为止。

玻璃管弯成后，弯曲部分应平滑、均匀、角度准确，整个玻璃管应在同一平面上（见图 1－22a）；否则就是错误的（见图 1－22b、c）。

已软化了的玻璃管极易变形，因此不能一次就把它弯成很小角度。更不能在火焰中弯曲，否则会使玻璃管弯曲处的内径变得很小，如图 1－22c 所示。

a. 正确　　b. 错误　　c. 错误

图 1－22　玻璃管弯成较小角度

3. 玻璃管的拉细

拉细玻璃管时，加热方法与弯玻璃管基本一样，只是要把玻璃烧得更软一些，受热面积可以不用像弯管时那样大。玻璃管必须烧到红黄色时才从火焰中取出，顺着水平方向边拉边来回转动（见图1－23）。将玻璃管拉到所需要的细度时，一手持玻璃管让其垂直下垂片刻，然后平放在石棉网上，待其冷却后，再按需要截断。若制作滴管时，要求细管部分有一定的厚度，必须在烧软玻璃管过程中一边加热一边两手轻轻向中间用力挤压，使中间受热部分管壁加厚，然后按上述方法拉细。

图1－23　拉管手法

4. 塞子的种类和钻孔

（1）塞子的种类：容器上常用的塞子有软木塞、橡皮塞、塑料塞和玻璃磨口塞。软木塞易被酸碱腐蚀，但与有机物的作用较小。橡皮塞可以把瓶子塞得很严密，并可耐强碱性物质，但易被强酸和某些有机物质（如汽油、苯、氯仿、丙酮、二硫化碳等）所侵蚀。玻璃磨口塞能与带有磨口的瓶口很好地密合，但瓶子之间不能随意调换磨口瓶塞，以免密合不好。使用前用绳子系好。玻璃磨口瓶塞适用于除碱和氢氟酸以外的一切盛放液体或固体物质的瓶子。实验时，根据不同需要，选择合适的塞子。

（2）塞子的钻孔：实验时，有时需要在塞子上插入玻璃管或安装温度计，这时必须在塞子上钻孔。钻孔的工具是钻孔器（见图1－24）或钻孔机。钻孔器是一组直径不同的金属圆管，一端有柄，另一端管口很锋利，可以用来钻孔。另外还有一根带圆头的铁条，用来捅出钻孔时嵌入钻孔器中的橡皮或软木。

钻孔的步骤如下：

①塞子大小的选择。塞子的大小应与容器的口径相适合。塞子进入瓶颈或管颈的部分不能少于其本身高度的1/2，也不能多于2/3。

②钻孔器的选择。在橡皮塞子上打孔时，要选择一个比要插入橡皮塞的玻璃管口径略大一些的钻孔器，因为橡皮塞有弹性，孔道钻成后会收缩，使孔径变小。

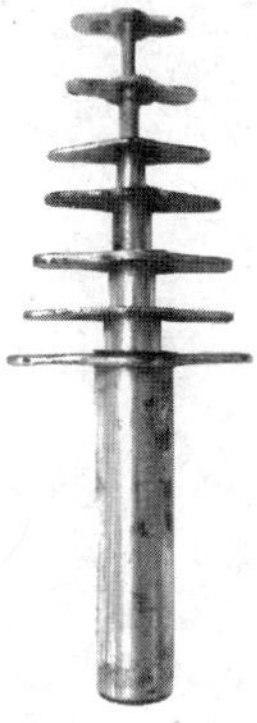

图1－24　钻孔器

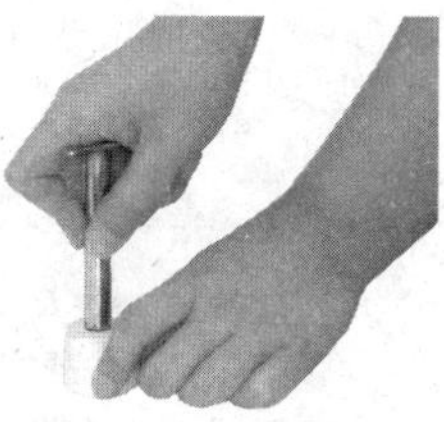

图1－25　钻孔法

③钻孔操作。塞子的小头朝上，平放在桌面上（最好垫上一块小木板）。左手拿住塞子，右手握钻孔器的柄，将管口按在选择的位置上，沿一个方向垂直旋转，同时用力向下压（见图 1－25）。钻到一半深时，反方向旋转并拔出钻孔器，把塞子调转一头，对准原孔的方位，按同法操作，直到钻穿打通为止。最后，把钻孔器中的橡皮插出。

软木塞打孔方法与橡皮塞的基本一样。只是在钻孔前先用压塞机把软木塞压紧实些，以免钻孔时钻裂。另外，选择钻孔器的口径要比玻璃管略小一些，因为软木塞没有橡皮塞那样大的弹性。

钻孔时必须注意：应在钻孔器的前端涂点凡士林或甘油以减小摩擦力。钻孔器必须与塞子的平面垂直，钻孔时不要左右摆动，以免把孔钻斜。钻孔后应检查孔道是否合适，若塞孔稍小或不光滑，可用圆锉修整。如果玻璃管毫不费力就能插入塞孔内，说明塞孔太大，应换塞重钻。

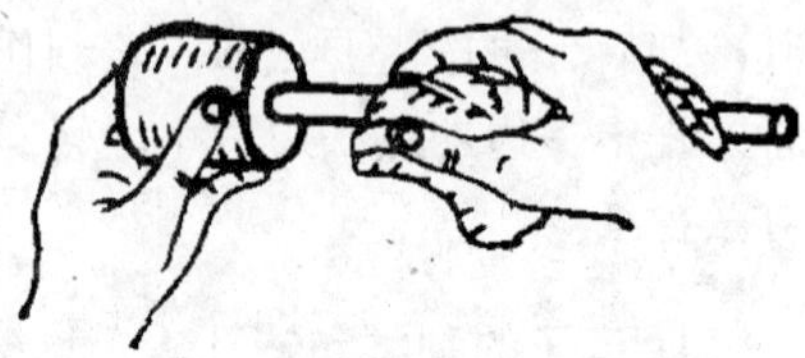

图 1－26　玻璃管插入塞子的方法

④玻璃管插入橡皮塞的方法。用甘油或水把玻璃管的前端湿润后，先用布包住玻璃管，然后用手握住玻璃管的前半部，缓慢旋入塞孔内合适的位置（见图 1－26）。如果用力过猛或手离橡皮塞太远，都可能把玻璃管折断，以致伤手。

四、容量仪器及其应用

实验中用于量度液体体积常用以下几种容量仪器。

1. 量筒

常用于液体体积的一般量度。量取液体时要按图 1－27 所示，使视线与量筒内液体的弯月面的最低处保持水平，偏高或偏低都会读不准而造成较大的误差。

2. 移液管

要求准确地移取一定体积的液体时，可用各种不同容量的移液管（见图1－28a）。每支移液管上都标有它的容量和使用温度。另外还有一种带有分刻度的移液管用于移取非整数或 10mL 以下的液体，这种移液管称为吸量管（见图1－28b）。

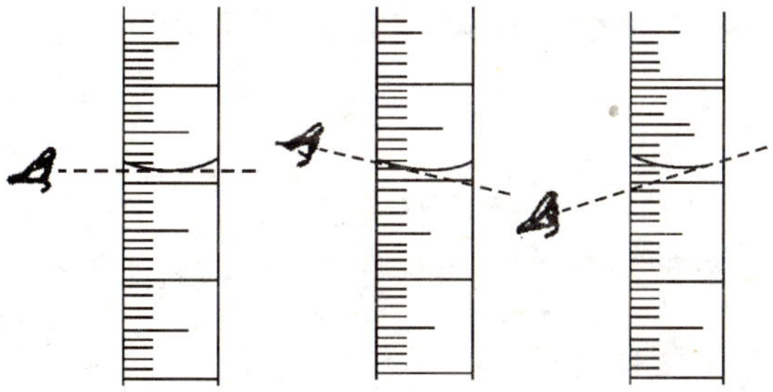

图 1-27 观看量筒内液体的容积

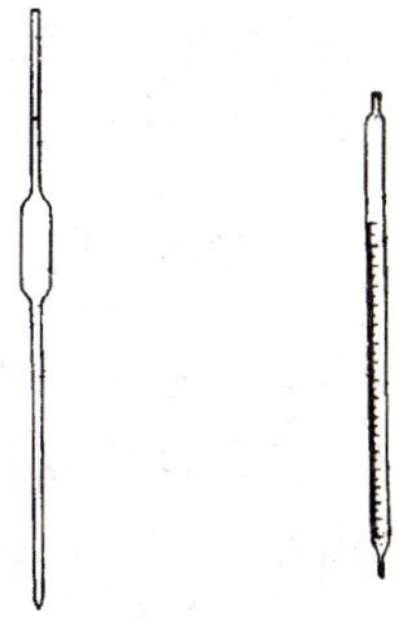

图 1-28 移液管和吸量管

移液管的使用方法如下（见图 1-29）：

（1）依次用自来水、洗液、自来水洗涤移液管（可用洗耳球将洗液等吸入移液管内进行洗涤），直至管内壁不挂水珠。然后用蒸馏水荡洗 3 次，用滤纸将移液管下端内外的水吸去，再用被移取的液体洗 3 次（每次用量不必太多，吸液体至刚进球部即可），以确保被移取的溶液的浓度不变。

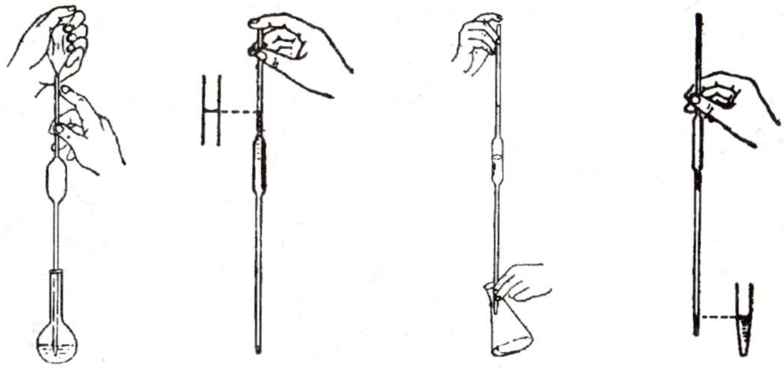

图 1-29 移液管的使用方法

（2）把移液管下端伸入所吸溶液液面下约 1cm 处（伸入太深，管外壁黏附溶液过多；伸入太浅，则易吸入空气），右手拇指及中指拿住管颈标线以上的地方，左手拿洗耳球（先挤出空气），在移液管的上口将液体吸入管内至标线以上（若管内有气泡则必须排除）。移开洗耳球，用右手的食指按住管口，将移液管下口提出液面，靠在容器壁上，然后稍微放松食指，或轻轻转动移液管使液面缓慢平稳地下降，直到液体弯月面最低点与标线水平相切时立即按紧食指，使溶液不再流出，取出移液管。

（3）把移液管的尖端靠在接收容器的内壁上放松食指，令液体自然流出，这时应使接收容器倾斜而使移液管直立。等液体不再流出时，还要稍等片刻（约 15s），再移开移液管（使管内壁黏附的液膜每次厚薄一致，以保证量度的准确性），但不要把留在移液管尖端的残留液吹出，因为在标定移液管的体积时，并未把这部分液体计算在内。

（4）用以上方法操作，从移液管中自然流出的液体正好是移液管上标明的体积。如果实验所要求的准确度较高，还要对移液管进行校正。

吸量管使用方法与移液管相似。移取溶液时，应尽量避免使用尖端处的刻度。可以使用分度截取所吸溶液的准确量。在放取所需体积的液体后即按住管口，使液体停止流出。

3. 容量瓶

容量瓶是用来配制准确浓度溶液的容器。它是一个细颈梨形的平底瓶，并带有磨口瓶塞。颈上有标线，表示在一定温度下，当液面与标线相切时，液体体积恰好与瓶上所标的体积相等。

容量瓶的使用方法如下：

（1）使用前应检查是否漏水，为此，在瓶内加水，塞好瓶塞，右手拿瓶，左手顶住瓶塞，将瓶倒立，观察瓶塞周围是否漏水。如不漏，把塞子旋转180°，塞紧，倒置，再试验这个方向是否漏水。合适的瓶塞要用小绳系在瓶颈上，以免打碎或遗失。

（2）用固体物质配制溶液，要先在烧杯里把固体溶解，再把溶液转移到容量瓶中，如图1－30所示，然后用蒸馏水洗涤烧杯和玻璃棒3～4次，洗液一并转入容量瓶中。用洗瓶慢慢加入蒸馏水，至离标线约1cm处，稍等片刻，让附着在瓶颈上的水流下，改用滴管滴加水至标线处（小心勿过标线）。加水时，视线要与标线平行。然后塞好塞子，用食指顶住瓶塞，用另一只手指顶住瓶底，如图1－31所示（较小的容量瓶不必用手指顶住瓶底），将瓶倒转和摇动多次，使溶液混合均匀（见图1－32）。

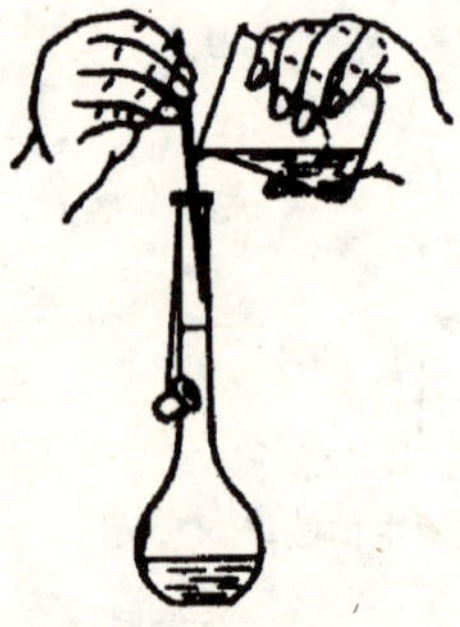

图1－30　溶液从烧杯转移入容量瓶

图1－31　容量瓶的拿法

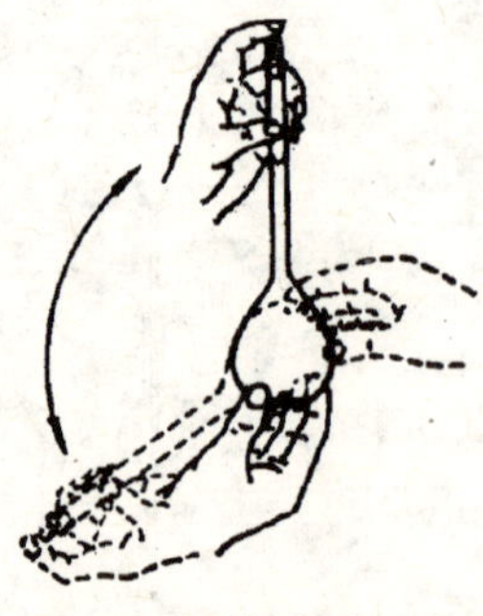

图1－32　振荡容量瓶

（3）热溶液要冷至室温后才能倾入容量瓶中，否则溶液的体积会有误差。

（4）必要时，容量瓶的体积也应进行校正。

4. 滴定管

滴定管主要用于定量分析，有时也用于精确加液。

（1）滴定管分酸式和碱式两种（见图1－33）。酸式滴定管可盛放除碱性溶液以外的其他溶液。管下有一玻璃活塞，用于控制滴定时的液滴。碱式滴定管用来盛放碱性溶液。管下端用橡皮管连接一个一端有尖嘴的小玻璃管，橡皮管内装一个玻璃圆球以代替玻璃活塞（见图1－34）。

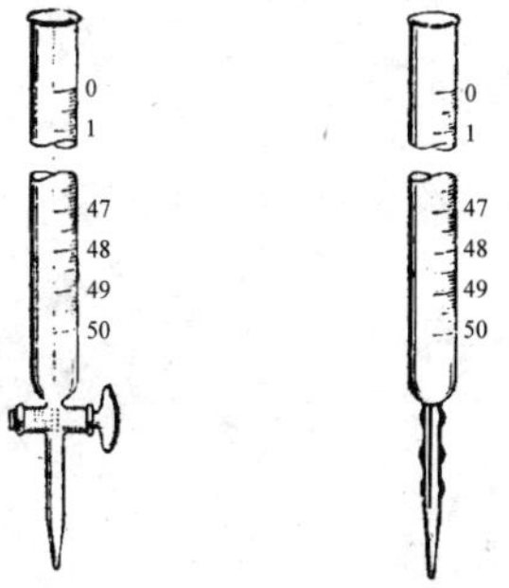

a. 酸式滴定管　　b. 碱式滴定管

图1－33　滴定管

图1－34　碱式滴定管下端的结构

（2）活塞涂油的方法。滴定管洗涤前必须检查是否漏水，活塞转动是否灵活。若活塞渗漏或转动不灵活，可将活塞取下，用滤纸或布擦净活塞和塞槽，然后在活塞两头涂一薄层凡士林。注意不要涂在活塞孔所在的那一圈，以免塞住塞孔。将活塞一直插入槽内，向同一方向转动，直到活塞与塞槽接触的地方透明为止（见图1－35）。

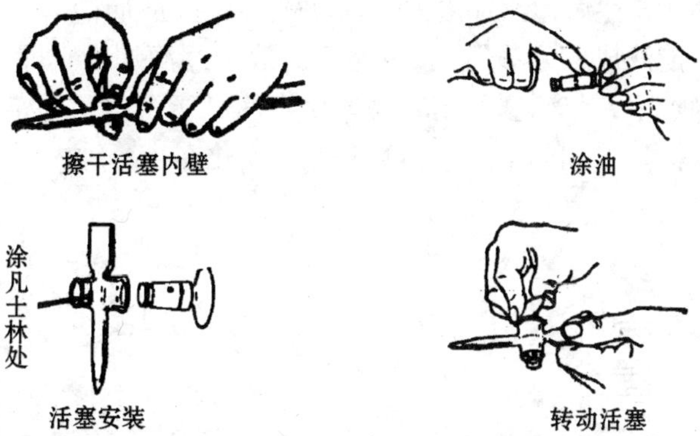

图1－35　活塞擦干、涂油、安装、转动的操作方法

如果碱式滴定管漏水，则更换玻璃球或橡皮管。

（3）清除活塞孔或出口管孔中凡士林的方法。如果活塞孔堵塞，可取下活塞用细铜丝捅出即可。若是出口孔堵塞，则将水充满全管，将出口管浸在热水中，温热片刻后，打开活塞使管内水突然冲下，将熔化的凡士林带出。如此法不能奏效，则用四氯化碳浸溶或用一根细铜丝捅通。

（4）洗涤方法。滴定管在使用前应按常规操作洗涤，洗净后的滴定管内壁不应附有液滴。经由蒸馏水荡洗后再用滴定用的溶液洗3遍（每次约5mL），以确保溶液浓度不变。

（5）装溶液。将溶液加到滴定管内至刻度“0.00”以上，开启活塞或挤压玻璃球，使管下端充满溶液，并调节液面在“0.00”刻度处。

必须注意滴定管下端不得留有气泡。如有气泡，必须排除，排除的方法是将酸式滴定管倾斜约30°角，左手迅速打开活塞使溶液冲出，管中气泡随之逐出。碱式滴定管可按图1－36所示的方法，把橡皮管向上弯曲，出口斜向上方，用手指挤压玻璃球稍上边的橡皮管，使溶液从出口管喷出，气泡就随之逸出。

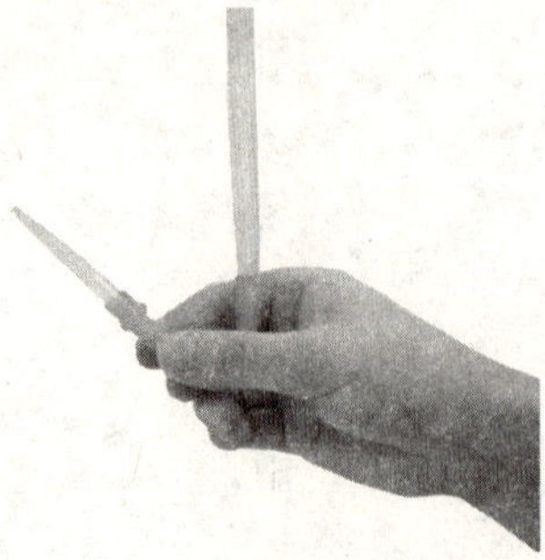
图1－36 碱式滴定管排气泡法

（6）读数。读数前必须等1～3min，使附着在内壁上的溶液流下来。读数时滴定管必须保持垂直状态，视线应与液面水平，读取与弯月面下沿相切的刻度。如果溶液的颜色太深（如$KMnO_4$溶液）看不清液面的下沿，则读取液面的最高点（注意：每次读数方法应一致）。常用25mL或50mL的滴定管，刻度一般细分至0.1mL，读数则要求准确至小数点后第二位数，如25.92mL、1.30mL等。为了便于观察和读数，可在滴定管后衬一张黑色卡片，将卡片上沿移至弯月面下约1mm左右，则弯月面就反射成为黑色，再进行读数（见图1－37）。

（7）滴定操作。使用酸式滴定管时，必须左手控制滴定管活塞，大拇指在管前，食指和中指在管后，三指平行地轻轻拿住活塞柄，无名指和小指向手心弯曲，轻贴出口管（见图1－38），注意不要顶出活塞，以免造成漏水。滴定时，右手持锥形瓶，将滴定管下端伸入锥形瓶口约1cm，然后边滴加溶液边摇动锥形瓶（应向同一方向旋转）。滴定速度在前期可稍快，但不能滴成“水线”。接近终点时改为逐滴加入，即每加1滴，摇动后再加，最后应控制半滴加入，将活塞稍稍转动，使半滴悬于管口，用锥形瓶内壁将其沾落，再用洗瓶吹洗内壁，摇匀。如此重复操作直到颜色变化在半分钟内不再消失为止，即可认为达到终点。

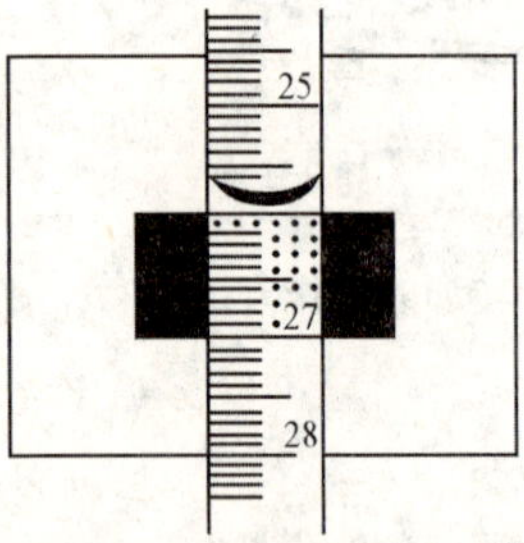

图1－37 读数卡的使用

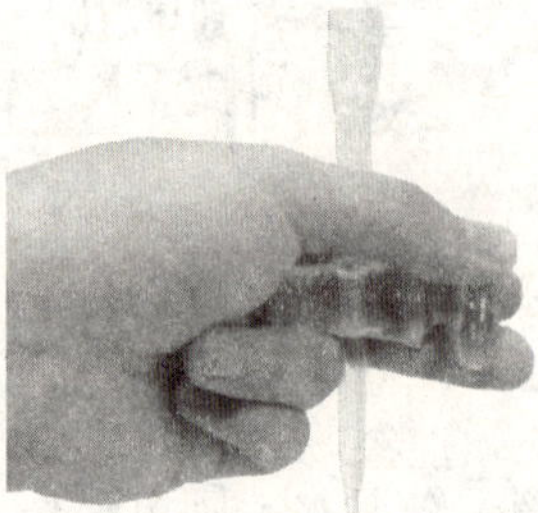
图1－38 左手旋转活塞

每次滴定最好都是将溶液装至滴定管“0.00”刻度或稍下一点，这样可减少滴定误差。

使用碱式滴定管时，用左手无名指和小指夹住出口管，使出口管垂直而不摆动。用拇指和食指捏住玻璃球所在部位，向右边挤压橡皮管，使溶液从玻璃球旁空隙处流出。注意不要用力捏玻璃球，也不能使玻璃球上下移动。

五、化学试剂及其取用

按照试剂中杂质含量的多少，我国把常用试剂分为实验试剂（LR，四级）、化学纯试剂（CP，三级）、分析纯试剂（AR，二级）和优质纯试剂（GR，一级）4 种规格。应根据实验要求，分别选用不同规格的试剂。

在实验室分装试剂时，一般把固体试剂装在广口瓶内；液体试剂盛在细口瓶或滴瓶中；见光易分解的试剂（如硝酸银、高锰酸钾）则应装在棕色瓶内。装碱液的瓶塞要用软木塞或橡皮塞。每个试剂瓶上都应贴有标签，写明试剂的名称和规格，液体试剂应注明浓度和配制日期。

1. 液体试剂的取用

（1）取滴瓶中的液体试剂时，要用滴瓶中的专用滴管，滴头不要与接收容器的器壁接触，更不应把滴管伸入到其他液体中。滴管不能平握或倒置，以免试剂倒灌入橡皮帽中。放回滴管时，管内试剂要排空。

（2）用倾注法取液体试剂时，应将瓶塞反放在桌上，以免沾污。用手心握住瓶上贴有标签的一面，倒出的试剂应沿一干净的玻璃棒流入容器中（见图1－39），或沿试管壁流下。取出所需的量后，慢慢竖起试剂瓶，把瓶口剩余的那滴试剂“碰”到容器内，以免液滴沿瓶子外壁流下。已取出的试剂不能再倒回试剂瓶内。倒入容器的液体不应超过容器容量的2/3。

图1－39　液体试剂倒入烧杯

（3）在进行某些实验（如在试管里进行反应）时，只要学会估量液体用量即可。例如，1mL 液体相当于多少滴，5mL 液体占 1 个试管（13mm × 100mm）容量的几分之几，等等。应该反复练习直到熟练掌握为止。

（4）如需准确地量取试剂，则根据准确度的要求，选用量筒、移液管或滴定管（使用方法见“容量仪器及其应用”）。

2. 固体试剂的取用

（1）要用干净的药勺取试剂。用过的药勺必须洗净和擦干后才能再使用，以免沾污试剂。

（2）取出试剂后，应立即盖紧瓶盖，不要盖错瓶盖。

（3）注意不要多取。多取的药品不能倒回原瓶，可放在指定容器供他人使用。

（4）要求取用一定质量的固体试剂时，应把试剂放在称量纸上称量。具有腐蚀性或易潮解的试剂必须放在表面皿或玻璃容器内称量。

（5）往试管（特别是湿试管）中加入粉末状固体试剂时，可用药匙或将取出的药品放在对折的纸片上，伸进平放的试管中约 2/3 处，然后把试管竖直，让试剂滑下去。

(6) 加入块状固体试剂时，应将试管倾斜使其沿管壁慢慢滑下，不得垂直悬空投入，以免击破管底。

(7) 固体试剂的颗粒较大时，可在洁净而干燥的研钵中研碎，然后取用。

(8) 有毒的药品要在教师指导下取用。

六、溶液的配制

1. 饱和溶液的配制

若配制硫化氢、氯气等气体的饱和溶液，只要在常温下把新制出来的硫化氢、氯气等气体通入蒸馏水一段时间即可。若配置某固体试剂的饱和溶液时，先按试剂在室温下的溶解度数据计算出配置时所需的试剂量和蒸馏水量。称量出比计算量稍多的固体试剂。若颗粒较大，则用研钵磨碎。溶解时，常用搅拌、加热等方法来加快溶解。搅拌时，应该手持搅拌棒并转动手腕，使搅拌棒在液体中均匀转圈。转动速度不要太快，也不要使搅拌棒碰到器壁和器底，以免打碎烧杯。加热到一定温度而固体残留不再溶解为止，冷却至室温后又有一些固体析出，这种溶液就是饱和溶液。

2. 易水解盐溶液的配制

氯化锡（Ⅱ）、氯化锑（Ⅲ）、硝酸铋（Ⅲ）等盐，极易水解成氢氧化物或碱式盐，所以配制它们的水溶液时，必须把它们溶解在相应的稀酸溶液中，以抑制水解才能得到透明的溶液。

七、气体的发生、净化、干燥和收集

1. 气体的发生

实验室中常用启普发生器（见图1-40）来制备氢气、二氧化碳和硫化氢等气体。

仪器是由一个葫芦状的玻璃容器和球形漏斗组成。固体药品放在中间圆球内，可在固体下面放些玻璃丝或有孔橡皮块来承受固体，以免固体掉至下部球内。酸从球形漏斗加入。使用时只要打开活塞，由于压力差，酸液自动下降而进入中间球内，与固体接触而产生气体。要停止使用时，只要关闭活塞，继续产生的气体会把酸从中间球内压入下球及球形漏斗内，使酸液与固体不再接触而停止反应。下次使用时，只要重新打开活塞，又会产生气体。

发生器中的酸液长久使用后会变稀。此时，可从下球侧口倒掉废酸，再向球形漏斗中加入新的酸液。若固体需要更换，先倒出酸液或在酸与固体脱离接触的情况下，选一橡皮塞将球形漏斗上口塞紧，再从中间球侧口将固体残渣取出，更换新的固体。

启普发生器不能加热，装入的固体反应物又必须是较大的块粒，不适用于小颗粒或是粉末的固体反应物。所以氯化氢、氯气、二氧化硫气体等就不能使用启普发生器制备，而改用图 1－41 所示的气体发生装置。

把固体加在蒸馏瓶内，酸液装在分液漏斗中。使用时，打开分液漏斗下面的活塞，使酸液均匀地滴加在固体上，就可产生气体。当反应缓慢或不产生气体时，可以微微加热。如加热后仍不起反应，则需更换固体药品。

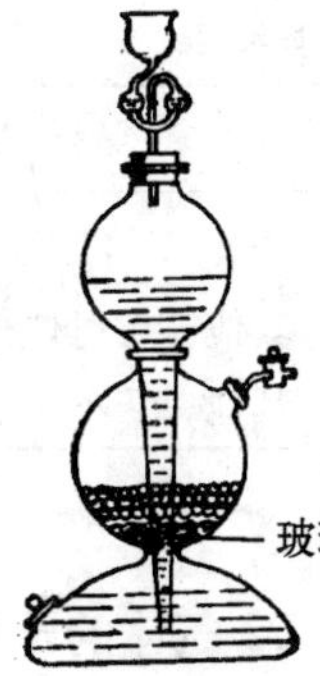

图 1－40　启普发生器

在实验室，还可以使用气体钢瓶直接获得各种气体。气体钢瓶是储存压缩气体特制的耐压钢瓶。使用时，通过减压器（气压表）有控制地放出。因为钢瓶的内压很大（有的高达 150×10^5 Pa），而且有些气体易燃或有毒，所以在使用钢瓶时一定要注意安全，操作要特别小心。

使用钢瓶时的注意事项如下：

①钢瓶应存放在阴凉、干燥、远离热源（如阳光、暖气、炉火）的地方。可燃性气体钢瓶必须与氧气钢瓶分开存放。

②绝对不可使油或其他易燃性有机物沾在气瓶上（特别是气门嘴和减压器）；也不得用棉、麻等物堵漏，以防止燃烧而引起事故。

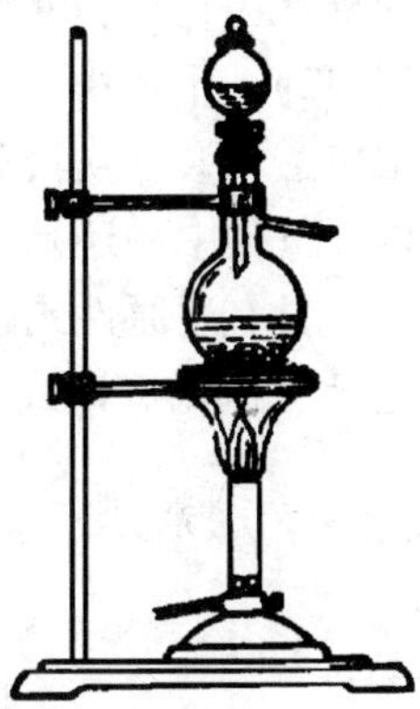
图 1－41　气体发生装置

③使用钢瓶中的气体时，要用减压器（气压表）。可燃性气体的钢瓶，其气门螺纹是反扣的（如氢气、乙炔气）。不燃或助燃性气体钢瓶，其气门螺纹是正扣的。各种气体的气压表不得混用。

④钢瓶内的气体绝不能全部用完，一定要保留 0.5kg 以上的残留压力（表压）。可燃性气体如乙炔应剩余 2～3kg。

⑤为了避免把各种气瓶混淆而用错气体（这样会发生很大的事故），通常在气瓶外面涂以特定的颜色以便区别，并在瓶上写明瓶内气体的名称。表 1－2 为我国气瓶常用的标记。

表 1－2　我国气瓶常用的标记

气体类别	瓶身颜色	标字颜色
氮	黑色	黄色
氧	天蓝色	黑色
氢	深绿色	红色
空气	黑色	白色
氨	黄色	黑色
二氧化碳	黑色	黄色
氯	黄绿色	黄色

（续上表）

气体类别	瓶身颜色	标字颜色
乙炔	白色	红色
其他一切可燃气体	红色	白色
其他一切不可燃气体	黑色	黄色

2. 气体的干燥和净化

实验室中发生的气体都带有酸雾和水汽，有时需要进行净化和干燥。酸雾可用水或玻璃棉除去；水汽可用浓硫酸、无水氯化钙或硅胶吸收。一般情况下使用洗气瓶（见图 1－42）、干燥塔（见图 1－43）或 U 形管（见图 1－44）等仪器进行净化。液体（如水、浓硫酸）装在洗气瓶内，无水氯化钙和硅胶装在干燥塔或 U 形管内，玻璃棉装在 U 形管内。气体中如还有其他杂质，应根据具体情况分别用不同的洗涤液或固体吸收。

具有还原性或碱性的气体如硫化氢、氨气等，不能用浓硫酸来干燥，可分别用无水氯化钙（硫化氢）或氢氧化钠固体（氨）来干燥。注意：氨气不能用无水氯化钙来干燥。

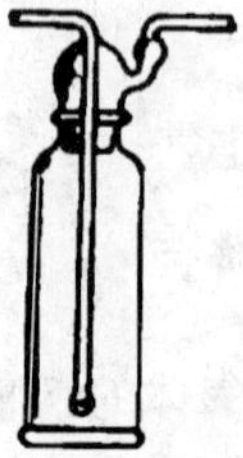

图 1－42　洗气瓶

图 1－43　干燥塔

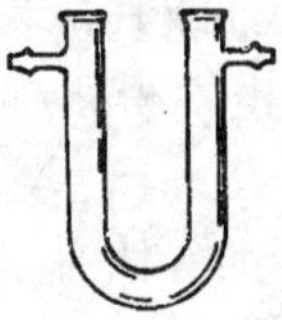

图 1－44　U 形管

3. 气体的收集

（1）在水中溶解度很小的气体（如氢气、氧气）可用排水集气法收集（见图 1－45）。

（2）易溶于水而比空气轻的气体（如氨）可用瓶口向下的排气集气法收集（见图 1－46）。

（3）易溶于水而比空气重的气体（如氯气和二氧化碳）可用瓶口向上的排气集气法收集（见图 1－47）。

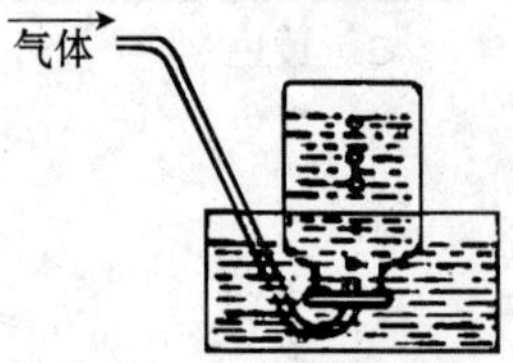

图 1－45　排水集气法

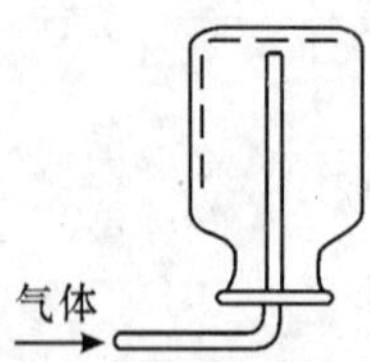

图 1－46　排气集气（比空气轻）法

图 1－47　排气集气（比空气重）法

八、蒸发（浓缩）、结晶（重结晶）

1. 蒸发（浓缩）

当物质的溶解度很大、溶液很稀时，要使溶质结晶析出，必须通过加热，使溶剂蒸发，使溶液浓缩。蒸发到一定程度后冷却，即可析出晶体。

蒸发通常在蒸发皿中进行（有时也可在烧杯中加热蒸发）。蒸发皿所盛的溶液不要超过容量的2/3。如果物质对热较稳定，溶剂又不易燃烧，可将蒸发皿放在石棉网上用火直接加热，否则用水浴间接加热蒸发。

蒸发浓缩的程度，根据溶质溶解度的大小和结晶时对浓度的要求而定，但不得蒸至干涸。如果溶质的溶解度较小或其溶解度随温度变化较大，则蒸发到一定程度即可停止。如果溶质的溶解度较大，则应蒸发到溶液表面出现晶膜为止。如果结晶时希望得到较大的晶体，溶液就不能浓缩得太浓。

2. 结晶（重结晶）

结晶是指当溶质超过其溶解度时，晶体从溶液中析出的过程。通常采用蒸发减少溶剂，改变溶剂或改变温度等方法，使溶液变成过饱和状态而析出晶体。

析出晶体颗粒的大小与条件有关。如果溶液浓度较高，溶质的溶解度较小，快速冷却，并不时搅拌溶液，摩擦器壁，则析出的晶体就较小。如果溶液的浓度不高，投入一小粒晶体后，静置溶液，缓慢冷却（如放在温水浴上冷却），这样就可得到较大的晶体。

晶体颗粒的大小要适当。颗粒较大且均匀的晶体挟带母液较少，易于洗涤，有利于提高产品的纯度。晶体太小且大小不匀时，能形成稠厚的糊状物，挟带母液较多，不易洗净，影响产品的纯度。只得到几粒大晶体时，母液中剩余的溶质较多，损失较大。所以晶体颗粒大小适宜，且较均匀有利于提高物质的纯度。

当第一次结晶物质的纯度不符合要求时，可在加热的情况下，用尽可能少的溶剂重新溶解成为饱和溶液，趁热滤去不溶性杂质，冷却后，溶液呈过饱和状态，析出溶质的晶体，而可溶性杂质含量少且仍留在母液中。这种操作方法称为重结晶。重结晶后的产品纯度较高，产品产率低。

九、结晶（沉淀）的分离和洗涤

1. 倾析法

当结晶的颗粒较大或沉淀的比重较大，静置后能沉降至容器底部时，可用倾析法分离和洗涤。

如图 1－48 所示，把沉淀上部的溶液倾入另一容器内，然后往盛着沉淀的容器内加入少量洗涤液（如蒸馏水）充分搅拌后，沉降，倾去洗涤液。如此重复操作 3 遍以上，即可把沉淀洗净。

图 1－48 倾析法洗涤

2. 过滤法

过滤是最常用的固液分离方法之一。当溶液和结晶（沉淀）的混合物通过过滤器（如滤纸）时，结晶（沉淀）就留在过滤器上，溶液则通过过滤器进入承接器中，过滤后所得的溶液称为滤液。

溶液的温度、黏度、过滤时的压力、过滤器的孔隙大小和沉淀物的状态等都会影响过滤的速度。热溶液比冷溶液易过滤；溶液黏度愈大，过滤愈慢。减压过滤比常压过滤快。过滤器的孔隙要选择合适，太大会通过沉淀，太小则被沉淀堵塞，使过滤难以进行。呈胶状的沉淀物必须用加热的办法来破坏它，否则会透过滤纸。总之，要考虑上述各因素来选用不同的过滤方法。常用的过滤方法有下列 3 种：

（1）常压过滤：使用普通玻璃漏斗和滤纸进行过滤。玻璃漏斗的锥体角度应为 60°，但有的稍有偏差，使用时应注意。

滤纸分定性滤纸和定量滤纸两种。按照孔隙大小，滤纸又可分为“快速”、“中速”和“慢速”3 种。应该根据实际需要，选用不同规格的滤纸（注意，在使用滤纸前应把手洗净、擦干）。

过滤时，先按图 1－49 所示，把圆形滤纸或方形滤纸折叠成 4 层（方形滤纸还要剪成扇形），然后在 3 层厚的外层滤纸折角处撕去一角，把滤纸展开成锥形，用食指把滤纸按在玻璃漏斗的内壁上，再用水润湿滤纸，并使它紧贴在玻璃漏斗的内壁上。滤纸的边缘应略低于漏斗的边缘。有的玻璃漏斗的锥角略大或略小于 60°，则在折叠滤纸时要作相应的校正。如果滤纸贴在漏斗壁后，两者之间有气泡，应该用手指轻压滤纸，把气泡赶掉。在这种情况下过滤，漏斗颈内可充满滤液，滤液以本身的重力曳引漏斗内液体下漏，使过滤大为加速。

过滤时应注意：

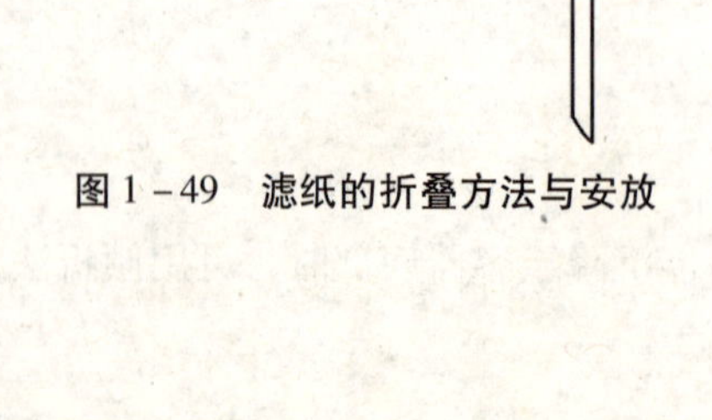

图 1－49 滤纸的折叠方法与安放

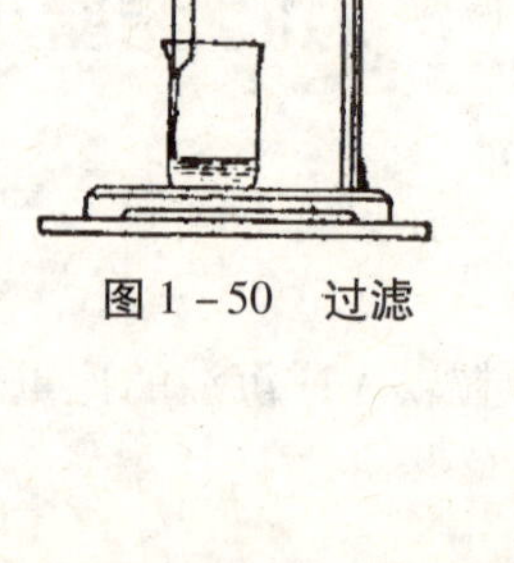

图 1－50 过滤

①漏斗应放在漏斗架上，漏斗颈紧靠在接收容器的内壁上，使滤液顺着容器壁流下，不致溅开来（见图1－50）。

②用倾析法过滤，先转移溶液，后转移沉淀，以免沉淀堵塞滤纸的孔隙而减慢过滤的速度。

③转移溶液时，应借助玻璃棒引流，把溶液滴在3层滤纸处。

④每次加入漏斗中的溶液不要超过滤纸高度的2/3。

如果需要洗涤沉淀，则等溶液转移完毕后，往盛沉淀的容器中加入少量洗涤剂，充分搅拌并静置，待沉淀下沉后，把上层清液倾入漏斗内，如此重复操作两三遍，再转移沉淀到滤纸上。洗涤时要按照少量多次的原则，才能提高洗涤效率。检查滤液中的杂质，判断沉淀是否已经洗净。

（2）减压过滤（抽滤或吸滤）：对于大颗粒的沉淀或欲使沉淀较干燥，可采用抽滤以加快过滤。胶状沉淀和颗粒很细的沉淀不宜用减压过滤。减压过滤的装置如图1－51所示，它由抽滤瓶、布氏漏斗、安全瓶和水泵组成。

抽滤瓶：用来承接被过滤下来的液体，其支管与安全瓶的短管相连，安全瓶的长管与水泵相连。

布氏漏斗（或称瓷孔漏斗）：上面有很多瓷孔，下端颈部装有橡皮塞，借以与抽滤瓶相连。橡皮塞塞入抽滤瓶的部分一般不得超过橡皮塞高度的1/2。

安全瓶：当因减压过滤完毕而关闭水门时，或者当水的流量突然加大后又变小时，都会由于抽滤瓶内的压力低于外界的压力而使自来水溢入抽滤瓶内（这一现象称为反吸）。所以操作时要在抽滤瓶和水泵之间装上一安全瓶，作为缓冲。

水泵：减压用。在泵内有一窄口，当水急剧流至窄口时，水即把空气带出，而使与水泵相连的仪器减压。

抽滤操作与注意事项如下：

①按图1－51所示，安装抽滤装置。

②布氏漏斗的斜口应与抽滤瓶的支管相对。

③滤纸应略小于布氏漏斗的内径，以盖住瓷板上的小孔为宜。先用少量蒸馏水润湿滤纸，微启水泵使滤纸紧贴瓷板。

④用倾析法转移液体，加入的溶液不要超过漏斗容积的2/3，待溶液漏完后，再将沉淀移入滤纸的中间。

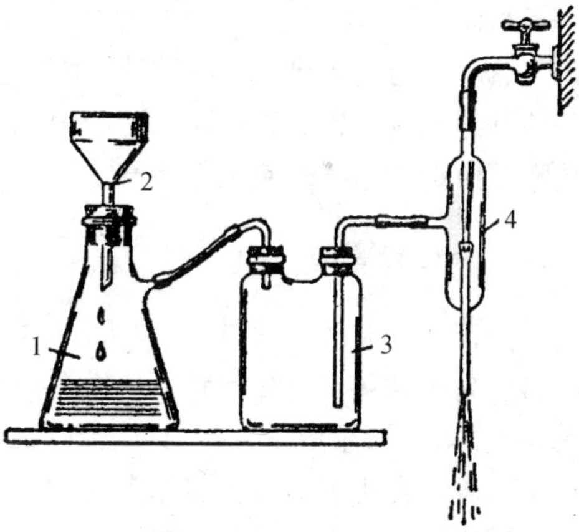

图1－51　抽滤装置
1. 抽滤瓶　2. 布氏漏斗
3. 安全瓶　4. 水泵

⑤过滤时，抽滤瓶内的液面应低于支管的位置，否则滤液会被水泵抽出。当液面快升到支管时应拔出橡皮管，取下漏斗，从抽滤瓶的上口倒出滤液，此时应注意其支管必须向上。

⑥在布氏漏斗内洗涤沉淀时，应停止抽滤，待洗涤剂通过沉淀后再继续抽滤，但过滤速度不宜太快。

⑦在抽滤过程中，不得突然关闭水泵以防倒吸。若需暂时停止抽滤或过滤完毕，应先

拆下抽滤瓶上的橡皮管，再关闭水泵。

⑧取出沉淀时，将漏斗的颈口朝上，轻轻敲打漏斗边缘或朝漏斗口用力一吹，沉淀即可脱离漏斗。也可用玻璃棒轻轻揭起滤纸边，以取下滤纸和沉淀。

瓶内溶液从抽滤瓶上口倒出，不得从瓶的支管口倒出。

⑨有些强酸性、强碱性或强氧化性的溶液过滤时不宜用滤纸。因为溶液会和滤纸作用而破坏滤纸。这时就需要在布氏漏斗上铺石棉纤维或用尼龙布来代替滤纸。先将石棉纤维在水中浸泡一段时间，把它搅匀，倾入布氏漏斗内，再减压使石棉纤维紧贴在漏斗上。石棉纤维要铺得均匀些，不要太厚。但由于过滤后沉淀会夹杂有石棉纤维，因此此法较适用于过滤后只要滤液的情况。

⑩如果过滤后既要滤液又要沉淀，可用玻璃砂漏斗，它不适用于过滤强碱性的溶液。过滤作用是通过熔接在漏斗中部具有微孔的烧结玻璃片上进行的。根据玻璃片的孔径大小，可分为1号、2号、3号、4号等4种规格，1号孔径最大，可根据不同需要分别选用。过滤操作与减压过滤方法相同。

玻璃砂漏斗不宜用硫酸、盐酸或洗液洗涤，否则可能生成不溶性的硫酸盐或氯化物把烧结玻璃片的微孔堵塞。通常用水洗去可溶物，然后在6mol·L^{-1}硝酸溶液中浸泡一段时间，再用水冲洗干净。

（3）热过滤：如果溶液中溶质在冷却后析出，我们又不希望这些溶质在过滤过程中析出而留在滤纸上，这时就需要趁热过滤。为此，在过滤前把漏斗放在水浴上用水蒸气加热（抽滤时抽滤瓶也需加热），然后再进行过滤。

常压过滤时，可把玻璃漏斗放在铜质的热漏斗内（见图1-52）。

热漏斗内装有热水，以维持溶液的温度。另外要选用玻璃漏斗的颈部，愈短愈好，这样不至于使滤液在颈内停留过久，因散热降温而析出晶体，使颈部堵塞。

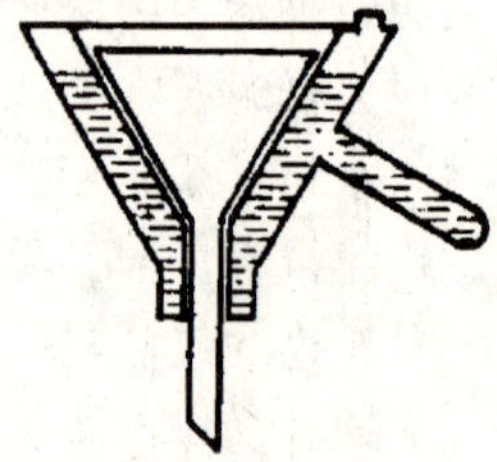

图1-52 热过滤用漏斗

3. **离心分离法**

当被分离的沉淀的量很少时，可用离心分离法。将盛有沉淀和溶液的离心试管放在离心机中高速旋转，沉淀受到离心力的作用，向离心管的底部移动，因此沉淀聚集在管底尖端，上面是澄清溶液。

实验室常用的离心仪器是电动离心机（见图1-53）。使用时，将装试样的离心试管放在离心机的套管中，管底垫一点棉花。为使离心机旋转保持平衡，几个离心试管要放在对称的位置上。如果只有一个试样，则在对称的位置也要放一支离心试管，管内装等质量的水。

电动离心机转动极快，要注意安全。放好离心试管后，应把盖盖上。开始时，把变速器放在最低挡，然后逐渐加速。停止时，任其自然停下，绝不可以用手强制它停止转动。

离心沉降后，欲将沉淀和溶液分离，可用左手斜持离心管，右手拿毛细吸管，用手捏紧吸管上橡皮乳头以排除其中的空气，然后按图1-54所示，把毛细吸管伸入离心管，直到毛细吸管的末端恰好进入液面为止。这时慢慢减小手对橡皮乳头上的挤压力量，清液即进入毛细吸管。随着离心管中清液的减少，毛细吸管应逐渐下移，直至全部清液吸入毛细吸管为止。

沉淀和溶液分离后，沉淀表面仍含有少量溶液，必须洗涤，往盛沉淀的离心管中加入适量的蒸馏水或其他洗涤剂，如图 1－55 所示，用搅拌棒充分搅拌后，进行离心沉降。用毛细吸管将上层清液吸出，再用上述方法操作 2～3 次即可。

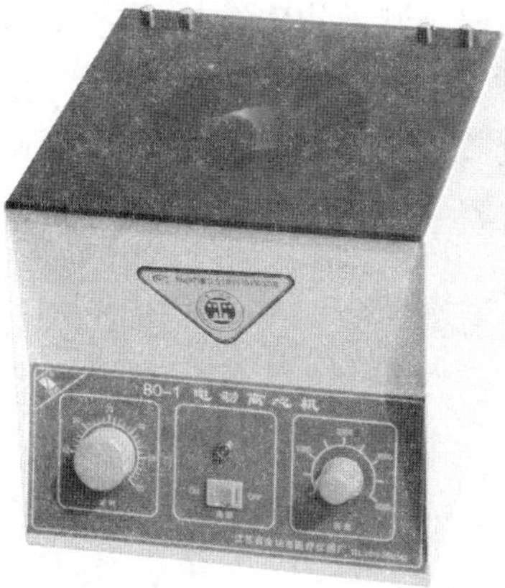

图 1－53　电动离心机

图 1－54　吸出溶液

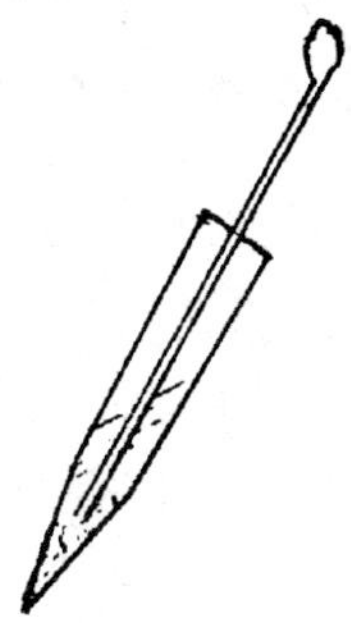

图 1－55　洗涤沉淀

十、试纸的使用

1. 几种常用的试纸

试纸的作用是通过其颜色变化来测试溶液的性质，主要用于定性或定量的分析，其特点是简易、方便、快速，并具有一定的精确度。目前我国生产的各种用途的试纸已达几十种。在无机实验室中常用的有酚酞试纸，红色或蓝色石蕊试纸，pH 试纸，醋酸铅试纸以及碘化钾—淀粉试纸等。

其中酚酞试纸在碱性溶液中变红色，而红色石蕊试纸在碱性溶液中变蓝色，蓝色石蕊试纸在酸性溶液中变红色。

pH 试纸分广泛 pH 试纸和精密 pH 试纸。广泛 pH 试纸用以粗略地检验溶液的 pH 值，而精密 pH 试纸能较精细地检验溶液的 pH 值。

醋酸铅试纸用以检查痕量的硫化氢，作用时，试纸由白色变黑色。

碘化钾—淀粉试纸用以检查氧化剂（特别是游离卤素以及亚硝酸和臭氧等），作用时变蓝色（有时某些气体的氧化性很强且浓度很大时，可将 I_2 继续氧化为 IO_3^- 而使蓝色的试纸又褪色）。

2. 试纸的使用方法及其注意事项

（1）用石蕊试纸或酚酞试纸检验溶液的酸碱性时，可先将试纸剪成小块，放于干燥洁净的表面皿上，再用玻璃棒蘸取待测的溶液，滴在试纸上，在半分钟以内观察试纸颜色的变化。不得将试纸投入溶液中进行试验。

(2) 使用pH试纸的方法与 (1) 同，差别在于当pH试纸显色后半分钟以内，需将所显示的颜色与标准色标相比较，方能知其具体pH值。广泛pH试纸的色阶变化为“1”个pH值单位。精密pH试纸的色阶变化小于“1”个pH值单位。

(3) 检查挥发性物质时，可将所用的试纸用蒸馏水润湿，然后悬空放在气体的出口处，观察试纸颜色的变化，检查挥发性物质的酸碱性，或确定某种物质的存在。

(4) 试纸应密闭保存，不要用沾有酸性或碱性的湿手去取试纸，以免变色。

(5) 注意节约，尽量将试纸剪成小块用。

实验部分

实验一　常用仪器的洗涤和干燥

实验目的

（1）明确实验课的任务、学习目的和方法。
（2）学习《学生实验守则》和《实验室安全规则》，了解各项要求。
（3）清点和认识化学实验常用的仪器。
（4）学会玻璃仪器的一般洗涤和干燥方法，洗涤、干燥部分玻璃仪器。

实验内容

1. 观看录像

录像内容：实验室安全教育与无机化学实验的基本操作。

2. 识别和清点仪器

按仪器清单清点仪器，对照《常用仪器介绍》识别仪器的名称、规格、用途及使用注意事项。清点中若发现有缺、损，可补领或换取。仪器与清单符合后签收，并将清单交给指导教师。

3. 洗涤和干燥练习

（1）取一只烧杯，选择适宜的方法进行洗涤、干燥。依次洗涤所有烧杯。
（2）取一支试管，选择适宜的方法进行洗涤、干燥。依次洗涤所有试管。
（3）取一只量筒，选择适宜的方法进行洗涤、干燥。
（4）选择适宜的方法洗涤自己所有的玻璃仪器，把它们分类并有序地摆放在柜里。

问题与讨论

（1）化学实验用的仪器“洗净”的标准是什么？怎样检查玻璃仪器是否洗净？

（2）根据实验要求，污物的性质和沾污的程度，玻璃仪器一般可采用哪些洗涤方法？附着在试管壁上的 MnO_2 或银镜，应怎样洗去？

实验二　玻璃加工和洗瓶装配

实验目的

（1）了解酒精喷灯的构造，学会正确使用酒精喷灯。
（2）学习玻璃管、玻璃棒的截、拉、弯和圆口的基本操作。
（3）学习塞子钻孔的操作及玻璃管插入孔内的方法。
（4）按规格制作玻璃棒、滴管和装配洗瓶。

材料和用具

玻璃管，玻璃棒，橡皮塞，滴帽，塑料瓶，酒精喷灯，三角锉，钻孔器，石棉网，米尺，喷灯捅针，工业酒精。

实验内容

1. 酒精喷灯的使用

（1）拆装酒精喷灯，了解其构造。
（2）点燃喷灯并调节灯焰至正常。

2. 玻璃管和玻璃棒的加工

（1）截断玻璃管和玻璃棒：
①用一些废玻璃管（棒）反复练习截断的基本操作。
②制作长 12cm、14cm、16cm 的玻璃棒各 1 支，并熔烧断面至圆滑。
（2）拉细玻璃管、玻璃棒：
①练习拉细玻璃管（棒）的基本操作。
②制作 1 支一端拉细的小搅拌棒，规格如图 1－56 所示。断口熔烧至圆滑，细端一头要熔烧成小球。

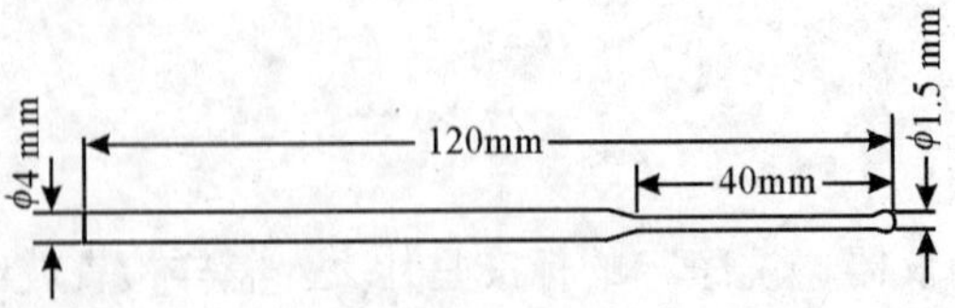

图 1－56　小搅拌棒

③制作滴管2支，规格按图1－57所示。滴管小口一端圆口时，不能长时间放在火焰上，否则管口直径要收缩，甚至封死。滴管大口一端要翻口，即在火焰中完全烧软后，随即在石棉网上垂直揿压翻口。待冷却后套上滴帽即成滴管。滴管规格要求是从滴管滴出20～25滴水的体积约等于1mL。

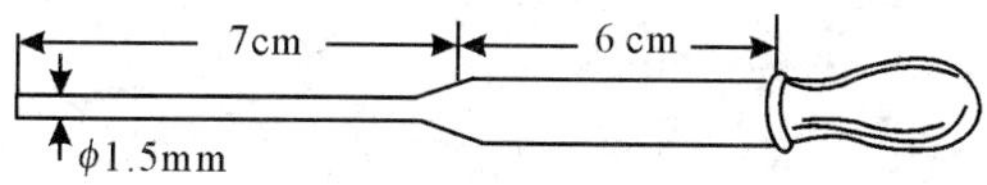

图1－57　滴管

（3）弯曲玻璃管：

①练习玻璃管的弯曲，弯成120°、90°、60°等角度，两端要圆口。

②按图1－58所示，制作1支U形管，两端要圆口。

③按图1－59所示，制作1支玻璃管，两端要圆口，准备装配洗瓶用。

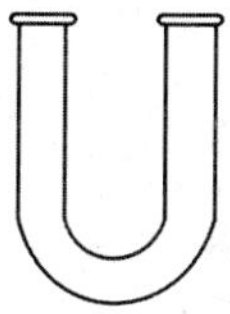

图1－58　U形管

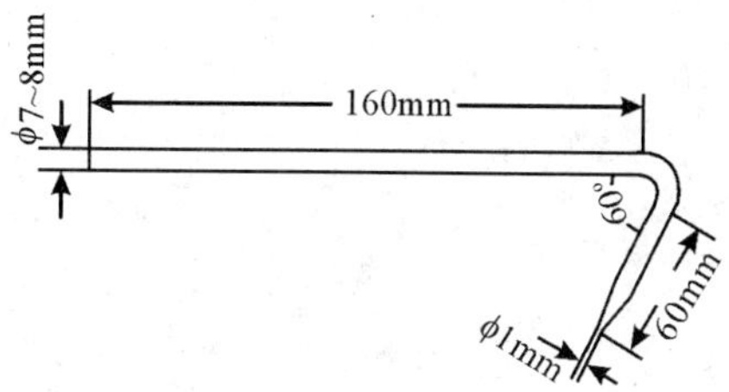

图1－59　制洗瓶用的弯管

3. **塞子钻孔**

（1）按塑料瓶口的内径选取一个合适的橡皮塞，塞子应能塞进瓶口1/2～2/3为宜。

（2）根据玻璃管的直径选用1个钻孔管，在所选橡皮塞的中央钻出1个孔。

4. **装配洗瓶**

（1）把制作好的玻璃弯管用水润滑，边转边插入橡皮塞中合适的位置。

（2）把已插入橡皮塞的玻璃弯管的下端，在离下口3cm处弯一个150°角，此角和60°角应在同一方向，并处于同一平面上。冷却后插入塑料瓶即成洗瓶，如图1－60所示。

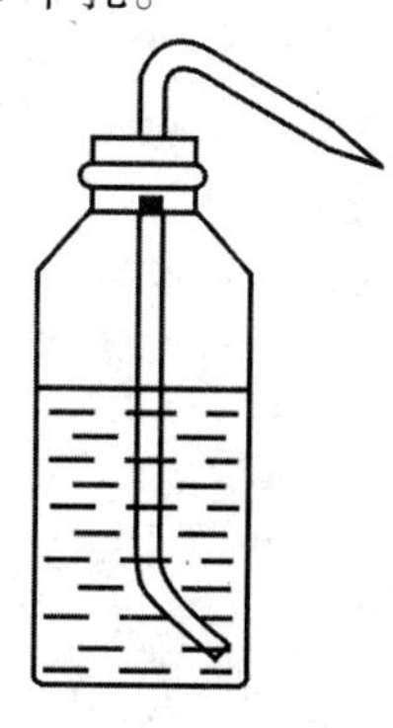

图1－60　塑料洗瓶

问题与讨论

（1）玻璃管（棒）的截断、弯曲、拉细和圆口的操作要点是什么？

（2）弯曲和拉细玻璃管时，怎样掌握加热时的火候？制作滴管时应注意些什么？

（3）进行玻璃操作时，怎样防止扎伤或烫伤？

(4) 酒精喷灯和酒精灯都用酒精作燃料，两者在燃烧时有何不同？点燃酒精喷灯时，把握哪一步关键的操作才不至于发生危险？

(5) 将玻璃管插入塞孔时，为什么要强调握在玻璃管的前半部（即近塞一端）？

实验三　滴定操作练习

实验目的

（1）掌握酸碱滴定（中和滴定）的原理。

（2）掌握滴定操作，学会正确判断滴定终点。

实验提要

如果酸（A）与碱（B）的中和反应为：

$$aA + bB \xlongequal{} cC + dH_2O$$

当反应达到化学计量点时，则 A 的物质的量 n_A 与 B 的物质的量 n_B 之比为：

$$\frac{n_A}{n_B} = \frac{a}{b} \text{ 或 } n_A = \frac{a}{b} n_B$$

又因为

$$n_A = c_A \cdot V_A, \quad n_B = c_B \cdot V_B$$

所以

$$c_A \cdot V_A = \frac{a}{b} c_B \cdot V_B$$

上式中 c_A、c_B 分别为 A、B 的物质的量浓度（$mol \cdot L^{-1}$）；V_A、V_B 分别为 A、B 的体积（单位为 L 或 mL）。

由此可见，酸碱溶液通过滴定，确定它们中和反应达到终点时所需的体积比，即可确定它们的浓度比。如果其中一溶液的浓度已确定，则另一溶液的浓度可求出。

酸碱滴定也称中和滴定，指示中和反应终点的试剂称指示剂。本实验以酚酞为指示剂，用 NaOH 溶液分别滴定 HCl 和 HAc，当指示剂由无色变为淡粉红色时，即表示已达到终点。

仪器和药品

碱式滴定管，25mL 移液管。

$0.1mol \cdot L^{-1}$ HCl 标准溶液（准确浓度已知），$0.1mol \cdot L^{-1}$ NaOH 溶液（浓度待标定），$0.1mol \cdot L^{-1}$ HAc 溶液（浓度待标定），酚酞溶液（质量分数为 1%）。

实验内容

1. NaOH 溶液浓度的标定

用 $0.1mol \cdot L^{-1}$ NaOH 操作液荡洗已洗净的碱式滴定管，每次 10mL 左右，荡洗液从滴定管两端分别流出弃去，共洗 3 次。然后再装满滴定管，赶尽滴定管下端的气泡。调节滴定管内溶液的弯月面在“0”刻度以下。静置 1min，准确读数，并记录在报告本上。

将已洗净的 25mL 移液管用 0.1mol · L^{-1} HCl 标准溶液荡洗 3 次后（每次用 5 ~ 6mL 溶液），准确移取 25.00mL 的 HCl 标准溶液于 250mL 锥形瓶中。加酚酞指示剂 2 滴，此时溶液为无色。用已备好的 0.1mol · L^{-1} NaOH 操作液滴定酸液。近终点时，用洗瓶吹洗锥形瓶内壁，再继续滴定，直至溶液在加下半滴 NaOH 后，变为明显的淡粉红色，在 30s 内不褪色，此时即为终点。准确读取滴定管中 NaOH 溶液的体积。终读数和初读数之差，即为与 HCl 中和所消耗的 NaOH 溶液的体积。

重新把碱式滴定管装满溶液（每次滴定最好用滴定管的相同部分），重新移取 25mL HCl，按上述方法再滴定两次，计算 NaOH 溶液的浓度。3 次测定结果的相对平均偏差不应大于 2‰。

2. HAc 溶液浓度的测定

用上面已测知浓度的 NaOH 溶液，按上法测定 HAc 溶液的浓度 3 次。3 次测定结果的相对平均偏差也不应大于 2‰。

3. 数据记录和结果处理

将 NaOH 溶液浓度的标定和 HAc 溶液浓度的测定的有关数据分别填入表1 -3和表1 -4中。

表 1 - 3　　**NaOH 溶液浓度的标定**

数据记录与计算		1	2	3
HCl 标准溶液的浓度（mol · L^{-1}）				
HCl 标准溶液的净用量（mL）		25.00	25.00	25.00
NaOH 操作液	终读数（mL）			
	初读数（mL）			
	净用量（mL）			
NaOH 溶液的浓度（mol · L^{-1}）				
平均值（mol · L^{-1}）				
相对平均偏差				

表 1－4　　HAc 溶液浓度的测定

数据记录与计算		1	2	3
NaOH 溶液的浓度（$mol \cdot L^{-1}$）				
NaOH 溶液的用量	终读数（mL）			
	初读数（mL）			
	净用量（mL）			
HAc 溶液的净用量（mL）		25.00	25.00	25.00
HAc 溶液的浓度（$mol \cdot L^{-1}$）				
平均值（$mol \cdot L^{-1}$）				
相对平均偏差				

问题与讨论

（1）分别用 NaOH 滴定 HCl 和 HAc，当达化学计量点时，溶液 pH 值是否相同？

（2）滴定管和移液管均需用待装溶液荡洗 3 次的原因何在？滴定用的锥形瓶也要用待装溶液荡洗吗？

（3）如果取 10.00mL HAc 溶液，用 NaOH 溶液滴定其浓度，所得的结果与取 25.00mL HAc 溶液相比，哪一个误差大？

（4）以下情况对滴定结果有何影响：

①滴定管中留有气泡；

②临近终点时，没有用蒸馏水冲洗锥形瓶的内壁；

③滴定完后，有液滴悬挂在滴定管的尖端处；

④滴定过程中，有一些滴定液自滴定管的活塞处渗漏出来。

实验四　酸碱滴定

实验目的

（1）巩固电子天平的称量操作，练习准确配制并转移样品溶液。

（2）学习滴定操作，掌握酸碱滴定原理并测定酸碱溶液的物质的量浓度。

实验提要

酸碱滴定是利用酸碱的中和反应，测定酸或碱的物质的量浓度的一种定量分析方法。滴定反应的终点常借助于指示剂的颜色变化来确定。指示剂本身是一种弱酸或弱碱，它们在不同的 pH 值范围显示出不同的颜色。例如，酚酞变色范围在 pH 为 8.0～10.0，pH 在 8.0 以下为无色，10.0 以上显红色，8.0～10.0 显浅红色。又如甲基红，在 $pH<4.4$ 时显红色，6.2 以上显黄色，4.4～6.2 显橙色（见附录四）。

草酸是常用于标定碱的浓度的基准物质之一，它是固体弱酸，能溶于水，且 $K_a > 10^{-7}$（$K_{a_1}=5.9\times10^{-2}$，$K_{a_2}=6.4\times10^{-5}$），故可在水溶液中用 NaOH 溶液进行滴定，反应产物为强碱弱酸盐，终点在弱碱性范围。所以选用酚酞为指示剂，滴定至溶液呈浅红色即为终点。反应方程式为：

$$H_2C_2O_4(aq)+2NaOH(aq) \xlongequal{\quad} Na_2C_2O_4(aq)+2H_2O\ (l)$$

根据等物质的量反应规则：

$$\begin{aligned} n(H_2C_2O_4) &= n(2NaOH) \\ &= \frac{1}{2}n(NaOH) \\ &= \frac{1}{2}c(NaOH)\cdot V(NaOH) \end{aligned}$$

因 $n(H_2C_2O_4)=n(H_2C_2O_4\cdot 2H_2O)$

$$=m(H_2C_2O_4\cdot 2H_2O)/M(H_2C_2O_4\cdot 2H_2O)$$

由 $c(NaOH)=2m(H_2C_2O_4\cdot 2H_2O)/[M(H_2C_2O_4\cdot 2H_2O)\cdot V(NaOH)]$

准确称取一定量的分析纯草酸晶体 $H_2C_2O_4\cdot 2H_2O$，溶于适量的蒸馏水中，用 NaOH 溶液滴定，记录反应到达终点时所消耗的 NaOH 体积，便可以计算 NaOH 溶液的浓度 $c(NaOH)$。

仪器和药品

碱式滴定管（50mL），锥形瓶（250mL），移液管（25mL），容量瓶（100mL），量筒

(10mL)，滴定管夹，架，洗耳球，电子天平，称量瓶。

草酸（$H_2C_2O_4 \cdot 2H_2O$）(AR)，NaOH、HCl 溶液（均约为 0.1mol·L^{-1}），纸条，纸片。

实验内容

1. 样品称量及溶液配制

用电子天平准确称取草酸晶体（0.630 0～0.650 0g）1 份，置于洁净的小烧杯中，加入适量的蒸馏水溶解，溶液转入 100mL 容量瓶中，用少量蒸馏水冲洗烧杯 3 次，冲洗液转入容量瓶，加水稀释至刻度，摇匀备用。

2. 滴定练习

量取 10mL HCl 溶液于锥形瓶中，加入 2 滴酚酞指示剂，用 NaOH 溶液滴定，观察终点变化，并练习终点的确定（滴定操作见无机化学实验操作有关内容）。

本部分练习可重复多次，直至能够较熟练地掌握滴定操作和正确判断终点，才开始做下面的实验。

3. c(NaOH) 的标定

用干净的移液管准确移取 20.00mL 草酸样品液于锥形瓶中，加入 2～3 滴酚酞指示剂，用 NaOH 溶液进行滴定，记录所消耗的 NaOH 溶液的体积。

另吸取 20.00mL 草酸样品液进行滴定，两次滴定所用 NaOH 溶液的体积相差不超过 ±0.05mL。记录数据，计算 c(NaOH)。

选做部分

另准确称取两份草酸样品（每份的质量约为 0.150 0g），分别放入锥形瓶中，用适量的蒸馏水溶解，加入指示剂，按上述方法进行滴定，记录数据，计算 c(NaOH)。

问题与讨论

(1) 移液管和滴定管洗净后在使用前要用待装溶液荡洗若干次，为什么？锥形瓶是否需要同样处理？

(2) 滴定管装入溶液后没有将下端尖管内的气泡赶尽就开始滴定，对实验结果有何影响？

(3) 本实验中，滴定至锥瓶中溶液出现粉红色，摇荡 0.5min 内粉红色不消失，但约 1min 后消失，这种情况可否认为已达到终点？

(4) 下列情况对实验结果各有什么影响：

①滴定管的下端留有液滴；

②溅在锥形瓶壁上的液滴没有用蒸馏水冲下。

实验五　EDTA 标准溶液的配制与标定

实验目的

（1）掌握 EDTA 标准溶液的配制和标定方法。
（2）学会判断配位滴定的终点。
（3）了解缓冲溶液的应用。

实验提要

配位滴定中通常使用的配位剂是乙二胺四乙酸的二钠盐（$Na_2H_2Y \cdot 2H_2O$），其水溶液的 pH 值为 4.5 左右，若 pH 值偏低，应该用 NaOH 溶液中和到 pH 值为 5 左右，以免溶液配制后有乙二胺四乙酸析出。

EDTA 能与大多数金属离子形成 1∶1 的稳定配合物，因此可以用含有这些金属离子的基准物，在一定酸度下，选择适当的指示剂来标定 EDTA 的浓度。

常用的标定 EDTA 溶液的基准物有 Zn、Cu、Pb、$CaCO_3$、$MgSO_4 \cdot 7H_2O$ 等。用 Zn 作基准物可以用铬黑 T(EBT) 作指示剂，在 $NH_3 \cdot H_2O—NH_4Cl$ 缓冲溶液（pH = 10）中进行标定，其反应如下：

滴定前：

$$\underset{}{Zn^{2+}} + \underset{\text{(纯蓝色)}}{In^{2-}} = \underset{\text{(酒红色)}}{ZnIn}$$

式中 In^{2-} 为金属指示剂。

滴定开始至终点前：

$$Zn^{2+} + Y^{4-} = ZnY^{2-}$$

终点时：

$$\underset{\text{(酒红色)}}{ZnIn} + Y^{4-} = ZnY^{2-} + \underset{\text{(纯蓝色)}}{In^{2-}}$$

所以，终点时溶液从酒红色变为纯蓝色。

用 Zn 作基准物也可用二甲酚橙为指示剂，六亚甲基四胺作缓冲剂，在pH = 5 ~ 6时进行标定。两种标定方法所得结果稍有差异。通常选用的标定条件应尽可能与被测物的测定条件相近，以减少误差。

仪器和药品

$NH_3 \cdot H_2O—NH_4Cl$ 缓冲溶液（pH = 10）：取 6.75g NH_4Cl 溶于 20mL 水中，加入

57mL 15mol · L^{-1} NH_3 · H_2O，用水稀释到100mL。

铬黑T指示剂，纯Zn，EDTA二钠盐（AR）。

实验内容

1. EDTA溶液的配制

称取1.9~2.0g EDTA二钠盐，溶于500mL水中，必要时可温热以加快溶解（若有残渣可过滤除去）。

2. Zn^{2+}标准溶液的配制

取适量纯锌粒或锌片，用稀HCl稍加泡洗（时间不宜长），以除去表面的氧化物，再用水洗去HCl，然后，用酒精洗一下表面，晾干后于110℃下烘几分钟，置于干燥器中冷却。

准确称取纯锌0.15~0.20g，置于100mL小烧杯中，加5mL 1∶1的HCl溶液，盖上表面皿，必要时稍微温热，使锌完全溶解。吹洗表面皿及杯壁，小心转移于250mL容量瓶中，用水稀释至标线，摇匀。计算Zn^{2+}标准溶液的浓度$c(Zn^{2+})$。

3. EDTA浓度的标定

用25mL移液管吸取Zn^{2+}标准溶液置于250mL锥形瓶中，逐滴加入6mol · L^{-1} NH_3 · H_2O，同时不断摇动直至开始出现白色$Zn(OH)_2$沉淀。再加5mL NH_3 · H_2O—NH_4Cl缓冲溶液、50mL水和3滴铬黑T指示剂，用EDTA标准溶液滴定至溶液由酒红色变为纯蓝色即为终点。记下EDTA溶液的用量$V(EDTA)$。平行标定3次，计算EDTA的浓度$c(EDTA)$。

问题与讨论

（1）在配位滴定中，指示剂应具备什么条件?

（2）本实验用什么方法调节pH值?

（3）若在调节溶液pH=10的操作中，加入很多NH_3 · H_2O后仍不见白色沉淀出现，是何原因？应如何避免?

实验六　水中钙、镁含量的测定（配位滴定法）

实验目的

（1）掌握配位滴定的基本原理、方法和计算。

（2）掌握铬黑 T、钙指示剂的使用条件和终点变化。

实验提要

用 EDTA 测定 Ca^{2+}、Mg^{2+} 时，通常在两个等分溶液中分别测定 Ca^{2+} 量以及 Ca^{2+} 和 Mg^{2+} 的总量，Mg^{2+} 量则从两者所用 EDTA 量的差数求出。

在测定 Ca^{2+} 时，先用 NaOH 调节溶液到 pH = 12 ~ 13，使 Mg^{2+} 生成难溶的 $Mg(OH)_2$ 沉淀。加入钙指示剂与 Ca^{2+} 配位呈红色。滴定时，EDTA 先与游离 Ca^{2+} 配位，然后夺取已和指示剂配位的 Ca^{2+}，使溶液的红色变成蓝色为终点。从 EDTA 标准溶液用量可计算 Ca^{2+} 的含量。

测定 Ca^{2+}、Mg^{2+} 总量时，在 pH = 10 的缓冲溶液中，以铬黑 T 为指示剂，用 EDTA 滴定。因稳定性 $CaY^{2-} > MgY^{2-} > MgIn > CaIn$，铬黑 T 先与部分 Mg^{2+} 配位为 MgIn（酒红色）。而当 EDTA 滴入时，EDTA 首先与 Ca^{2+} 和 Mg^{2+} 配位，然后再夺取 MgIn 中的 Mg^{2+}，使铬黑 T 游离，因此到达终点时，溶液由酒红色变为天蓝色，从 EDTA 标准溶液的用量，即可以计算样品中钙镁的总量，然后换算为相应的硬度单位。

各国对水的硬度的表示方法各有不同。其中德国硬度是较早的一种，也是被我国采用较普遍的硬度单位之一，它以度数计，1°表示 1L 水中含 10mg CaO。为方便起见，我国也常以 $mol \cdot L^{-1}$ 来表示。也有些国家采用 $CaCO_3$ 的含量来表示硬度，单位为 $mol \cdot L^{-1}$。

仪器和药品

$6mol \cdot L^{-1}$ NaOH，$NH_3 \cdot H_2O—NH_4Cl$ 缓冲溶液（pH = 10），铬黑 T 指示剂，钙指示剂。

实验内容

1. Ca^{2+} 的测定

用移液管准确吸取水样 25mL 于 250mL 锥形瓶中，加 25mL 蒸馏水，2mL $6mol \cdot L^{-1}$ NaOH（pH = 12 ~ 13）、4 ~ 5 滴钙指示剂。用 EDTA 溶液滴定，不断摇动锥形瓶，当溶液

变为纯蓝色时，即为终点[①]。记下所用体积 V_1。用同样方法平行测定 3 份。

2. Ca^{2+}、Mg^{2+} **总量的测定**

准确吸取水样 25mL 于 250mL 锥形瓶中，加入 25mL 蒸馏水、5mL $NH_3 \cdot H_2O—NH_4Cl$ 缓冲溶液、3 滴铬黑 T 指示剂。用 EDTA 溶液滴定，当溶液由酒红色变为纯蓝色时，即为终点。记下所用体积 V_2。用同样方法平行测定 3 份。

按下式分别计算 Ca^{2+}、Mg^{2+} 总量（以 CaO 的质量浓度表示，单位为 $mg \cdot L^{-1}$）及 Ca^{2+} 和 Mg^{2+} 的质量浓度（单位为 $mg \cdot L^{-1}$）。

$$\text{CaO 的质量浓度} = \frac{c\overline{V_2} \times M(\text{CaO})}{25} \times 1\,000$$

$$\text{Ca}^{2+}\text{ 的质量浓度} = \frac{c\overline{V_1} \times M(\text{Ca})}{25} \times 1\,000$$

$$\text{Mg}^{2+}\text{ 的质量浓度} = \frac{c(\overline{V_2} - \overline{V_1}) \times M(\text{Mg})}{25} \times 1\,000$$

式中 c 为 EDTA 的浓度（单位为 $mol \cdot L^{-1}$）；$\overline{V_1}$ 为 3 次滴定 Ca^{2+} 所消耗 EDTA 的平均体积（单位为 mL）；$\overline{V_2}$ 为 3 次滴定 Ca^{2+}、Mg^{2+} 总量所消耗 EDTA 的平均体积（单位为 mL），M 为物质的摩尔质量。

问题与讨论

（1）如果只有铬黑 T 指示剂，能否测定 Ca^{2+} 的含量？如何测定？

（2）Ca^{2+}、Mg^{2+} 与 EDTA 的配合物，哪个稳定？为什么滴定 Mg^{2+} 时要控制 $pH = 10$，而 Ca^{2+} 则需控制 $pH = 12 \sim 13$？

（3）测定的水样中若含有少量 Fe^{3+}、Cu^{2+} 离子，对终点会有什么影响？如何消除其影响？

（4）若在 $pH > 13$ 的溶液中测定 Ca^{2+} 会怎么样？

---

① 当试液中 Mg^{2+} 的含量较高时，加入 NaOH 后，产生 $Mg(OH)_2$ 沉淀，使结果偏低或终点不明显（因沉淀吸附指示剂之故），可将溶液稀释后测定。

实验七　摩尔盐的制备

实验目的

（1）练习无机制备的基本操作。

（2）了解复盐的一般特征和制备。

（3）掌握某些铁化合物的基本性质。

实验提要

摩尔盐是硫酸亚铁和硫酸铵的复盐，它比一般的亚铁盐稳定，在空气中不易被氧化，溶于水而不溶于乙醇。

像所有复盐一样，摩尔盐在水中的溶解度比组成它的任何组分的溶解度都要小（见表1-5），因此从含有 $FeSO_4$ 和 $(NH_4)_2SO_4$ 的混合溶液中很容易得到结晶的摩尔盐 $(NH_4)_2SO_4 \cdot FeSO_4 \cdot 6H_2O$。

表1-5　　三种盐在不同温度下的溶解度①　　g/100g

温　度	$FeSO_4 \cdot 7H_2O$	$(NH_4)_2SO_4$	$(NH_4)_2SO_4 \cdot FeSO_4 \cdot 6H_2O$
10℃	20.0	73.0	17.2
20℃	26.5	75.4	21.6
30℃	32.9	78.0	28.1

本实验是先将金属铁溶于稀硫酸得到亚铁盐溶液，然后往亚铁盐溶液中加入硫酸铵，使之全部溶解，经加热浓缩，放置冷却则析出复盐。

$$Fe + H_2SO_4\ (稀) = FeSO_4 + H_2\uparrow \tag{1}$$

$$FeSO_4 + (NH_4)_2SO_4 + 6H_2O = (NH_4)_2SO_4 \cdot FeSO_4 \cdot 6H_2O \tag{2}$$

铁屑表面常含有油污，反应前须经净化处理。铁屑与酸反应过程中有 H_2S、PH_3 等有毒气体放出，反应须在良好的通风条件下进行。加热可促进铁屑与酸的反应，但较长时间的加热容易析出 $FeSO_4 \cdot H_2O$ 化合物。

产品主要杂质是 Fe（Ⅲ），利用 Fe^{3+} 与 SCN^- 形成血红色配离子 $Fe(SCN)_n^{(3-n)+}$ 的颜色深浅，通过目视比色可判断产品中 Fe^{3+} 的含量（评定产品级别）。评定办法是：称取

① 100g 水里溶解某物质的克数。

1.0g 产品置于 25mL 比色管中，用 15mL 不含氧的蒸馏水（指不溶解有氧气，下同）溶解，再加入 2mL 稀 HCl（3mol · L^{-1}）和 1mL 质量分数为 25% 的 KSCN 溶液，再用不含氧的蒸馏水稀释至刻度线，摇匀，并与 Fe^{3+} 标准液比较，确定产品级别。标准溶液由实验室配制。各级标准液含 Fe^{3+} 量为：一级（0.05mg），二级（0.10mg），三级（0.20mg）。

仪器和药品

25mL 比色管，蒸发皿，水浴锅，抽滤瓶，布氏漏斗，锥形瓶（250mL），天平。

铁屑，稀 H_2SO_4（2mol · L^{-1}），HCl（3mol · L^{-1}）（AR），$(NH_4)_2SO_4$(s)，Na_2CO_3（质量分数为 10%），KSCN（质量分数为 25%），Fe^{3+} 标准溶液，滤纸。

实验内容

1. 铁屑的净化

称取 4.0g 铁屑，放入 250mL 锥形瓶中，加入 20mL Na_2CO_3 溶液，小火加热 10min，倾去碱液，再用水将铁屑洗净。

2. $FeSO_4$ 溶液的制备

在上述锥形瓶中，加入稀 H_2SO_4（毫升数为计算值 × 110%），于通风橱中在水浴上加热，至仅有很少气泡放出时趁热抽滤，用 5mL 水洗涤锥瓶及漏斗上的残渣，抽干，滤液转入蒸发皿中，残渣连滤纸烘干后称量（过滤前滤纸先称量并记录质量）。

3. 硫酸亚铁铵的制备

用实际反应的铁屑量确定 $(NH_4)_2SO_4$ 固体所用的量。称取所需的 $(NH_4)_2SO_4$ 固体，加到 $FeSO_4$ 溶液中，此时溶液的 pH 值应小于 2。如 pH 值偏高，可用 H_2SO_4 溶液调节，待固体全部溶解后，水浴蒸发浓缩至表面刚出现结晶膜为止（注意浓缩过程不宜过多搅拌）。放置冷却，得硫酸亚铁铵晶体。抽滤，把晶体转移至表面皿上晾干片刻，观察晶体的颜色和形状，称量，计算产率。

选做部分

质量评定：按提要中介绍的方法进行，但要求做空白试验加以比较，或者先于比色管中加入 15mL 不含氧的蒸馏水，加入 2mL HCl（AR）和 1mL KSCN 溶液，观察溶液颜色后再加入产品 1.0g，溶解后继续加不含氧的水至 25mL 刻度线，摇匀，与标准色阶比色，确定产品级别。

问题与讨论

（1）溶解铁屑时，为什么 H_2SO_4 要略过量？若 H_2SO_4 量不足，可能会有什么后果？

（2）怎样制备不含氧的蒸馏水？

（3）浓缩硫酸亚铁铵溶液时，能否把溶液蒸干？若把溶液蒸干，可能会有什么结果？

（4）查出下列几种盐在水中的溶解度数据，列成表格。

$FeSO_4 \cdot H_2O$，$FeSO_4 \cdot 7H_2O$，$(NH_4)_2SO_4$，$(NH_4)_2SO_4 \cdot FeSO_4 \cdot 6H_2O$

（5）如果你的产品质量在三级以下，你将用什么方法来处理产品以提高质量（写出具体措施）。

实验八　硫酸铜的提纯

实验目的

（1）了解用化学方法提纯硫酸铜。
（2）练习无机制备的基本操作。

实验提要

粗硫酸铜中含有不溶性杂质和可溶性杂质 $FeSO_4$、$Fe_2(SO_4)_3$及其他重金属盐等。不溶性杂质可用过滤法除去。Fe^{2+}离子需用氧化剂 H_2O_2或 Br_2氧化成 Fe^{3+}离子，然后调节溶液的 pH 值，使 Fe^{3+}离子水解为 $Fe(OH)_3$沉淀而除去①。反应式如下：

$$2Fe^{2+} + H_2O_2 + 2H^+ \xlongequal{} 2Fe^{3+} + 2H_2O$$

$$Fe^{3+} + 3H_2O \xlongequal{} Fe(OH)_3\downarrow + 3H^+ (pH \approx 4.0)$$

除铁离子后的滤液，即可蒸发结晶。当硫酸铜晶体析出时，其他微量的可溶性杂质仍留在母液中，过滤时可与硫酸铜分离。

各氢氧化物沉淀时的 pH 及 K_{sp}值如表 1 - 6 所示。

---

① 使 Fe^{3+}离子水解析出氢氧化铁沉淀是长期以来一种典型的除铁方法，在冶金和化工生产中得到广泛应用。但这种方法的主要缺点是 $Fe(OH)_3$ 具有胶体性质，沉淀速度慢，过滤困难，且使一些物质被吸附而损失。通常用凝聚剂使氢氧化铁凝聚沉淀或较长时间加热煮沸来破坏胶体。但当 Fe^{3+}离子浓度较大时，从溶液中分离氢氧化铁仍然是有困难的。

如果使 Fe（Ⅲ）的硫酸盐在较低的pH 值下发生水解，这里溶液中存在一些聚合的 $Fe_2(OH)_2^{4+}$、$Fe_2(OH)_4^{2+}$离子而不产生氢氧化铁沉淀。这些离子和 SO_4^{2-}结合生成一种浅黄色的复盐晶体，其化学式为 $M_2Fe_6(SO_4)_4(OH)_{12}$（$M = Na^+$、K^+、NH_4^+），俗称黄铁矾。黄铁矾在水中的溶解度小，而且颗粒大，沉淀速度快，很容易过滤。黄铁矾法与氢氧化铁法相似，包括：把溶液中的所有铁转化为 Fe^{3+}，常用的氧化剂有 H_2O_2、$NaClO_3$ 等；控制合适的 pH 值（pH = 1.6 ~ 1.8）；溶液中生成黄铁矾沉淀，温度控制在 358 ~ 368K。有关水解反应方程式可表示为：

$$Fe^{3+} + H_2O \rightleftharpoons Fe(OH)^{2+} + H^+$$

$$2Fe(OH)^{2+} + 2H_2O \xlongequal{} Fe_2(OH)_4^{2+} + 2H^+$$

$$2Fe(OH)^{2+} + 2Fe_2(OH)_4^{2+} + 4SO_4^{2-} + 2Na^+ + 2H_2O \xlongequal{} \underset{\text{黄钠铁矾（浅黄色）}}{Na_2Fe_6(SO_4)_4\cdot(OH)_{12}}\downarrow + 2H^+$$

表1-6　氢氧化物沉淀时的pH及其K_{sp}值

氢氧化物	开始沉淀的pH	完全沉淀的pH	K_{sp}
$Cu(OH)_2$	4.2	6.7	2.2×10^{-20}
$Fe(OH)_3$	1.6~2.0	3.9	4.0×10^{-36}
$Fe(OH)_2$	6.5	9.7	2.0×10^{-14}

仪器和药品

天平，研钵，玻璃漏斗，布氏漏斗，抽滤瓶，蒸发皿，25mL比色管。

粗$CuSO_4$，$NH_3\cdot H_2O$（$1mol\cdot L^{-1}$），$NH_3\cdot H_2O$（$6mol\cdot L^{-1}$），H_2SO_4（$1mol\cdot L^{-1}$），H_2O_2（质量分数为3%），HCl（$2mol\cdot L^{-1}$，AR），$CuSO_4\cdot 5H_2O$晶种，KSCN（质量分数为25%），滤纸，pH试纸。

实验内容

1. 粗硫酸铜的提纯

（1）称取经研细的粗硫酸铜30.0g于250mL烧杯中，加入120mL蒸馏水，加热，搅拌，使其完全溶解，放置冷却。

（2）在上述溶液中滴加4~5mL H_2O_2溶液（若Fe^{2+}的含量高，可适当多加些）。用$2mol\cdot L^{-1}$ NaOH溶液调节溶液pH≈4.0，加热并煮沸数分钟后趁热常压过滤。

（3）将滤液转入蒸发皿中，滴加$1mol\cdot L^{-1}$ H_2SO_4溶液调节溶液pH≈2.0，水浴加热，蒸发浓缩至液面刚出现结晶膜为止。冷至室温，抽滤至干，取出晶体，用滤纸吸干其表面水分，称量，计算产率。母液回收。每人留1.0g产品做质量评定。

2. 晶体的培养

在大小适宜的洁净烧杯中，将产品配成某一温度下的饱和溶液①。用一头发丝或洁净光滑的丝线系一透明且形状规整的晶种，在溶液温度高出饱和溶液温度1~2℃时②，将晶种悬挂于溶液中，再用一只大烧杯罩上。放置至下次实验时观察单晶的形状。单晶回收，母液自留做碘的回收实验用或按教师意见处理。

---

① 为获得较大的$CuSO_4\cdot 5H_2O$单晶，可控制结晶条件：按53.2g $CuSO_4\cdot 5H_2O$/100gH_2O配制溶液，晶体生长的起始温度为40℃。

② 晶种放入溶液内的理想时间是溶液温度恰好达到饱和温度的时候，加入相同温度的晶种。然而，实际上晶种的温度与室温相同。因此，将晶种加至饱和温度下的溶液时，由于溶液与晶种有温差而常使晶体急剧析出。为此，就得在溶液温度高出饱和温度1~2℃时加入晶种为宜。

选做部分

按下述步骤对产品进行质量评定：

（1）将1.0g提纯的产品用适量蒸馏水溶解，再用1mol · L^{-1} H_2SO_4酸化溶液，并滴加2mL H_2O_2，充分搅拌后，煮沸片刻。

（2）在搅拌下逐滴加入6mol · L^{-1} $NH_3 \cdot H_2O$至最初生成的浅蓝色沉淀完全溶解并呈现深蓝色溶液（此时Fe^{3+}转为$Fe(OH)_3$沉淀，而Cu^{2+}成为配离子$[Cu(NH_3)_4]^{2+}$）。

（3）常压过滤，并用滴管将1mol · L^{-1} $NH_3 \cdot H_2O$滴加到滤纸上洗涤，直到蓝色完全洗去为止。滤液回收。

（4）用3mL热的2mol · L^{-1} HCl滴在滤纸上，使$Fe(OH)_3$溶解，收集溶液。

（5）将上述溶液转移入25mL的比色管中，加入1mL KSCN溶液，用不含氧的蒸馏水稀释至刻度，摇匀，与标准溶液比较，评定级别。

问题与讨论

（1）粗硫酸铜中的杂质Fe^{2+}为什么要氧化成Fe^{3+}除去？采用H_2O_2作氧化剂比其他氧化剂有什么优点？

（2）除Fe^{3+}时，要调节pH≈4.0，若pH值太大或太小有什么影响？

（3）为什么除Fe^{3+}后的滤液还要调节pH≈2.0再进行蒸发浓缩？

（4）当溶液中$c(Fe^{3+}) = 0.1$mol · L^{-1}时，$Fe(OH)_3$开始沉淀与沉淀完全时的pH值[即残留$c(Fe^{3+}) < 10^{-5}$mol · L^{-1}]分别是多少？

（5）在溶有15.0g $CuSO_4 \cdot 5H_2O$ 50mL溶液中，若不使$Cu(OH)_2$沉淀析出，必须控制pH值为多少？

（6）如果粗硫酸铜中含有铅等盐，它们会在哪一步骤中被除去，可能的存在形式是什么？

第二部分

常数测定

误差与数据处理

化学是一门实验的科学，要进行许多定量的测量，如常数的测定、物质组成的分析以及溶液浓度的分析等。这些测定，有的是直接进行的，有的则是根据实验数据推演计算得出的。在处理实验数据以及研究这些测定与计算结果的准确性时，都会遇到误差等有关问题。因此，树立正确的误差和有效数字的概念、掌握分析和处理实验数据的科学方法是十分必要的。下面仅就有关问题介绍一些基础知识。

一、测量中的误差

1. 准确度和误差

在定量的分析测定中，对于实验结果的准确度都有一定的要求。可是，绝对准确是没有的。在实际过程中，即使是技术很熟练的人，用最好的测定方法和仪器，测定出的数值与真实值之间总会产生一定的差值。这种差值越小，实验结果的准确度就越高；反之，准确度就越低。所以，准确度是表示实验结果与真实值接近的程度。

准确度的高低常用误差来表示。误差有绝对误差和相对误差两种。

绝对误差（Δ）是测量值与真实值之差。例如，称得某 3 个物体的质量分别为 2.365 7g、1.562 8g、0.236 4g。而它们的真实质量分别为 2.365 8g、1.562 7g 和 0.236 5g。则其绝对误差 Δ 分别为：

$$\Delta_1 = 2.365\ 7 - 2.365\ 8 = -0.000\ 1\ (\mathrm{g})$$

$$\Delta_2 = 1.562\ 8 - 1.562\ 7 = +0.000\ 1\ (\mathrm{g})$$

$$\Delta_3 = 0.236\ 4 - 0.236\ 5 = -0.000\ 1\ (\mathrm{g})$$

由此可见，当测定值小于真实值时，绝对误差为负值，表示测定结果偏低；当测定值大于真实值时，则绝对误差为正值，表示测定结果偏高。其中 1、3 两个物体的真实质量相差近 10 倍，而绝对误差却一样，均为 −0.000 1g。可见，绝对误差并没有表明测量误差在真实值中所占的比重。为此引入相对误差的概念。

相对误差（δ）表示绝对误差与真实值之比，即误差在真实值中所占的百分率。故上述 1、3 两次测量的相对误差为：

$$\delta_1 = \frac{-0.000\ 1}{2.365\ 8} \times 100\% = -0.004\%$$

$$\delta_3 = \frac{-0.0001}{0.2365} \times 100\% = -0.04\%$$

由此看出，尽管测量的绝对误差相同，但由于被测量的量的大小不同，其相对误差也不同。被测量的量较大时，相对误差较小，测量的准确度较高。

2. 精密度和偏差

在实际工作中，由于真实值不知道，通常是在同一条件下进行多次正确测量，求出其算术平均值，代替真实值。或者以公认的手册上的数据作为真实值。

在多次测量中，如果每次测量结果的数值比较接近，就说明测定结果的精密度比较高。可见精密度是表示各次测量结果相互接近的程度。

精密度的高低用偏差表示。偏差愈小，精密度愈高。偏差有不同表示方法：

绝对偏差（d）为测得值与平均值之差：

$$d_i = x_i - \bar{x}$$

x_i指个别一次测得结果，d_i 指它的绝对偏差，$\bar{x}$ 指平均值。

相对偏差（$d\%$）

$$d_i\% = \frac{d_i}{\bar{x}} \times 100\%$$

$d_i\%$ 是指第 i 个测得结果中所包含的偏差占平均值的百分数。由于我们所需要的是整组数据对平均值的离散度，因此常用平均偏差（$\bar{d}$）或平均相对偏差（$\bar{d}\%$）来表示：

平均偏差（$\bar{d}$）

$$\bar{d} = \frac{|d_1| + |d_2| + \cdots + |d_n|}{n}$$

式中 $|d_1|$、$|d_2|$、…、$|d_n|$ 等分别代表各次测定结果的绝对偏差的绝对值，n 代表一共测量的次数。

平均相对偏差（$\bar{d}\%$）

$$\bar{d}\% = \frac{\bar{d}}{\bar{x}} \times 100\%$$

由于平均相对偏差能代表一组结果偏离平均值程度在所得结果中的影响程度，因此常用以表示精密度。

例 1

x	$\|d\|$
1.234	0.002
1.238	0.002
1.239	0.003
1.234	0.002
1.235	0.001
$\bar{x}$: 1.236	$\bar{d}$: 0.002

$$\bar{d}\% = \frac{0.002}{1.236} \times 100\% = 0.16\%$$

例 2

x	$\lvert d \rvert$
1.226	0.010
1.234	0.002
1.245	0.009
1.239	0.003
1.236	0
$\bar{x}$: 1.236	$\bar{d}$: 0.005

$$\bar{d}\%: \frac{0.005}{1.236} \times 100\% = 0.40\%$$

由以上两例可见，虽然两组结果的平均值相同，但后一组的精密度不如前一组高。

精密度和准确度的概念不同。测量的精密度高，其准确度不一定高；同样，测量的准确度高，其精密度也不一定高。

精密度高是保证准确度高的前提。精密度低的测量，其准确度是不可信的。因为数据波动大，说明在每次测量过程中，引起误差的因素在起变化。或者说，测量条件并非完全一致。

例如，甲、乙、丙、丁 4 个人用同种方法测量同一样品中某物体的质量分数（设真实质量分数为 50.37%），测量结果如下：

甲：① 50.20%　② 50.20%　③ 50.18%　④ 50.17%
平均值：50.19%

乙：① 50.20%　② 50.37%　③ 50.45%　④ 50.50%
平均值：50.38%

丙：① 50.40%　② 50.30%　③ 50.25%　④ 50.23%
平均值：50.30%

丁：① 50.37%　② 50.35%　③ 50.38%　④ 50.33%
平均值：50.36%

所得结果绘图表示如图 2-1 所示：

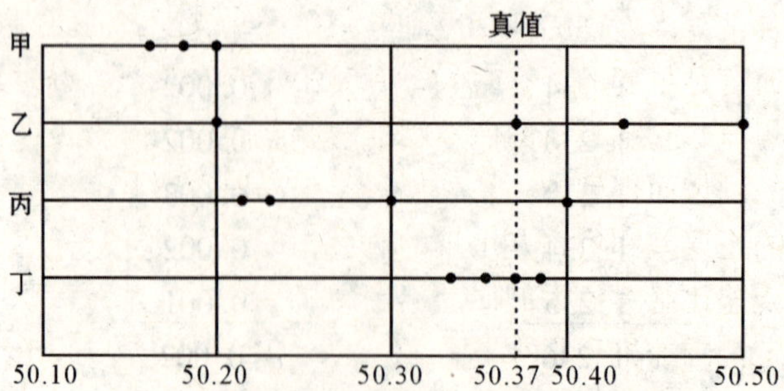

图 2-1　甲乙丙丁测量同一物体的结果图

由图 2－1 可见，甲测量的精密度很高，但平均值与真实值相差很大，说明准确度低；乙测量的准确度高，但不可信，因为精密度太低；丙测量的精密度和准确度都不高；只有丁的测量结果两全其美，即精密度和准确度都高。

必须说明的是，误差和偏差的含义也不同。误差以真实值为基准，偏差以平均值为基准。但严格说来，任何量的真实值都是未知的。通常所说的“真实值”，是采用各种方法进行多次平均测量所得到的相对可靠的平均值。因此，用这一平均值代替真实值计算误差，实际得到的也是一种偏差。故有时不严格区分误差和偏差。

3. 误差产生的原因

误差产生的原因很多，一般分为系统误差和偶然误差两大类。

（1）系统误差是测量过程中由某种经常性的原因所引起的。这些误差对测量结果的影响比较固定，会在同一条件下的多次测量中反复显示出来，使测量结果系统偏高或偏低。例如，用未经校正的砝码称量时，由于砝码的值不准确，故在多次测量中使误差重复出现且误差大小不变。另外，在观测条件改变时，误差按某一确定的规律变化，这种观测误差也称为系统误差，它对测量结果的影响并不是固定的。例如，标准溶液会因其体积随温度变化而改变，而且有确定的规律，因此，对于浓度的变化，可以进行适当的校正。总之，对于系统误差，不论是固定的或不固定的，如能找到其来源，就可设法加以控制或消除。

系统误差主要来源于以下几个方面：

①方法误差，指由测量方法引入的误差。例如，借助于从溶液中形成沉淀的方法确定某元素的含量时，由于沉淀物有一定的溶解度而造成的损失所带来的误差，就是方法误差。

②仪器误差，即仪器本身的制造精度有限而产生的误差。

③试剂误差，指由试剂或试液（包括常用溶剂水）引入一些对测量有干扰的杂质所造成的误差。

④人员误差，指由试验人员的生理缺陷和生理定式所引入的误差。例如，有的人对颜色的变化不甚敏感，在比色或光度的测量中引起的误差；测量者个人的习惯和偏向引起的误差，例如，有的人读数常偏高或偏低。

（2）偶然误差是由某些难于觉察的偶然原因所造成的误差。例如，外界条件（温度、湿度、振动和气压等）变动引起瞬间微小变化，或者实验仪器性能（灵敏度）的微小变化，以及实验者对各份试样处理的微小差别等。由于引起误差的原因是偶然性的，就单个误差值的出现情况而言是可变的，有时大，有时小，有时为正，有时为负，因此，既不可预料也没有确定的规律，它随具体的偶然因素的不同而不同。但是在相同条件下，对同一个量进行大量重复的测量而得到的一系列偶然误差来说，则显示出如下的统计分布规律：

①绝对值相等的正误差和负误差出现的机会相等；

②绝对值小的误差比绝对值大的误差出现的机会大；

③误差超出一定范围的机会很小。

根据上述特点可知，在同一测量条件下，随着测量次数的增加，偶然误差的算术平均值将趋近于零。也就是说，多次测量结果的算术平均值更接近于真实值。

从以上的分析可以看出，系统误差和偶然误差对测量结果所产生的影响是不同的。精密度是反映偶然误差大小的程度，而准确度是反映系统误差大小的程度。但在实际测量中，两类误差对测量结果往往都有影响。因此，采用一个新的概念来反映系统误差和偶然误差总和大小的程度，称为精确度。

此外，还可能由于实验人员粗枝大叶，不遵守操作规程，以致造成不应有的过失。例如，器皿未洗净、试液丢失、试剂误用、记录及运算错误等。如果已发现有错误的测量，应该取消该数据，不能参与总测量结果的计算。因此，对于初学者来说，从一开始就必须严格遵守操作规程，养成一丝不苟的良好科学实验习惯。

4. 提高实验精确度的方法

虽然误差在定量实验中总是客观存在的，但必须设法尽量减小。减小误差的方法有以下几方面：

（1）选择合适的测量方法。各种测量方法的相对误差和灵敏度是不同的（灵敏度是在测量的条件下所能测得的最小值）。例如，测量元素的含量时可用重量法和仪器测量法，前者相对误差比较小（一般为 ±0.2%），但灵敏度低；后者相对误差比较大（一般为 ±2%），但灵敏度高。因此，测量含量较高的元素可用重量法，而测量含量低的元素时，重量法的灵敏度一般达不到要求，应采用灵敏度高的仪器测量法。

（2）减少测量误差。应根据不同的方法、不同的仪器和不同的要求确定待测量的最小实验量。在重量法中，主要操作是称量。由于一般电子天平称量的绝对误差为 ±0.000 2g。如果使测量时的相对误差在 0.1% 以下，试样的质量就不能太小。因为：

$$\text{相对误差} = \frac{\text{绝对误差}}{\text{试样质量}} \times 100\%$$

$$\text{试样质量} = \frac{\text{绝对误差}}{\text{相对误差}} \times 100\%$$

$$= \frac{0.000\,2}{0.1\%} \times 100\% = 0.2\ (\text{g})$$

此时要求试样的质量必须在 0.2g 以上。

不同的测量任务要求的准确度不同。如用仪器测量法，称取试样 0.5g，试样的称量误差不大于 0.5g × 2% = 0.01（g）即行，不必要强调称准到 0.000 1g。

（3）减小偶然误差。在系统误差很小的情况下，平行测量的次数越多，所得的平均值就越接近真实值，偶然误差对平均值的影响也就越小。通常要求平行测量 2 ~ 4 次以上，以获得较准确的测量结果。

（4）改进实验方法。为消除固定性的系统误差（其数值和符号在测量时总是保持恒定），常采用交换抵消法，即进行两次测量，在这两次测量中将测量中的某些条件（例如被测物所处的位置等）相互交换，使产生系统误差的原因对两次测量的结果起相反的作用，从而使系统误差抵消。例如，通过交换被测物与砝码的位置，取两次称量结果的平均值作为被测物的质量，可以抵消等臂天平由于实际不等臂而引起的系统误差。

（5）采用对照实验。用标准件、标准样品做对照实验。校测后以修正值的方式加入测量值中，以消除系统误差。

也常用空白实验的方法来减小系统误差，即从试样测量结果中扣除空白值，就得到比较可靠的结果。

此外，对于仪器不准所引起的系统误差，可通过校准仪器来减小其影响。例如，砝码、滴定管和移液管等的校正。

二、有效数字

在定量实验中，为了使结果可靠，要准确地测量，正确地读数、记录和计算数据。

1. 有效数字的概念

在实验中，我们使用的仪器所标出的刻度的精确程度总是有限的。例如，50mL 的量筒，最小刻度为 1mL，在两刻度间可再估读一位，所以，实际测量读数能读至 0. 1mL，如 34. 5mL 等。若为 50mL 的滴定管，最小刻度为 0. 1mL，再估读一位，可读至 0. 01mL，如 24. 78mL 等。总之，在 34. 5mL 与 24. 78mL 这两个数字中，最后一位是估读出来的，是不准确的。通常把只保留最后一位不准确数字，而其余数字均为准确数字的这种数字称为有效数字。也就是说，有效数字实际上是能测出的数字。

由上述可知，有效数字与数学上的数有着不同的含义。数学上的数只表示大小。有效数字则不仅表示量的大小，而且反映了所用仪器的准确程度。例如，“取 NaCl 6. 5g”，这不仅说明 NaCl 的质量为 6. 5g，而且表明用感量为 0. 1g（或 0. 5g）的托盘天平称就可以了。若是“取 NaCl 6. 500 0g”，则表明一定要在电子天平上称。

这样的有效数字还表明了称量误差。对感量为 0. 1g 的托盘天平，称 6. 5g NaCl，绝对误差为 0. 1g，相对误差为：

$$\frac{0.1}{6.5}\times 100\% = 2\%$$

对感量为 0. 000 1g 的电子天平称 6. 500 0g NaCl，绝对误差为 0. 000 1g，相对误差为：

$$\frac{0.0001}{6.5000}\times 100\% = 0.002\%$$

所以，记录测量数据时，不能随便乱写，不然便会夸大或缩小了准确度。例如，用电子天平称 6. 500 0g NaCl 后，若记成 6. 50g，则相对误差就由 $\frac{0.0001}{6.5000}\times 100\% = 0.002\%$ 夸大到 $\frac{0.01}{6.5000}\times 100\% = 0.2\%$。

因此，有效数字的位数与仪器的准确度有关。高于或低于仪器的准确度都是不恰当的。

“0”的作用是值得注意的，“0”在数字中起的作用是不同的，有时是有效数字，有时则不是，这与“0”在数字中的位置有关。

下面一组数据的有效数字如下：

有效数字	0. 027 5	2. 006 5	6. 500 0	0. 003 0	54 000
有效数字的位数	三位	五位	五位	两位	不确定

“0”在数字前，仅表示小数点的位置，不属于有效数字。小数点的位置与测量所用的单位有关。如测得某物质量为27.5g，若要换算为以千克为单位，则得0.027 5kg，单位的变换并未引起有效数字的增减，因0.027 5仍为三位有效数字。

“0”在数字中间是有效数字，故2.006 5为五位有效数字。

“0”在小数的数字后也是有效数字。如6.500 0中3个0都是有效数字，而0.003 0中“3”之前3个0不是有效数字，“3”后面的0为有效数字，所以6.500 0为五位有效数字，而0.003 0只有两位有效数字。以“0”结尾的正整数，有效数字的位数不确定。如54 000可能是两位、三位、四位、五位，这种数应根据有效数字情况改写为指数形式。如为两位，则写成5.4×10^4；如为三位，则写成5.40×10^4，等等。

此外，常数不算作有效数字。在计算过程中，常数所取的位数不应小于参加运算的各数据中的最小位数。

总之，要能正确判别与书写有效数字。下面列出了一些数字，并指出了它们的有效数字位数：

6.500 0	46 009	五位有效数字
23.14	0.060 10%	四位有效数字
0.017 3	1.56×10^{-10}	三位有效数字
48	0.000 050	两位有效数字
0.002	5×10^5	一位有效数字
54 000	100	有效数字位数不确定

2. 有效数字的运算规则

(1) 加法和减法：在计算几个数字相加或相减时，所得的和或差的有效数字位数，应以小数点后位数最少的数为准。

例如，将2.011 3、31.25及0.357三个数相加时，见下式（可疑数以“?”表示）：

$$\begin{array}{r} 2.011\underset{?}{3} \\ 31.2\underset{?}{5} \\ +0.35\underset{?}{7} \\ \hline 33.6\underset{?}{1}\underset{?}{8}\underset{?}{3} \rightarrow 33.62 \end{array}$$

可见，小数点后位数最少的数31.25中的5已是可疑数，相加后使得和33.618 3中的1也可疑。所以再多保留几位已无意义，也不符合有效数字只保留一位可疑数字的原则，这样相加后，按“四舍六入五取双”的规则处理，结果应是33.62。

为了看清加减法应保留的位数，上例采用了先运算后取舍的方法。但是，在一般情况下，也可先取舍后运算。即

2. 0113　→　2. 01

31. 25　→　31. 25

0. 357　→　+0. 36

33. 62

（2）乘法和除法：在计算几个数相乘或相除时，其积或商的有效数字位数应以有效数字位数最少的数为准。如 1. 312 与 23 相乘时：

```
      1. 312
          ?
  ×      23
          ?
  -----------
       3936
       ????
      2624
         ?
  -----------
     30. 176
     ?  ???
```

显然，由于 23 中的 3 是可疑的，就使得积 30. 176 中的 0 也可疑。所以保留两位即可，其余按“四舍六入五取双”的规则处理，结果就是 30。

同加减法一样，也可先取舍后运算。即

```
1. 312   →     1. 3
23       →    ×23
             ------
               39
              26
             ------
             29. 9  →  30
```

另外，对于第一位的数值等于或大于 8 的数，则有效数字的总位数可多算一位。例如，9. 15 虽然只有三位数字，但第一位数大于 8，所以运算时可看作四位。

（3）对数：进行对数运算时，对数值的有效数字只由尾数部分的位数决定。首数部分为 10 的幂数，不是有效数字。

例如，2 345 为四位有效数字，其对数 lg 2 345 = 3. 370 1，尾数部分仍保留四位，首数“3”不是有效数字，不能记成 lg 2 345 = 3. 370，这只是三位有效数字，就与原数 2 345 的有效数字位数不一致了。

在化学中对数运算很多，如 pH 值的计算，若 $[H^+] = 4.9 \times 10^{-11}$，这是两位有效数字，所以 $pH = -\lg[H^+] = 10.31$，有效数字仍只有两位。反过来，由 pH = 10. 31 计算 $[H^+]$ 时，也只能记作 $[H^+] = 4.9 \times 10^{-11}$，而不能记成 4.989×10^{-11}。

（4）使用计算器进行运算时，虽然计算器能显示出许多位数，但在运算结果取数时，必须注意保留适当的有效数字的位数。这是因为测量结果数值计算的准确度不应该超过测量的准确度。

常用仪器使用说明

一、PHS—3C 酸度计操作方法

（1）将复合电极夹在电极夹上，拉下电极前端的电极套（请把电极套放好），用蒸馏水清洗电极，用滤纸吸干。

（2）按下电源开关，预热30min 后才标定。

（3）仪器面板上“选择”开关调至“pH”挡（如图2－2所示），将温度旋钮调至该溶液的温度值，调节“斜率”旋钮，顺时针旋到底（即调到100%的位置上）。

图2－2　PHS—3C 酸度计测溶液 pH 值

（4）标定：

①把清洗过的电极，用滤纸吸干水，插入标准 pH＝6.86 的缓冲液中，调节定位旋钮，使仪器显示读数为该缓冲液在该温度下的 pH 值。

②取出，用蒸馏水清洗电极，滤纸吸干，再插入标准 pH＝3.56 的缓冲液中，调节斜率旋钮，使仪器显示读数为该缓冲液在该温度下的 pH 值。

③重复①、②两步骤，至不再调节定位或斜率为止。

（5）测定：

①用蒸馏水清洗电极，用被测液清洗电极一次。

②将电极浸入被测溶液中，搅匀，从显示屏上读出溶液 pH 值，读出两次，求平均值。

③每测一样品，重复①、②。

（6）测完后将复合电极用蒸馏水清洗，滤纸吸干，插入电极套，旋好，然后关机。

二、DDS—11C 型电导率仪使用方法

（1）开机前检查表针是否恰好指向零。

（2）将 K_2 校正测量开关扳在“校正”位置，将 W_3 温度补偿调节器置于室温。

（3）打开电源开关，预热数分钟，调节 W_1 “调正”调节器至满刻度。

（4）将 K_1 量程开关置于 $\times 10^4$。

（5）取铂黑电极，预先用蒸馏水浸泡4小时。检查其电极常数，将W_2电极常数调节器拨到相应的位置。将电极插入Rx电极插座。

（6）用待测溶液将电极洗2次后，再将电极插入待测溶液中。

（7）校正：将K_2校正测量开关扳在“校正”位置，电极指针必须满刻度，若有偏差，可用W_1“调正”调节器来调节。

（8）测量：将K_2校正测量开关扳到“测量”位置，这时电表指针可读出读数；若无法读出读数，则先将电极取出，K_2扳到“校正”位置，再将K_1量程选择开关逐挡下降，再次将电极放入，K_2扳到“测量”位置，直到读出读数。若K_1量程选择开关在$\times 10^2$黑点，则读出表上黑色数据；若是红色，则读表下红色数据。

例如，量程开关置于$\times 10^2$黑色点，电表指针为0.86；测该溶液的电导率为$0.86\mu S \cdot cm^{-1} \times 10^2 = 86\mu S \cdot cm^{-1}$。

（9）取出电极，用蒸馏水冲洗电极，再重复（6），测定下一个待测溶液的电导率。

因为测定出来的是$\mu S \cdot cm^{-1}$，故应换算成$\times 10^{-6} S \cdot cm^{-1}$。

（10）DDS—11C型电导率仪面板部件如图2－3所示。

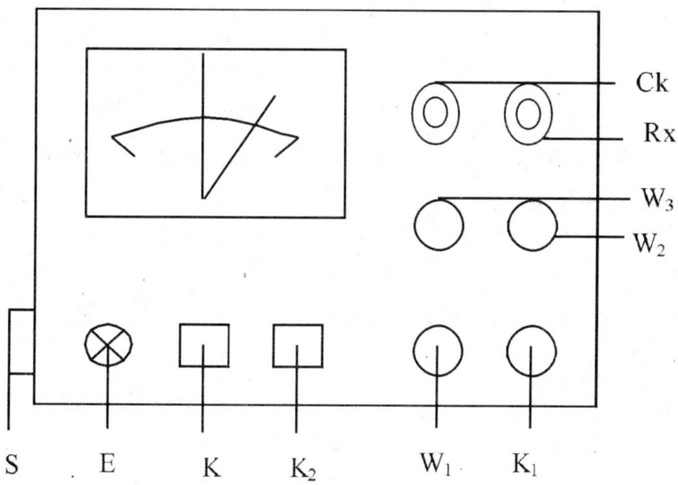

S—插座
E—指示灯
K—电源开关
K_1—量程选择开关
K_2—校正测量开关
W_1—“调正”调节器
W_2—电极常数调节器
W_3—温度补偿调节器
Rx—电极插座
Ck—0～10mV输出插口

图2－3　DDS—11C型电导率仪面板部件

实验部分

实验九　金属摩尔质量的测定

实验目的

（1）了解测定某种金属摩尔质量的方法及其操作程序。

（2）掌握测量气体体积的操作方法。

（3）掌握理想气体状态方程、分压定律和分体积定律。

实验提要

中等活泼的金属，如镁、铝和锌等，它们的摩尔质量可以用置换法测定。即通过一定质量的金属 M 与过量的稀硫酸作用置换出氢气。

$$\frac{2}{v}M + H_2SO_4(稀) === M_{\frac{2}{v}}SO_4 + H_2\uparrow \qquad (v=1,\ 2,\ 3,\ \cdots)$$

用排水集气法收集并测量在一定温度和压力下反应所置换出来的氢气体积，通过状态方程计算得到氢气的摩尔数。

$$P_{H_2}V_{H_2} = n_{H_2}RT \tag{1}$$

式中：

P_{H_2}——氢气的压力（Pa）；

V_{H_2}——置换出的氢气体积（m^3）；

R——摩尔气体常数（$8.314J \cdot K^{-1} \cdot mol^{-1}$）；

T——氢气的温度（K）；

n_{H_2}——置换出来的氢气的物质的量。

由于氢气是在水面上收集的，故氢气中混有水蒸气，根据分压定律，量气管内总压力 P 是氢气分压 P_{H_2} 和水蒸气分压 P_{H_2O} 之和。

$$P = P_{H_2} + P_{H_2O} \tag{2}$$

当量气管内气压等于大气压时，P 可直接从实验室中的气压计读出，P_{H_2O} 则根据实验室室温（℃）查饱和水蒸气压表（附录三）得到。

从反应方程式可知，金属和氢气的摩尔比为：

$$n_M : n_{H_2} = \frac{2}{v} : 1$$

即

$$n_M = \frac{2}{v} \cdot n_{H_2} \tag{3}$$

而

$$n_M = \frac{m}{M} \tag{4}$$

由式（1）、（2）、（3）和（4）整理得：

$$M = \frac{v}{2} \cdot \frac{m}{n_{H_2}} = \frac{v}{2} \cdot m \cdot \frac{RT}{(P - P_{H_2O})V_{H_2}} \tag{5}$$

式中：

M——待测金属的摩尔质量；

m——所测定金属的质量；

v——金属的价态。

本实验测定金属镁的摩尔质量，对于 Mg，$v=2$，故式（5）可简写为：

$$M = \frac{mRT}{(P - P_{H_2O})\ V_{H_2}}$$

仪器和药品

天平，整套量气装置仪器，铁架台，铁夹，气压计，温度计，量筒，长颈漏斗。H_2SO_4（$2mol \cdot L^{-1}$），甘油，镁条，砂皮纸，镊子。

实验内容

1. 装置的安装和调试

（1）在电子天平上准确称取 3 份擦去表面氧化膜的镁条（每份质量为 0.030 0 ~0.032 0g）

（2）按图 2 -4 所示装配仪器。往水准管内注入水，使量气管中的水位在略低于刻度“0”的位置。上下移动水准管，以赶尽附着在橡皮管和量气管内壁的气泡。

（3）通过一长颈漏斗将 5mL H_2SO_4注入反应管中（切勿使酸沾在管壁上），稍倾斜反应管，将镁条用甘油稍湿润后贴在反应管壁上部，确保它不与酸液接触。然后把反应管与量气管相接，并关闭反应管上的活塞。

（4）检查装置是否漏气，把水准管下移一段距离，使量气管和水准管内有一定的水位差后固定在一定位置。如果量气管中的液面只在开始时稍有下降，以后即保持恒定，说明装置不漏气。如果液面继续下降，则表明装置漏气，必须检查各接口处是否严密，经检查，调整，重复实验，直到确保

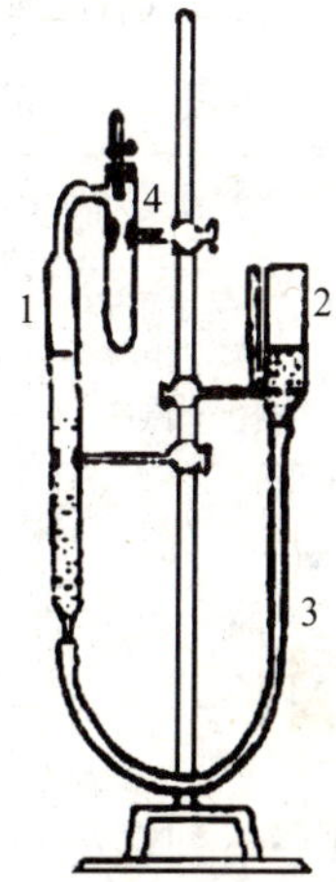

图 2 -4　置换法测定金属摩尔质量的装置

1. 量气管　2. 水准管
3. 橡皮管　4. 反应管

不漏气为止。

（5）打开反应管上的活塞，使装置系统与大气相通，调节量气管水位略低于刻度“0”处。关闭活塞，再检查一次装置是否漏气。

（6）把水准管靠近量气管，使两者的液面保持在同一水平，记下量气管液面的位置。

2. 镁的摩尔质量的测定

（1）把反应管底部略为提高，以使镁条和稀硫酸接触，这时由反应产生的氢气进入量气管中，把管内的水压向水准管一边。为了避免量气管内压力过大，应随时调整水准管位置，使其液面略低于量气管的液面。

（2）反应完毕后，待反应管冷至室温，使水准管和量气管的液面处于同一水平，记下量气管中液面的位置。稍等1～2min，再记录液面位置，如两次读数相同，表明管内气体温度与室温一致。记下室温和大气压力。

（3）用已称量的另外两条镁条重复上述实验。数据记录和结果处理如表2－1所示。

表2－1　**实验数据及结果**

项　目	实验1	实验2	实验3
大气压（P/Pa）			
室温（T/K）			
室温下的 P_{H_2O}/Pa			
镁条质量（m/g）			
反应前量气管液面位置（mL）			
反应后量气管液面位置（mL）			
氢气体积（V_{H_2}/m^3）			
氢气分压（P_{H_2}/Pa）			
镁的摩尔质量①（M/g）			
平均相对误差（%）			

问题与讨论

（1）下列情况对实验结果有无影响：

①量气管内的气泡没有赶尽；

②称量不准确（偏大或偏小），金属表面有氧化膜；

③装置有轻微漏气；

① 镁的摩尔质量文献值为24.31。

④未冷至室温就读数；

⑤记录液面位置时，量气管与水准管中的液面不在同一水平；

⑥反应过程中，如果从量气管压入水准管的水过多而溢出。

（2）反应前量气管的上部留有空气，在计算时为什么不考虑空气的分压？

（3）实验中各种数据要读准至多少位有效数字，为什么？

（4）本方法有哪些局限性，K、Fe、Cu 等金属能否也用此法测定其摩尔质量？

（5）本实验中可否用 HCl 或 HNO_3代替 H_2SO_4？

（6）本实验的仪器装置，除了作金属摩尔质量测定外，还可作哪些量的测定？

实验十 化学反应速度和活化能

实验目的

(1) 试验浓度、温度及催化剂对化学反应速度的影响。

(2) 测定过二硫酸铵与碘化钾反应时的速度，并计算反应级数、反应速度常数及反应的活化能。

实验提要

在水溶液中过二硫酸铵和碘化钾发生如下反应：

$$S_2O_8^{2-} + 3I^- \longrightarrow 2SO_4^{2-} + I_3^- \qquad (1)$$

其反应的速度方程可表示为：

$$v = k\,c^m(S_2O_8^{2-}) \cdot c^n(I^-)$$

式中 v 为瞬时反应速度，k 为速度常数，m 和 n 总称为反应的级数。

实验所能测量的是在一段时间（Δt）内反应的平均速度（$\bar{v}$），如果在 Δt 时间内 $S_2O_8^{2-}$ 的浓度变化为 $\Delta c(S_2O_8^{2-})$，则平均速度

$$\bar{v} = \Delta c(S_2O_8^{2-})\ /\Delta t$$

由于本实验在 Δt 时间内反应物浓度的变化很小，作为近似处理，可用平均速度代替瞬时速度。即

$$\Delta c(S_2O_8^{2-})\ /\Delta t \approx v = k\,c^m(S_2O_8^{2-}) \cdot c^n(I^-)$$

为了能够测定出反应在 Δt 时间内 $S_2O_8^{2-}$ 的浓度变化值，本实验做出如下的设计：在混合 KI 和 $(NH_4)_2S_2O_8$ 溶液之前，先加入一定体积已知浓度的 $Na_2S_2O_3$ 溶液和淀粉溶液，这样在反应（1）进行的同时，体系中还进行着如下反应：

$$2S_2O_3^{2-} + I_3^- \longrightarrow S_4O_6^{2-} + 3I^- \qquad (2)$$

反应（2）进行得非常快，几乎瞬间完成，而反应（1）比反应（2）慢得多，因此由反应（1）生成的 I_3^- 立即与 $S_2O_3^{2-}$ 反应，生成无色的 $S_4O_6^{2-}$ 和 I^-。一旦 $Na_2S_2O_3$ 耗尽，反应（1）继续生成的微量 I_3^- 就与淀粉作用，使溶液显蓝色。

从反应式（1）和（2）的关系式可以看出，$S_2O_8^{2-}$ 与 $S_2O_3^{2-}$ 的变化量有如下关系：

$$\Delta c(S_2O_8^{2-}) = \Delta c(S_2O_3^{2-})\ /2$$

在本实验中，每份混合液中 $Na_2S_2O_3$ 的起始浓度都相同。从反应开始到溶液出现蓝色时 $S_2O_3^{2-}$ 全部耗尽，故从 $Na_2S_2O_3$ 的起始浓度可求出 $\Delta c(S_2O_3^{2-})$，进而可计算 $\Delta c(S_2O_8^{2-})$ 和反应的平均速度。

对反应速度方程两边取对数得：

$$\lg v = m\lg c(S_2O_8{}^{2-}) + n\lg c(I^-) + \lg k$$

当控制 $c(I^-)$ 不变时，以 $\lg v$ 对 $\lg c(S_2O_8{}^{2-})$ 作图，可得一直线，斜率为 m。同理，当 $c(S_2O_8{}^{2-})$ 不变时，以 $\lg v$ 对 $\lg c(I^-)$ 作图，可求出 n。

求出 m 和 n 后，可用一组 $c(S_2O_8{}^{2-})$、$c(I^-)$ 和 v 数据代入速度方程，求得反应常数 k。

根据阿累尼乌斯公式，反应速度常数 k 与反应温度 T 之间有以下关系：

$$\lg k = \frac{-Ea}{2.30RT} + A$$

式中：

Ea——反应的活化能（$kJ \cdot mol^{-1}$）；

R——气体常数（$R = 8.314 J \cdot K^{-1} \cdot mol^{-1}$）；

T——热力学温度（K）；

A——常数项。

测出不同温度时的 k 值，以 $\lg k$ 对 $\frac{1}{T}$ 作图，可得一直线，由直线斜率（$\frac{-Ea}{2.30R}$）可求得反应的活化能 Ea。

仪器和药品

100mL 烧杯 7 只，大试管，量筒，恒温水浴槽，秒表，温度计。

$(NH_4)_2S_2O_8$（$0.02 mol \cdot L^{-1}$，新配制），KI（$0.20 mol \cdot L^{-1}$）①，KNO_3（$0.20 mol \cdot L^{-1}$），$Na_2S_2O_3$（$0.010 mol \cdot L^{-1}$），$(NH_4)_2SO_4$（$0.20 mol \cdot L^{-1}$），$Cu(NO_3)_2$（$0.02 mol \cdot L^{-1}$），淀粉溶液（质量分数为 2%），冰块。

实验内容

1. 试验浓度对化学反应速度的影响，求反应级数

在室温下用 3 个量筒（贴有标签）分别量取 KI 溶液 20.0mL，$Na_2S_2O_3$ 溶液 8.0mL 和淀粉溶液 4.0mL，加到 100mL 烧杯中混合均匀，然后用另一量筒量取 $(NH_4)_2S_2O_8$ 溶液 20.0mL 迅速倒入烧杯中，同时立即按下秒表，并不断搅拌至溶液刚出现蓝色时，立即停表，记下反应时间，同时记下室温。

用同样方法按照表 2-2 中用量进行另外 4 次实验。为了使每次实验中的溶液离子强度和总体积保持不变，不足的量分别用 KNO_3 溶液和 $(NH_4)_2SO_4$ 溶液补足。

---

① 本实验对试剂有一定要求：

A. 碘化钾固体表面变黄表示变质，有 I_2 析出，不能配制溶液，KI 溶液应贮存于棕色瓶中，因为 KI 溶液遇光会有游离 I_2 析出，使溶液变黄。

B. $(NH_4)_2S_2O_8$ 易分解，其溶液要新配制。此外，如所配 $(NH_4)_2S_2O_8$ 溶液 pH 值小于 3，则不适合本实验使用，所用试剂中如混有 Cu^{2+}、Fe^{3+} 等杂质，对反应会有催化作用，必要时需滴入几滴EDTA（$0.1 mol \cdot L^{-1}$）溶液。

2. 试验温度对化学反应速度的影响，求活化能

按表 2 - 2 中实验 V 的用量，把 KI、$Na_2S_2O_3$、KNO_3和淀粉溶液加到 100mL 烧杯中，把（NH_4）$_2S_2O_8$溶液加在另一个烧杯（或大试管）中，并把它们同时放在冰水中冷却，等烧杯中溶液都冷却到约为 0℃时，把（NH_4）$_2S_2O_8$溶液迅速加到混合液中。同时立即按秒表，并不断搅拌至溶液出现蓝色，停表。记下反应时间 Δ*t*，用同样方法在约比室温高 10℃和低 10℃的条件下，重复以上实验，这样连同实验 1 中 V 号结果可以得到 4 个不同温度下的反应温度，算出它们的反应速度和速度常数，有关数据和处理结果填入表 2 - 3。

表 2 - 2　　浓度对化学反应速度的影响

实验编号		Ⅰ	Ⅱ	Ⅲ	Ⅳ	Ⅴ
试剂用量（mL）	$Na_2S_2O_3$（0.010mol · L^{-1}）	8.0	8.0	8.0	8.0	8.0
	淀粉溶液（质量分数为 2%）	4.0	4.0	4.0	4.0	4.0
	KNO_3（0.20mol · L^{-1}）	0	0	0	5.0	10.0
	KI（0.20mol · L^{-1}）	20.0	20.0	20.0	15.0	10.0
	$(NH_4)_2SO_4$（0.20mol · L^{-1}）	0	5.0	10.0	0	0
	$(NH_4)_2S_2O_8$（0.20mol · L^{-1}）	20.0	15.0	10.0	20.0	20.0
起始浓度	KI（mol · L^{-1}）					
	$(NH_4)_2S_2O_8$（mol · L^{-1}）					
$S_2O_8^{2-}$的浓度变化 $\Delta c(S_2O_8^{2-})$（mol · L^{-1}）						
反应时间 Δ*t*（s）						
反应速度 *v*（mol · L^{-1} · s^{-1}）						
lg *v*						
$\lg c(S_2O_8^{2-})$						
$\lg c(I^-)$						
m						
n						
反应速度常数 *k*						

表 2－3　温度对化学反应速度的影响

实验编号	Ⅰ	Ⅱ	Ⅲ	Ⅳ
反应温度 t（℃）				
反应时间 Δt（s）				
反应速度 v（$mol \cdot L^{-1} \cdot s^{-1}$）				
反应速度常数 k				
$\lg k$				
$\frac{1}{T}$（K）				
反应活化能 Ea（$kJ \cdot mol^{-1}$）				

3. **试验催化剂对化学反应速度的影响**

按表 2－2 实验 V 的用量把 KI、$Na_2S_2O_3$、KNO_3和淀粉溶液加到 100mL 烧杯中，再加入两滴 $Cu(NO_3)_2$溶液，然后迅速加入（$(NH_4)_2S_2O_8$）溶液，搅拌，计时，将此实验的反应速度与表 2－2 中实验 V 的反应速度进行比较。

问题与讨论

（1）实验中为什么可以由反应溶液出现蓝色的时间长短来计算反应速度？反应溶液出现蓝色后，反应是否就终止了？

（2）下列操作情况对实验结果有何影响：

①取用 6 种试剂的量筒没有分开专用；

②先加 $(NH_4)_2S_2O_8$溶液，最后加 KI 溶液；

③慢慢加入 $(NH_4)_2S_2O_8$溶液。

（3）试分析本实验中 $Na_2S_2O_3$的用量过多或过少，对实验结果有什么影响？

实验十一　弱酸电离常数的测定（pH 法）

实验目的

（1）了解弱酸电离常数的测定方法。
（2）进一步了解电离平衡的基本概念。
（3）了解酸度计的使用方法。

实验提要

醋酸在水溶液中存在下列平衡：

$$HAc \rightleftharpoons H^+ + Ac^-$$

其电离常数表达式为：

$$K_{HAc} = c(H^+) \cdot c(Ac^-)/c(HAc) \quad (1)$$

设醋酸的起始浓度为 c，平衡时 $c(H^+) = c(Ac^-) = x$，代入式（1），可以得到：

$$K_{HAc} = x^2/(c - x) \quad (2)$$

在一定温度下，用酸度计测定一系列已知浓度的醋酸的 pH 值，根据 $pH = -\lg c(H^+)$，换算出 $c(H^+)$，代入式（2）中，可求出一系列对应的 K 值，取其平均值，即为该温度下醋酸的电离常数。

仪器和药品

PHS—3C 酸度计。

滴定管（酸式、碱式各一支），50mL 烧杯 6 只，HAc（$0.100\,0mol \cdot L^{-1}$）。

实验内容

（1）先将 PHS—3C 酸度计预热 30min。

（2）将两支滴定管用蒸馏水洗 3 次，碱式滴定管内装入水至 0.00，将酸式滴定管用已标定好的 $0.100\,0mol \cdot L^{-1}$ HAc 溶液洗 3 次后，装入该 HAc 溶液。

（3）配制不同浓度的醋酸溶液：

将 5 只洗净烘干的 100mL（或 50mL）烧杯编成 1～5 号，按表 2－4 配制醋酸溶液。

配好后的 HAc 溶液，用玻璃棒搅拌均匀。按顺序在 PHS—3C 酸度计上测出其 pH 值。

表 2-4　**实验数据记录**

编　号	HAc 体积（已标定）(mL)	H_2O 体积 (mL)	配制 HAc 浓度 ($mol \cdot L^{-1}$)	HAc 的 pH 值
1				
2				
3				
4				
5				
6				

（4）数据处理。根据实验数据填写表 2-5。

测定时的温度 =　℃。

表 2-5　**实验数据和计算结果**

编　号	HAc 体积 (mL)	H_2O 体积 (mL)	配制 $c(HAc)$ ($mol \cdot L^{-1}$)	pH 值	$c(H^+)$ ($mol \cdot L^{-1}$)	$K = x^2/(c-x)$ ($mol \cdot L^{-1}$)
1						
2						
3						
4						
5						

最后计算出 K 的平均值为＿＿＿＿＿＿。

问题与讨论

（1）本实验测定 HAc 电离常数的依据是什么？

（2）PHS—3C 酸度计使用的关键是什么？

（3）怎样配好 HAc 溶液？又如何从 pH 值测得其电离常数？

实验十二　硫酸钡溶度积的测定（电导法）

实验目的

（1）训练硫酸钡沉淀制备的基本方法。

（2）学习使用电导仪或电导率仪。

（3）测定难溶电解质硫酸钡的溶度积。

实验提要

难溶电解质的饱和溶液都是稀溶液，由于在极稀溶液中，电解质分子的离解度接近于1，离子的活度系数也接近于1，因此处理难溶电解质饱和溶液的平衡问题时，可以只考虑固体与溶液中离子之间的平衡，并用浓度代替活度。

例如，对于难溶电解质 A_mB_n 有：

$$A_mB_n(s) \rightleftharpoons mA^{n+}(aq) + nB^{m-}(aq)$$

$$K_{sp} = c^m(A^{n+}) \cdot c^n(B^{m-})$$

当不存在同离子效应时，溶液中的 A_mB_n 的饱和浓度 $c(A_mB_n)$ 与离子的平衡浓度 $c(A^{n+})$ 和 $c(B^{m-})$ 有如下关系：

$$c(A_mB_n) = \frac{1}{m}c(A^{n+}) = \frac{1}{n}c(B^{m-})$$

代入

$$K_{sp} = \left(\frac{n}{m}\right)^n c^{m+n}(A^{n+}) = \left(\frac{m}{n}\right)^m c^{m+n}(B^{m-})$$

$$= m^m \cdot n^n c_{A_mB_n}{}^{m+n}$$

从上述关系式可知，只要已知 $c(A_mB_n)$、$c(A^{n+})$ 和 $c(B^{m-})$ 三者之中任何一个量，都能求出 K_{sp} 的值，因此，溶度积的测定，可转化为对难溶电解质饱和溶液中某一物质的浓度测定。任何能够准确测定稀溶液中电解质或电解质离子浓度（直接或间接）的方法都可以用于测定溶度积常数 K_{sp}。

本实验用电导法（或电导率法）测定硫酸钡的溶度积。具体的方法是测出硫酸钡饱和溶液的电导率（或电导），然后通过电解质溶液的电导率（或电导）与电解质浓度的关系计算出硫酸钡饱和溶液中硫酸钡的浓度，从而求得 K_{sp} 值。

在推导电导率（或电导）与电解质浓度关系时需要先了解电导率（K）和电解质的摩尔电导率（λ）的意义及其相互间的关系。

电解质溶液导电能力的大小，通常用电阻 R 或电导 G 来表示。在国际单位制（SI）中电导的单位是S，称为西门子（1 西门子 =1 安培 · 伏特$^{-1}$）。

（1）电导率 K 表示放在相距1m、面积为 $1m^2$ 的两个平行电极之间溶液的电导。若导

体具有均匀截面，则其电导与截面积 A 成正比，与长度 l 成反比，即

$$G = K\frac{A}{l} \tag{1}$$

K 为比例常数，称为电导率（过去称比电导），单位为 $S \cdot m^{-1}$。

（2）摩尔电导率指在相距为 1m、面积为 $1m^2$ 的两个平行电极之间，放置含有 1mol 电解质的溶液，此溶液的电导称为摩尔电导率，用 λ 表示，单位为 $S \cdot m^2 \cdot mol^{-1}$。摩尔电导率 λ 与电导率 K 有如下关系：

$$K = \lambda \cdot c \tag{2}$$

在使用摩尔这个单位时，必须明确规定基本单元，基本单元可以是分子、原子、离子、电子或是这些粒子的特定组合，因而表示电解质的摩尔电导率时，亦应标明基本单元。例如，若采用 $\frac{1}{2}MgCl_2$ 为基本单元，则 $\lambda_{MgCl_2} = 2\lambda_{\frac{1}{2}MgCl_2}$。

（3）极限摩尔电导率指当溶液无限稀释时，正、负离子之间的影响趋于零，λ 值达到最大值，用 λ_0 表示（λ_0 称为极限摩尔电导率）。实验证明当溶液无限稀释时，每种电解质的极限摩尔电导率 λ_0 是两种离子的极限摩尔电导率的简单加和。即

$$\lambda_0 = \lambda_{0,+} + \lambda_{0,-} \tag{3}$$

离子的极限摩尔电导率（$\lambda_{0,+}$ 或 $\lambda_{0,-}$）可以从物理化学手册上查到。

在硫酸钡（$BaSO_4$）的饱和溶液中，存在如下平衡：

$$BaSO_4(s) \rightleftharpoons Ba^{2+}(aq) + SO_4^{2-}(aq)$$

$$K_{sp, BaSO_4} = c(Ba^{2+}) \cdot c(SO_4^{2-}) = c^2(BaSO_4) \tag{4}$$

由于 $BaSO_4$ 的溶解度很小，它的饱和溶液可以近似地看成无限稀释的溶液，故有：

$$\lambda_{0, BaSO_4} = \lambda_{0, Ba^{2+}} + \lambda_{0, SO_4^{2-}}$$

25℃时，无限稀释的 $\frac{1}{2}Ba^{2+}$ 和 $\frac{1}{2}SO_4^{2-}$ 的 λ_0 值分别为 63.6×10^{-4} 和 80.0×10^{-4}。

$$\begin{aligned}\lambda_{0, BaSO_4} &= 2\lambda_{0, \frac{1}{2}BaSO_4} = 2\left(\lambda_{0, \frac{1}{2}Ba^{2+}} + \lambda_{0, \frac{1}{2}SO_4^{2-}}\right)\\ &= 2\left(63.6 \times 10^{-4} + 80.0 \times 10^{-4}\right)\\ &= 287.2 \times 10^{-4}\ (S \cdot m^2 \cdot mol^{-1})\end{aligned}$$

因此，只要测得 $BaSO_4$ 饱和溶液的电导率 K_{BaSO_4}（或电导 G_{BaSO_4}），即可由式（2）计算出 $BaSO_4$ 饱和溶液的物质的量浓度。

$$c(BaSO_4) = \frac{K_{BaSO_4}}{1\,000\lambda_{0, BaSO_4}}\ (mol \cdot L^{-1}) \tag{5}$$

应注意的是，测定得到的 $BaSO_4$ 饱和溶液的电导率 $K_{BaSO_4溶液}$（或电导 $G_{BaSO_4溶液}$）都包括了 H_2O 电离出的 H^+ 和 OH^- 的电导率 K_{H_2O}（或 G_{H_2O}）。所以：

$$K_{BaSO_4} = K_{BaSO_4溶液} - K_{H_2O} \tag{6}$$

或

$$G_{BaSO_4} = G_{BaSO_4溶液} - G_{H_2O}$$

由式（1）、（4）、（5）和（6）可得：

$$K_{sp, BaSO_4} = \left(\frac{K_{BaSO_4溶液} - K_{H_2O}}{1\,000\lambda_{0, BaSO_4}}\right)^2$$

或

$$K_{sp,\ BaSO_4}=[\frac{(G_{BaSO_4溶液}-G_{H_2O})\frac{l}{A}}{1\ 000\lambda_{0,\ BaSO_4}}]^2 \tag{7}$$

式（7）中$\frac{l}{A}$是电导池常数或电极常数，对某一电极来说，$\frac{l}{A}$为常数，由电极标出。

仪器和药品

DDS—11C型电导率仪，电动离心机，烧杯（50mL）2只，量筒（50mL）1只，药勺。

$BaCl_2$（$0.1mol\cdot L^{-1}$），Na_2SO_4（$0.1mol\cdot L^{-1}$），$AgNO_3$（$0.1mol\cdot L^{-1}$），二次蒸馏水。

实验内容

1. $BaSO_4$沉淀的制备

取10mL $0.1mol\cdot L^{-1}$的Na_2SO_4溶液于干净小烧杯中，另取10mL $0.1mol\cdot L^{-1}$的$BaCl_2$溶液于另一干净烧杯中，将盛有Na_2SO_4溶液的小烧杯加热至近沸时，在搅拌下缓慢滴加$BaCl_2$溶液，直到$BaCl_2$溶液加完后，盛有$BaCl_2$的烧杯，用5mL H_2O洗涤，全部加入到Na_2SO_4溶液中，继续加热煮沸5min，静置陈化（一般陈化时间需要15~20min）。用倾斜法将$BaSO_4$沉淀上的清液弃去，用近沸的蒸馏水洗涤$BaSO_4$沉淀，至无Cl^-为止（可用$AgNO_3$溶液检验），这样可以得到纯净的$BaSO_4$沉淀。

2. $BaSO_4$饱和溶液的制备

往$BaSO_4$沉淀中加入50mL已测定电导率的蒸馏水（或二次蒸馏水），加热煮沸3~5min，并不断搅拌，静置，冷却。

3. 电导率的测定

（1）取40mL纯水，测定其电导率K_{H_2O}（或G_{H_2O}）。测定时操作要迅速，测定电导率（或电导）后的纯水立即用于制备$BaSO_4$饱和溶液。

（2）将制得的$BaSO_4$饱和溶液冷却至室温后（上层液是澄清的），用电导率仪尽快测定其饱和溶液的电导率$K_{BaSO_4溶液}$或电导$G_{BaSO_4溶液}$。

（3）将数据记录和处理结果填于表2-6中。

表 2-6　**数据记录和处理结果①**

温度 t（℃）	$K_{BaSO_4溶液}$（$S \cdot m^{-1}$）	K_{H_2O}（$S \cdot m^{-1}$）	$K_{sp, BaSO_4}$

问题与讨论

（1）为什么纯水也有一定的导电能力？

（2）测量纯水和硫酸钡饱和溶液电导时，如果水的纯度不高，或所用的玻璃器皿不够洁净，将对实验结果有何影响？

（3）在什么情况下电解质的摩尔电导率是其离子的摩尔电导率的简单加和？

（4）在一般情况下，难溶电解质溶度积的测定可以转化成什么样的问题加以解决？本实验又是怎样把问题进一步转化的？

（5）试谈关于“矛盾的转化”思想在无机化学实验设计中的应用实例。

① 本实验所用纯水的电导率 $K_{H_2O} < 5 \times 10^{-4} S \cdot m^{-1}$时，可使 $K_{sp, BaSO_4}$测定值接近文献值。

实验十三　电极电位的测定

实验目的

（1）了解测定原电池电动势和电极电位的原理和方法。

（2）学会用电位法测定难溶盐的溶度积。

（3）进一步练习作图方法。

实验提要

电极电位是氧化还原化学中最基本的概念。利用电极电位可以比较氧化剂和还原剂的相对强弱，以及判断氧化还原反应进行的方向和程度。

由奈斯特方程 $\varphi = \varphi^{\ominus} + \frac{RT}{nF}\ln\frac{c(\text{氧化态})}{c(\text{还原态})}$ 可知：除电极本身外，温度和氧化态或还原态的离子浓度的变化都会引起电对的电极电位值的变化。氧化态离子浓度越大或还原态离子浓度越小，则电对的电极电位就越高；反之亦然。

电极电位的数据是以标准氢电极的电位为零测得相对值的，所以标准氢电极称为参比电极。但标准氢电极控制的条件较严，使用时不太方便，在科学实验中常用甘汞电极作为参比电极。最为常用的甘汞电极由 Hg、Hg_2Cl_2 和饱和 KCl 溶液组成。其电极反应为：

$$2Hg + 2Cl^- \rightleftharpoons Hg_2Cl_2(s) + 2e^-$$

饱和甘汞电极的电极电位在25℃时为0.241 5V，若不在25℃可用下式计算：

$$\varphi_{甘} = 0.241\,5 - 0.000\,76\,(t - 25) \qquad (1)$$

式中 t 是实验时的温度（℃）。

本实验是测定 $AgNO_3$ 溶液的电极电位 $\varphi_{Ag^+/Ag}$。将银电极插入 $AgNO_3$ 溶液，甘汞电极插入饱和 KNO_3 溶液，用 KNO_3 盐桥将两杯溶液相连，组成原电池。

$$(+)\ Ag\,|\,Ag^+\,\|\,Hg_2Cl_2\ (\text{饱和 KCl 溶液})\ |\ Hg\ (-)$$

电池电动势 E = 正极电位 - 负极电位

$= \varphi_{Ag^+/Ag} - \varphi_{甘}$

所以

$$\varphi_{Ag^+/Ag} = E + \varphi_{甘} \qquad (2)$$

精确测量原电池电动势，通常用电位差计测定。本实验是用 PHS—3C 酸度计。它是一种具有高阻抗（一般为数百兆欧）的毫伏计，其内阻较大，测量时回路中电流强度极小，原电池的内压降近似为零。测得的外电压降就可以近似作为原电池电动势。

因此根据式（2），E 从毫伏计测出，$\varphi_{甘}$ 由式（1）算出，即可求出 $\varphi_{Ag^+/Ag}$ 值。

根据奈斯特方程可把它写成

$$\varphi = \varphi^{\ominus} + m\lg c \qquad (3)$$

对 $AgNO_3$溶液，则式（3）可写成

$$\varphi_{Ag^+/Ag} = \varphi^{\ominus} + m\lg c(Ag^+) \qquad (4)$$

由式（4）看出 $\varphi_{Ag^+/Ag}$与 $\lg c(Ag^+)$ 之间是直线关系。$\varphi^{\ominus}_{Ag^+/Ag}$是直线的截距，而 m 是直线的斜率，$\varphi^{\ominus}_{Ag^+/Ag}=0.7996V$，在25℃时 $m=0.0591$。m 值受温度影响，不同温度时 m 值可用下式计算：

$$\begin{aligned} m &= 0.0001984T = 0.0001984\ (273+t) \\ &= 0.0541 + 0.0002t \end{aligned}$$

实验方法：取 $5\times10^{-4}mol\cdot L^{-1}$准确浓度的 $AgNO_3$稀溶液 25mL，依次加入 25mL、50mL、50mL、50mL 蒸馏水，利用银电极和甘汞电极分别测定各浓度溶液的电动势 E 值。根据式（2）求出各点的 $\varphi_{Ag^+/Ag}$值，再根据初始的$c(Ag^+)$浓度，计算出各点的 $\lg c(Ag^+)$ 值。以 $\varphi_{Ag^+/Ag}$为纵坐标，$\lg c(Ag^+)$ 为横坐标绘图，获得一直线。根据直线求出斜率 m 值和截距 $\varphi_{Ag^+/Ag}$值。

利用在室温时 Ag_2B 的饱和溶液按上述方法测定其电动势，求出 $\varphi_{Ag^+/Ag}$值。再从上面实验绘得的直线上找出对应的 $\lg c(Ag^+)$ 值，就可求出 Ag_2B 饱和溶液中的 $c(Ag^+)$。

$$Ag_2B \rightleftharpoons 2c(Ag^+) + c(B^{2-})$$

在饱和溶液中 $c(B^{2-}) = \frac{c(Ag^+)}{2}$，知道 $c(Ag^+)$ 后，即可求出 $c(B^{2-})$，根据 $K_{sp} = c^2(Ag^+)\cdot c(B^{2-})$ 式即可算出 Ag_2B 的溶度积。

仪器和药品

PHS—3C 酸度计，甘汞电极，银电极，电磁搅拌器，移液管（25mL，50mL），烧杯（25mL，100mL，50mL），KNO_3盐桥，搅拌磁子。

$AgNO_3$（$5\times10^{-4}mol\cdot L^{-1}$），$Ag_2B$ 饱和溶液，KNO_3饱和溶液，小块细砂纸。

实验内容

1. 浓度对电极电位的影响

（1）组成原电池。用25mL 移液管准确移取 $5\times10^{-4}mol\cdot L^{-1}$ $AgNO_3$溶液于 250mL 烧杯中，将烧杯置于电磁搅拌器托盘中央，放入银电极并固定。在 100mL 烧杯中，加入 KNO_3饱和溶液，放入甘汞电极并固定。

用 KNO_3盐桥把两个烧杯相连通。用导线将甘汞电极和银电极与 PHS—3C 酸度计相连。

（2）测定。仪器使用方法见“与 PHS—3C 酸度计”中电位测量。首先把仪器调节好。打开电磁搅拌器将 $AgNO_3$溶液搅拌 30s，静置片刻后测电动势，再搅拌溶液，静置后再测一次电动势。将两次测定结果记入表 2－7 中。

表 2－7　　实验数据记录与结果处理

室温 t =____℃；$\varphi_{甘} = 0.2415 - 7.6 \times 10^{-4}(t-25)$ =____V；毫伏计号码____；原电池正极____，负极____；$AgNO_3$原始浓度____；取溶液____mL（注意正确使用有效数字）

实验号	加 H_2O/mL	溶液总体积/mL	E 值/V			$\varphi_{Ag^+/Ag}$/V	$c(Ag^+)$/（mol · L^{-1}）	$\lg c(Ag^+)$
			1	2	平均			
1								
2								
3								
4								
5								

（3）作图。按提要的方法作图，求出 $\varphi_{Ag^+/Ag}$和 m 值。由于绘图所取的原点距零点较远，若用图上的直线直接求 $\varphi_{Ag^+/Ag}$有困难，可以在直线上取较远的两点，将其坐标值分别代入式（4）中，然后解此式求得 $\varphi_{Ag^+/Ag}$与 m 值。

2. Ag_2B 溶度积的测定

取一干净的 50mL 烧杯，加入约 30mL Ag_2B 饱和溶液，按上述方法测定 E 值两次，将数据记入表 2－8。再按提要叙述的方法处理数据，求出 Ag_2B 的溶度积。

实验后将两个电极清洗、擦净并放入盒里。

表 2－8　　实验记录和数据处理

E 值/V			$\varphi_{(Ag^+/Ag)}$/V	$\lg c(Ag^+)$	$c(Ag^+)$/（mol · L^{-1}）	$c(B^{2-})$/（mol · L^{-1}）	$K_{sp,\ Ag_2B}$
1	2	平均					

Ag_2B 难溶盐可能是 Ag_2CrO_4、Ag_2SO_4、Ag_2CO_3或 $Ag_2C_2O_4$。将测定结果与溶度积常数相比较，确定 Ag_2B 应属于哪一种银盐，或进一步用化学方法证明之。

问题与讨论

（1）可否用银电极和甘汞电极同时放在 $AgNO_3$溶液中测定 E？盐桥的作用是什么？本实验能否用 KCl 盐桥代替 KNO_3盐桥？

（2）从绘制的 $\varphi_{Ag^+/Ag}$—$\lg c(Ag^+)$ 图，说明 $c(Ag^+)$ 与电极电位的关系。

（3）试分析用 PHS—3C 酸度计测定电极电位的误差来源。

（4）难溶盐的溶度积常数的测定方法有哪些？

实验十四　磺基水杨酸铁配合物的组成及稳定常数的测定

实验目的

（1）了解分光光度法测定溶液中配合物组成及稳定常数的原理和方法。
（2）测定 pH≈2 时磺基水杨酸的组成及稳定常数。
（3）学会 72 型分光光度计的使用。

实验提要

磺基水杨酸（简式为 H_3R）与 Fe^{3+} 可以形成稳定的配合物。配合物的组成随溶液的 pH 值不同而改变。当 pH＜4 时生成紫红色的配合物 FeR；pH＝4～9时生成红色配合物 $[FeR_2]^{3-}$；pH＝9～11.5 时生成黄色的配合物 $[FeR_3]^{6-}$。本实验是在 pH≈2 时用分光光度法测定磺基水杨酸配合物的组成及稳定常数。反应式如下：

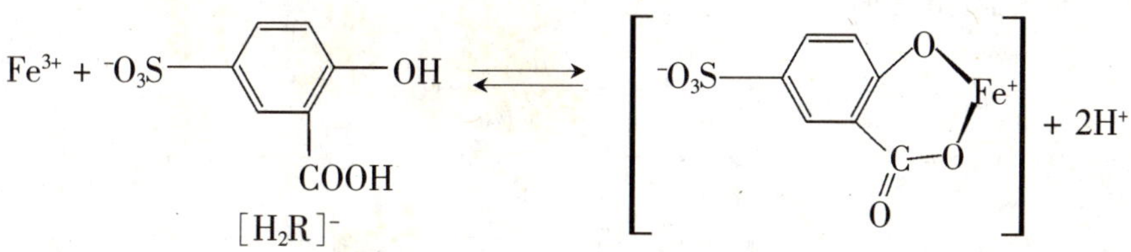

分光光度法基本原理

当一束具有一定波长的单色光通过一定厚度（用 l 表示）的有色物质溶液时，有色物质吸收了一部分光能，使透射光的强度（I_L）比入射光的强度（I_0）有所减弱。这种现象称为有色溶液对光的吸收作用。

对光的吸收和透过程度，通常用吸光度（D）和透光率（T）表示。透光率是透过光的强度 I_L 与入射光的强度 I_0 之比。即

$$T=\frac{I_L}{I_0}$$

吸光度（又称光密度或消光度）是取透光率 T 的负对数。

$$D=-\lg T=\lg\frac{I_0}{I_L}$$

D 值越大，表示光被有色物质吸收的程度越大；D 值越小，表示有色物质对光的吸收程度越小。按照比耳定律，溶液中有色物质对光的吸收程度即光密度 D 与液层的厚度

(l) 及有色物质的浓度 (c) 成正比，即

$$D = \lg \frac{I_0}{I_L} = \varepsilon lc$$

ε 为比例常数，又称消光系数，当波长一定时，它是有色物质的特征常数。当液层厚度 (l) 不变时，光密度 D 与有色物质的浓度 (c) 成正比。

用分光光度法研究配合物的组成时，常用的一种实验方法是等摩尔系列法（也叫浓比递度法）。即保持溶液中金属离子（M）和配体（R）的总的物质的量不变，而 M 和 R 的摩尔分数连续变化，配成一系列的溶液，测定溶液的光密度。在这一系列溶液中，有一些溶液的金属离子是过量的，而另一些溶液的配位体是过量的，这两部分溶液中配位离子的浓度都不可能达到最大值，只有当溶液中金属离子与配体的摩尔数之比与配离子的组成一致时，配位离子的浓度才能最大，因而光密度也最大。以光密度 D 为纵坐标，以体积分数（或摩尔分数）为横坐标绘图（如图 2－5 所示）得一曲线，将曲线两边的直线部分延长，相交于 A 点。A 点为最大吸收处，得光密度 D_1，由 A 点的横坐标值 F 可以计算配离子中金属离子与配位体的物质的量之比，如当 $F=0.5$ 时，

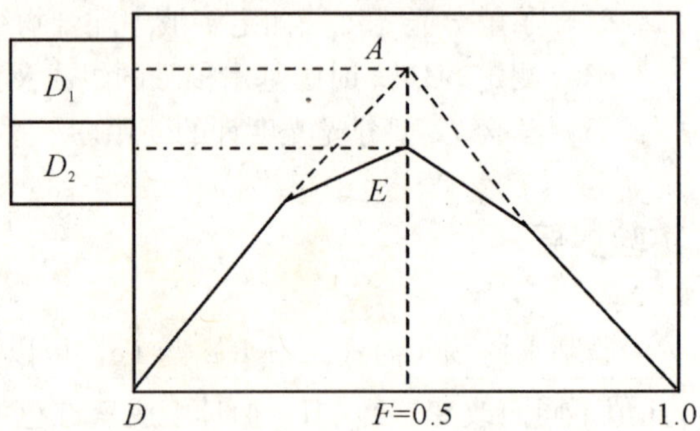

图 2－5　浓比递度法曲线

$$\frac{V_R}{V_R + V_M} = \frac{n_R}{n_R + n_M} = 0.5$$

整理可得：

$\frac{n_R}{n_M} = 1$，即金属离子与配位体之比是 1∶1，该配位体的组成为 MR 型。

配离子的稳定常数可根据图求得。从图中看出最大光密度在 A 点，其值 D_1 可认为 M 与 R 全部配位。但由于配离子有一部分离解，其浓度要稍小一些，实测得到最大的光密度在 E 点，其值为 D_2。所以配离子的离解度 $\alpha = \frac{D_1 - D_2}{D_2}$。

MR 型配位离子的表观稳定常数 K 与 α 有如下关系：

$$K_{稳(表观)} = \frac{c(MR)}{c(M) \cdot c(R)} = \frac{1-\alpha}{c\alpha^2}$$

式中，c 为 A 点时 MR 的浓度。

仪器和药品

分光光度计，容量瓶（100mL 2 只，50mL 11 只），吸量管（5mL 3 支），洗耳球。

$HClO_4$（0.100 0mol · L^{-1}），磺基水杨酸（0.100 0mol · L^{-1}），Fe^{3+}（0.100 0mol · L^{-1}）。

实验内容

1. 试剂的配制

（1）配制 0.010 0mol · L^{-1} Fe^{3+} 离子溶液：用移液管准确吸取 10mL Fe^{3+} 离子溶液加入 100mL 容量瓶中，用 $HClO_4$ 溶液稀释至刻度，摇匀备用。

（2）配制 0.010 0mol · L^{-1} 的 H_3R 溶液：用实验室提供的 H_3R 溶液配成，方法同上。

2. 配制系列溶液

将 11 个 50mL 容量瓶洗净、编号。

按表 2－9 所示的用量用移液管分别量取 $HClO_4$（0.100 0mol · L^{-1}）、Fe^{3+}（0.010 0 mol · L^{-1}）和 H_3R（0.010 0mol · L^{-1}）溶液注入已编号的容量瓶中，再用蒸馏水稀释至刻度，摇匀。

表 2－9　　数据记录表

号数	V_{HClO_4}/mL	$V_{Fe^{3+}}$/mL	V_{H_3R}/mL	H_3R 的体积分数 $\frac{V_R}{V_R+V_M}$	光密度 D		
					1	2	平均
1	5.00	5.00	0.00				
2	5.00	4.50	0.50				
3	5.00	4.00	1.00				
4	5.00	3.50	1.50				
5	5.00	3.00	2.00				
6	5.00	2.50	2.50				
7	5.00	2.00	3.00				
8	5.00	1.50	3.50				
9	5.00	1.00	4.00				
10	5.00	0.50	4.50				
11	5.00	0.00	5.00				

3. 测定系列溶液的光密度

接通 72 型分光光度计电源，调整好仪器（测定时的注意事项参见 72 型电光分光光度计使用说明），在波长 500nm，比色皿（1cm）以 1 号或 11 号溶液作参比溶液测定上述 11

个溶液的光密度。将所测的光密度值记在表 2－9 中（每号溶液测两次，光密度取平均值）。

4. 结果处理

作出光密度 D 对$\frac{V_R}{V_{Fe^{3+}}+V_R}$曲线，从图中找出最大的光密度 D_1，算出磺基水杨酸铁配离子的组成和表观稳定常数。

问题与讨论

（1）实验中每个溶液的 pH 值是否一样？如果不一样对结果是否有影响？

（2）用等摩尔系列法测定配合物组成时，为什么说溶液中金属离子的摩尔数与配位体的摩尔数之比正好与配位体组成相同时，配离子的浓度最大？试说明 $n_M:n_R=1:2$ 及 $n_M:n_R=1:3$时光密度的最大值的位置。

第三部分

化合物的制备与提纯

本部分实验内容是在已经掌握了无机化学实验的基本操作、基本技能和一般无机物提纯及制备方法的基础上，进一步采用较为复杂的方法制备和提纯一些典型化合物。例如，利用复分解反应制备无机盐；在气、液、固态反应体系中制备无机物；酸溶法、碱熔法分解矿物；电解法制备化合物；在无水体系中制备无水化合物以及配体交换法或氧化还原法制备配合物等。随着科学技术的日臻发展，制备、提纯的手段和方法也在不断地、迅速地发展，所涉及的领域越来越广泛。本部分实验的内容和有关方法是结合一年级学生的特点和实际情况从国内外有关教材、工业生产实际和公开发表的科研成果中精心挑选出来的，具有一定的代表性。通过这些实验，可使学生进一步扩展知识，开阔视野，提高实验技能，为后续课程和以后从事科学研究打下初步的基础。

限于学时，每届学生不可能完成这部分的全部实验，教师可根据专业设置情况和不同层次的要求从中进行遴选。学生学习时应注意把各个有关实验联系起来分析比较，抓住典型，综合运用，举一反三。

实验部分

实验十五　氯化钠的提纯

实验目的

（1）掌握提纯 NaCl 的原理和方法。

（2）学习溶解、沉淀、过滤、蒸发、浓缩、结晶和干燥等基本操作。

（3）了解 SO_4^{2-}、Ca^{2+}、Mg^{2+} 等离子的定性鉴定。

实验提要

化学试剂或医药用的 NaCl 都是以粗食盐为原料提纯的，粗食盐中含有 Ca^{2+}、Mg^{2+}、K^+、SO_4^{2-} 等可溶杂质和泥沙等不溶杂质。选择适当的试剂可使 Ca^{2+}、Mg^{2+}、SO_4^{2-} 等离子生成沉淀而除去。一般是先在食盐溶液中加入 $BaCl_2$ 溶液，除去 SO_4^{2-}。

$$Ba^{2+} + SO_4^{2-} \xlongequal{} BaSO_4 \downarrow$$

然后在溶液中加入 Na_2CO_3 溶液，除去 Ca^{2+}、Mg^{2+} 和过量的 Ba^{2+}。

$$Ca^{2+} + CO_3^{2-} \xlongequal{} CaCO_3 \downarrow$$

$$4Mg^{2+} + 5CO_3^{2-} + 2H_2O \xlongequal{} Mg(OH)_2 \cdot 3MgCO_3 \downarrow + 2HCO_3^-$$

$$Ba^{2+} + CO_3^{2-} \xlongequal{} BaCO_3 \downarrow$$

过量的 Na_2CO_3 溶液用盐酸中和。粗食盐中的 K^+ 与这些沉淀剂不起作用，仍留在溶液中，因为 KCl 的溶解度比 NaCl 大，而且在粗食盐中的含量较少，所以在蒸发、浓缩食盐溶液时，NaCl 结晶出来，KCl 仍留在溶液中。

仪器和药品

HCl（$6mol \cdot L^{-1}$）、HAc（$2mol \cdot L^{-1}$）、NaOH（$6mol \cdot L^{-1}$）、$BaCl_2$（$0.5mol \cdot L^{-1}$）、Na_2CO_3（饱和）、$(NH_4)_2C_2O_4$（饱和）、镁试剂、pH 试纸和粗食盐等。

实验内容

1. 粗食盐的溶解

称取 5g 粗食盐于 100mL 烧杯中，加 20mL 水，加热搅拌使粗食盐溶解（不溶性杂质沉于底部）。

2. 除去 SO_4^{2-}

加热溶液至近沸，在搅拌的同时逐滴加入 $0.5mol \cdot L^{-1}$ $BaCl_2$ 溶液 2mL。继续加热 5min，使沉淀颗粒长大而易于沉降。

3. 检查 SO_4^{2-} 是否除尽

将烧杯从石棉网上取下，静置，待沉淀沉降后，在上层清液中加 1 滴 $0.5mol \cdot L^{-1}$ $BaCl_2$ 溶液，如果出现浑浊①，表示 SO_4^{2-} 尚未除尽，需继续加 $BaCl_2$ 溶液以除去剩余的 SO_4^{2-}。如果不浑浊，表示 SO_4^{2-} 已除尽。抽滤，弃去沉淀。

4. 除去 Mg^{2+}、Ca^{2+}、Ba^{2+} 等阳离子

将所得的滤液加热近沸。边搅拌边滴加饱和的 Na_2CO_3 溶液，直至不再产生沉淀为止。再多加 0.5mL Na_2CO_3 溶液，继续加热 5min 后，静置。

5. 检查 Ba^{2+} 是否除尽

在上层清液中，加几滴饱和 Na_2CO_3 溶液，如果出现浑浊，表示 Ba^{2+} 未除尽，需在原溶液中继续加 Na_2CO_3 溶液，直至除尽为止。抽滤，弃去沉淀。

6. 除去过量的 CO_3^{2-}

往溶液中滴加 $6mol \cdot L^{-1}$ HCl，加热搅拌，中和到溶液的 pH 值约为 2～3（用 pH 试纸检查）。

---

① 将 $BaCl_2$ 溶液沿杯壁加入，眼睛从侧面观察。

7. **浓缩与结晶**

把溶液倒入预先称好的蒸发皿中，蒸发浓缩到有大量 NaCl 结晶出现（约为原来体积的$\frac{1}{4}$）。冷却，抽滤。

将 NaCl 晶体转移到蒸发皿中，在石棉网上用小火烘干（防止蒸发皿摇晃，在石棉网上放置一个泥三角）。冷却后称量，计算产率。

8. **产品纯度的检验**

取产品和原料各 1g，分别溶于 5mL 蒸馏水中，然后进行下列离子含量的定性检验：

（1）SO_4^{2-}：各取溶液 1mL 于试管中，分别加入 6mol·L^{-1}HCl 溶液 2 滴和 0.5mol·L^{-1} $BaCl_2$溶液 2 滴。比较两溶液中沉淀产生的情况。

（2）Ca^{2+}：各取溶液 1mL，加 2mol·L^{-1}HAc 使呈酸性，再分别加入饱和 $(NH_4)_2C_2O_4$ 溶液 3～4 滴，若有白色 CaC_2O_4沉淀产生，表示有 Ca^{2+}存在①（该反应可作为 Ca^{2+}的定性鉴定），比较两溶液中沉淀产生的情况。

（3）Mg^{2+}：各取溶液 1mL，加 6mol·L^{-1} NaOH 溶液 5 滴和镁试剂② 2 滴，若有天蓝色沉淀生成，表示有 Mg^{2+}存在（该反应可作为 Mg^{2+}的定性鉴定）。比较两溶液的颜色。

问题与讨论

（1）在除去 Ca^{2+}、Mg^{2+}、SO_4^{2-}时，为什么要先加入 $BaCl_2$溶液，然后再加入 Na_2CO_3溶液？

（2）为什么用 $BaCl_2$（毒性很大）而不用 $CaCl_2$ 除去 SO_4^{2-}？

（3）在除 Ca^{2+}、Mg^{2+}、Ba^{2+}等离子时，能否用其他可溶性碳酸盐代替 Na_2CO_3？

（4）加 HCl 除 CO_3^{2-}时，为什么要把溶液的 pH 值调到 2～3？调至恰为中性好不好？（提示：从溶液中 H_2CO_3、HCO_3^-和 CO_3^{2-}浓度的比值与 pH 值的关系去考虑。）

① Mg^{2+}对此反应有干扰，也产生草酸盐沉淀。但 MgC_2O_4 溶于 HAc，故加 HAc 可排除 Mg^{2+}的干扰。

② 对硝基苯偶氮间苯二酚（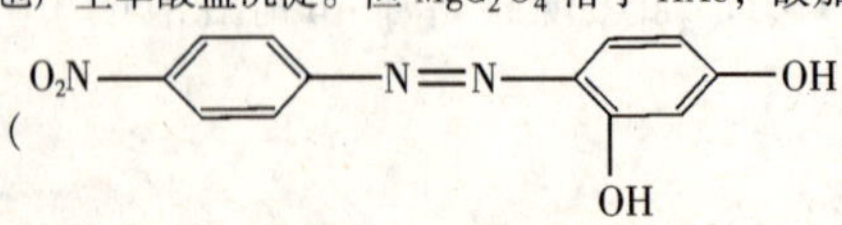

）俗称镁试剂，在碱性环境下呈红色或红紫色，被 $Mg(OH)_2$ 吸附后呈天蓝色。

实验十六　氯化钾的提纯

实验目的

（1）了解用沉淀法提纯氯化钾的原理和方法。

（2）巩固常压过滤、减压过滤、蒸发、结晶等基本操作。

（3）学习某些离子的定性检出方法。

实验提要

工业氯化钾除了含有不溶于水的泥沙杂质（可用过滤除去）外，还含有 Na^+、Al^{3+}、Mg^{2+}、Fe^{3+} 和 SO_4^{2-} 等离子的可溶性的杂质。其中 Na^+ 离子含量少，当 KCl 结晶析出时，它未能达到过饱和仍留在母液中与 KCl 分离除去。其他离子可通过加入合适试剂①生成难溶性化合物过滤除去。

本实验通过加入稍过量的 $BaCl_2$ 溶液，则有：

$$Ba^{2+} + SO_4^{2-} \xlongequal{} BaSO_4\downarrow$$

用 KOH 溶液调节 pH = 7 ~ 8，则有：

$$Al^{3+} + 3OH^- \xlongequal{} Al(OH)_3\downarrow$$

$$Fe^{3+} + 3OH^- \xlongequal{} Fe(OH)_3\downarrow$$

滤去沉淀，即可除去 SO_4^{2-}、Al^{3+} 和 Fe^{3+} 离子。滤液中再加入 KOH 和 K_2CO_3 溶液，生成沉淀：

$$2Mg^{2+} + 2OH^- + CO_3^{2-} \xlongequal{} Mg_2(OH)_2CO_3\downarrow$$

$$Ba^{2+} + CO_3^{2-} \xlongequal{} BaCO_3\downarrow$$

滤去沉淀，即可除去 Mg^{2+} 和外加入过量的 Ba^{2+} 离子。过量的 KOH 和 K_2CO_3 可用盐酸中和除去。

$$H^+ + OH^- \xlongequal{} H_2O$$

$$2H^+ + CO_3^{2-} \xlongequal{\triangle} CO_2\uparrow + H_2O$$

① 一般除杂质选择沉淀剂的原则是：
A. 生成的沉淀溶解度愈小愈好；
B. 所用试剂不要引入新的杂质离子，或所引入的杂质离子可在下一步反应中除去；
C. 尽量使用廉价易得的试剂。

仪器和药品

天平，烧杯（250mL），量筒，普通漏斗，布氏漏斗，抽滤瓶，瓷蒸发皿，石棉网，酒精灯。

氯化钾（工业），HCl（6mol · L^{-1}，AR），KOH（2mol · L^{-1}），K_2CO_3（1mol · L^{-1}），$BaCl_2$（0.5mol · L^{-1}），镁试剂，铝试剂，KSCN（0.1 mol · L^{-1}），pH 试纸，滤纸。

实验内容

1. KCl 的提纯

（1）粗 KCl 溶解：称取 30.0g 粗氯化钾，加入 120mL 蒸馏水，加热、搅拌，使之溶解。

（2）除 SO_4^{2-}：将溶液加热至沸，边搅拌边滴加 $BaCl_2$溶液至 SO_4^{2-}沉淀完全①。继续加热煮沸数分钟，抽滤。

（3）除 Al^{3+}和 Fe^{3+}：滤液用 KOH 溶液调节 pH 值为 7 ~ 8，有胶状沉淀，继续加热煮沸数分钟，趁热过滤，弃去沉淀。

（4）除 Mg^{2+}和过量的 Ba^{2+}：用 KOH 和 K_2CO_3（1∶1）混合溶液调节上述滤液的 pH 值为 11 左右，取液检验 Ba^{2+}是否除尽。待除尽后，继续加热煮沸数分钟，过滤。

（5）除过量的 CO_3^{2-}：加热上述滤液，边搅拌边滴加 HCl 至溶液 pH 为 2 ~ 3。

（6）蒸发结晶：加热蒸发浓缩上述溶液至出现一层较厚的晶膜（蒸发过程中注意搅拌，防止溅出）。冷至室温，抽滤至干。把晶体转回蒸发皿中，用空气浴小火烘干（石棉网上隔一泥三角，蒸发皿置于泥三角上，加热石棉网），冷至室温，称量，计算产率。保留产品作 KNO_3制备的原料。

2. 产品纯度的检验

取粗氯化钾和产品各 1.0g，分别溶入 5mL 蒸馏水中，定性检验 SO_4^{2-}、Al^{3+}②、Fe^{3+}

① 检验沉淀完全的方法：将溶液停止加热和搅拌，取少量上层溶液过滤（或离心），在滤液中加入几滴沉淀剂，若无浑浊，表示沉淀完全，若有浑浊表示沉淀尚未完全，需继续滴加沉淀剂，直到无浑浊为止。

② Al^{3+}的检出：取 5 滴试剂，在中性条件下，加入 1 ~ 2 滴铝试剂，搅拌后微热，有鲜红色沉淀产生，示有 Al^{3+}存在。

铝试剂是含精三酸铵盐。

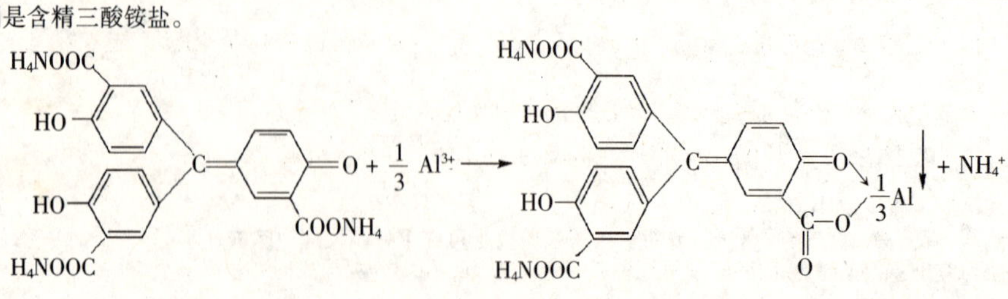

和 Mg^{2+}①。列表记录现象，比较检验结果。

问题与讨论

（1）能否用重结晶的方法提纯氯化钾？

（2）除杂质时，能否把步骤颠倒一下，即先除 Al^{3+}、Fe^{3+} 和 Mg^{2+}，再除 SO_4^{2-}，其效果有何不同？除 Al^{3+} 和 Mg^{2+} 时，其沉淀剂都是 KOH 溶液，能否将两步合并在一起过滤？

（3）在沉淀完全后，总要加热煮沸数分钟后再进行过滤，这是为什么？

（4）能否选用 $CaCl_2$ 代替毒性大的 $BaCl_2$ 来除 SO_4^{2-}？

（5）用 KOH 和 K_2CO_3 两种溶液作为除 Mg^{2+} 和 Ba^{2+} 的沉淀剂，有什么优点？如果只用 K_2CO_3 好吗？可否用其他的碳酸盐如 Na_2CO_3 或 $(NH_4)_2CO_3$ 代替 K_2CO_3？

---

① Mg^{2+} 的检出：取 1 滴试剂在点滴板穴中加 1 滴 $2mol \cdot L^{-1}$ NaOH 溶液和 1 滴镁试剂，有天蓝色沉淀，示有 Mg^{2+} 存在。

镁试剂是一种有机染料，称为对硝基苯偶氮间苯二酚。其结构式为：

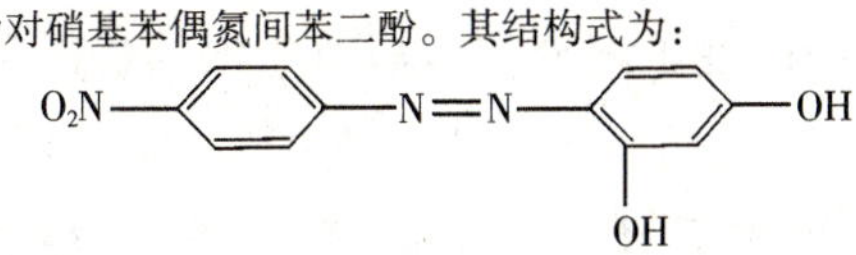

它在酸性溶液中呈黄色，在碱性溶液中呈红色或紫色，被 $Mg(OH)_2$ 沉淀吸附后呈天蓝色。

实验十七　硝酸钾的制备与提纯

实验目的

（1）利用温度对物质溶解度影响的差别，通过复分解法制备硝酸钾。

（2）继续巩固减压过滤，趁热过滤，蒸发结晶、重结晶等基本操作。

实验提要

复分解法是制备无机盐类的常用方法。制备难溶性盐比较容易，制备可溶性盐的条件及可能性，则需要根据不同盐类的溶解度差别以及温度对溶解度的影响来确定。

本实验用 KCl 和 $NaNO_3$ 通过复分解反应制备硝酸钾。当 KCl 和 $NaNO_3$ 相混合时，在混合液中同时存在 K^+、Na^+、Cl^- 和 NO_3^- 4 种离子。由这 4 种离子组成的 4 种盐（KCl、$NaNO_3$、NaCl、KNO_3）在不同温度时的溶解度（100g 水里溶解某物质的克数）数据如表 3－1 所示。

表 3－1　KCl、$NaNO_3$、NaCl 和 KNO_3 在不同温度时的溶解度　g/100g

溶质	温度/℃										
	0	10	20	30	40	50	60	70	80	90	100
KCl	27.6	31.0	34.0	37.0	40.0	42.6	45.6	48.7	51.1	54.0	56.7
$NaNO_3$	73	80	88	96	104	114	124	136	148	—	180
NaCl	35.7	35.8	36.0	36.3	36.6	37.0	37.3	37.8	38.4	39.0	39.2
KNO_3	13.3	20.9	31.6	45.8	63.9	85.5	110.0	138	169	202	245

从以上 4 种盐类单独存在时的溶解度数据①可以看出，随着温度的升高，NaCl 的溶解度几乎没有变化，在较高温度时，它的溶解度最小。KCl 和 $NaNO_3$ 的溶解度也改变不大，而 KNO_3 的溶解度随温度变化大，因此加热 KCl 和 $NaNO_3$ 的混合溶液时，就有 NaCl 晶体析出。用反应式表示为：

$$KCl + NaNO_3 \xlongequal{100℃} NaCl\downarrow + KNO_3$$

趁热过滤除去 NaCl，从而改变了溶液的组成，当滤液冷却时，KNO_3 因溶解度的急剧

① 表 3－1 中的溶解度数据为单组分体系的数据，而混合体系中各种盐的溶解度数据会有差异，但仍可粗略判断制备 KNO_3 的条件。

下降而析出。这时析出的 KNO_3 晶体，一般混有可溶性盐的杂质（哪种盐?），可采取重结晶方法进行提纯。

仪器和药品

烧杯（带刻度，100mL，50mL），布氏漏斗，抽滤瓶，量筒，天平，恒温水浴槽，酒精灯。

KCl(s)、$NaNO_3$(s)、$AgNO_3$（0.1mol · L^{-1}），冰水，滤纸。

实验内容

1. 硝酸钾的制备

（1）根据自己提纯的 KCl 的质量，称取比计算量多20%左右的 $NaNO_3$①，放在带有刻度的100mL烧杯中，加入计算量的蒸馏水②（在杯外壁液面处做一记号）。加热，搅拌，使之溶解。

（2）继续加热（保持沸腾），蒸发至溶液的体积为原来体积的一半时有晶体析出（晶体是什么?）。

（3）趁热迅速抽滤。滤液中立即有晶体析出（是什么?）（抽滤前要预先将布氏漏斗放在水浴锅上用水蒸气加热或置于热水中浸泡加热）。

（4）将抽滤瓶置于热水浴中温热，使晶体溶解，将滤液转入小烧杯中，另取2~3mL蒸馏水荡洗抽滤瓶并将荡洗液一并转入小烧杯中。

（5）将溶液静置，冷却至20℃以下（用冰水调节水浴温度），有结晶析出，观察并记录晶体的外观。抽滤，得 KNO_3 粗产品，用滤纸吸干，称量，计算粗产品的理论产量和产率。

2. 粗产品的重结晶

（1）称出0.1g粗产品供纯度检验外，其余按粗产品∶水=2∶1（质量比）的比例，将粗产品溶于所需的蒸馏水中，加热，使其刚好完全溶解（能否将溶液蒸干?），放置冷却。

（2）冷却至20℃以下，将析出的晶体抽滤、吸干、称量。

3. 产品纯度的检验

称取粗、精产品各0.1g，分别置于洁净的小烧杯中，用20mL蒸馏水溶解，混匀后各取出1mL稀释至10mL，各加2滴0.1mol · L^{-1} $AgNO_3$ 溶液，比较粗、精产品的纯度。

---

① $NaNO_3$ 用量是按 KCl 的等摩尔量计算，多加20%的量是经验值。

② 按 NaCl 在100℃时的溶解度与生成 NaCl 的理论量之间的关系求出所需的水量。

问题与讨论

（1）本实验用过量的 $NaNO_3$ 与 KCl 反应，其作用何在？

（2）实验中为什么要趁热、快速过滤除去 NaCl 晶体？

（3）粗产品重结晶时，确定蒸馏水与硝酸钾比例的根据是什么？

（4）根据表 3－1 中列出的 4 种盐在不同温度时的溶解度数据作溶解度曲线图（以温度作横坐标，溶解度作纵坐标，在坐标纸上作图）。

（5）试从溶解度曲线图上理解本实验在 20℃以下析出 KNO_3，其作用何在？

实验十八　磷酸盐的制备

实验目的

制备若干磷酸盐，加深对磷酸盐性质的认识，了解磷酸盐的用途。

实验提要

用 NaOH 或 Na_2CO_3 中和磷酸 H_3PO_4 中不同的氢离子，可分别获得不同的磷酸盐。

$NaH_2PO_4 \cdot 2H_2O$：由 H_3PO_4 中和掉 1 个氢离子、控制 pH = 4.2 ~ 4.6、浓缩结晶而得。无色菱形结晶，57.4℃熔化，100℃脱水，200℃缩合为 $Na_2H_2P_2O_7$。它是合成六偏磷酸钠和焦磷酸钠的主要原料，用于制革、处理锅炉水和制焙粉（发酵粉）。

$Na_2HPO_4 \cdot 12H_2O$：由 H_3PO_4 中和掉 2 个氢离子、控制 pH = 9.2、浓缩结晶而得。无色单斜晶系菱形晶体。溶于水，不溶于乙醇，易风化，34.6℃熔化，180℃失水成 Na_2HPO_4，250℃缩合为 $Na_4P_2O_7$。在高于 30℃下的水溶液中结晶为 $Na_2HPO_4 \cdot 7H_2O$。用作织物、木材和纸张的防火剂，釉药，焊药，制焙粉和电铸。

$Na_3PO_4 \cdot 12H_2O$：由 H_3PO_4 中和掉 3 个氢离子或由 Na_2HPO_4 进一步中和掉最后 1 个氢离子、浓缩结晶而得。无色晶体，易风化，73.4℃熔化，100℃失水成 Na_3PO_4。用作软水剂、锅炉清洁剂、金属防锈剂、糖汁净化剂。其锌盐是一种新型防锈颜料，可配成各种防锈涂料代替氧化铅作底漆。

$Na_4P_2O_7$：由 Na_2HPO_4 灼烧而成，无色固体，988℃熔化，水合物与 $Na_4P_2O_7$ 按 1∶5 比例溶于 60℃热水，后冷却结晶而得无色晶体，水溶液呈碱性，用作洗涤剂、制药、漂白麦秆等，其铜盐和钾盐是无氰电镀液的基本成分。

正磷酸溶液加入 $AgNO_3$ 皆生成黄色 Ag_3PO_4 沉淀，而焦磷酸盐溶液加入 $AgNO_3$ 则生成白色 $Ag_4P_2O_7$ 沉淀。

仪器和药品

酒精灯，蒸发皿，抽滤装置。

H_3PO_4（浓），NaOH（$2mol \cdot L^{-1}$），NaOH（$6mol \cdot L^{-1}$），$Na_2CO_3(s)$，$AgNO_3$（$0.1mol \cdot L^{-1}$），pH 试纸（广泛和精密两种），冰水，无水酒精。

实验内容

正磷酸盐的制备。

（1）$NaH_2PO_4 \cdot 2H_2O$：取 10mL H_3PO_4 于 150mL 烧杯中，小心加入 40mL 蒸馏水，搅匀，分多次并缓慢加入无水 Na_2CO_3（约需 9g），调节 pH 为 4.2～4.6（用广泛 pH 试纸和精密 pH 试纸交替检查），将溶液转入蒸发皿中，水浴加热浓缩至表面出现较多的晶膜，冷却至室温以下，待结晶析出，抽滤。滤液留于实验（2）用，晶体用少量无水酒精洗涤 2～3 次（每次 3.5mL），吸干，称量。取少量晶体溶于水，测其 pH 值，滴加 1 滴 $AgNO_3$ 溶液，观察沉淀的颜色，再测其 pH 值。其余晶体回收。

（2）$Na_2HPO_4 \cdot 12H_2O$：另取 5mL H_3PO_4 于 150mL 烧杯中，加入 30mL 水，搅匀，缓慢加入 $6mol \cdot L^{-1}$ 的 NaOH 溶液，调节 pH = 7～8。把实验（1）的滤液并入（约需 30mL），改用 $2mol \cdot L^{-1}$ NaOH 溶液调节 pH 至 9.2，将溶液转入蒸发皿中，在水浴上加热浓缩，至表面刚有微晶出现，冷却至室温（适当搅动，防止晶体结块），待晶体析出后，抽滤，称量。取少量晶体溶于水，测其 pH 值，加入 $AgNO_3$，观察沉淀的颜色，再测其 pH 值。其余晶体回收，母液保留（供下面制备焦磷酸盐用，如果没有要求做此实验，则母液回收交给教师处理）。

选做部分

焦磷酸盐的制备：将实验得到的母液转入蒸发皿中，用空气浴（石棉网上放泥三角，蒸发皿放在泥三角上）加热蒸发，接近干时，用小火加热并不断搅拌，等蒸干后改用大火直接灼烧（30～60min），待全部转化为白色的 $Na_4P_2O_7$ 后，冷却，称量。

取少量晶体溶于水，测其 pH 值，加 $AgNO_3$ 溶液，观察沉淀的颜色，判断 Na_2HPO_4 是否完全转化为 $Na_4P_2O_7$。

列表记录以上实验结果。

问题与讨论

（1）以两种酸式磷酸盐为例，说明酸式盐是否都具有酸性？

（2）有一瓶无色的磷酸盐溶液，可能是 Na_3PO_4、Na_2HPO_4 或 NaH_2PO_4，如何鉴别它？

（3）灼烧过程中，如何判断 Na_2HPO_4 是否完全转化为 $Na_4P_2O_7$？

（4）已知 289K 时，下列物质的热力学数据为：

	$Na_2HPO_4(s)$	$Na_4P_2O_7(s)$	$H_2O(l)$
$\Delta H_f^\ominus$ $(kJ \cdot mol^{-1})$	-1 748.1	-3 188.2	-285.83
$\Delta G_f^\ominus$ $(kJ \cdot mol^{-1})$	-1 608.3	-2 969.4	-237.18
$S^\ominus$ $(J \cdot mol^{-1} \cdot K^{-1})$	150.5	270.3	69.9

通过计算判断，298K 时，Na_2HPO_4 和 $Na_4P_2O_7$ 哪一个稳定？并估计在什么温度下 Na_2HPO_4 能自发转化为 $Na_4P_2O_7$？

实验十九　硫化钠的提纯

实验目的

（1）了解用酒精重结晶提纯硫化钠的一般原理。

（2）练习冷凝管的安装和回流操作。

实验提要

硫化钠俗称硫化碱。纯硫化钠为无色晶体，易溶于水，在空气中易潮解。

工业级硫化钠因含有重金属硫化物和煤粉等大量的杂质而呈现红褐色或棕黑色。过去工厂提纯硫化钠的方法是将工业级硫化钠溶于水，用氰化钠除杂质，活性炭脱色进行重结晶。由于氰化钠极毒，提纯的硫化钠不能用于食品和医药工业。

本实验利用硫化钠可溶于热酒精，而杂质在酒精中的溶解度很小，趁热过滤除去，有些杂质则在硫化钠晶体析出后留在母液中除去。

操作时控制不同的加水量，可以得到不同数目结晶水的硫化钠，主要有 $Na_2S \cdot 6H_2O$ 和 $Na_2S \cdot 9H_2O$。

仪器和药品

圆底烧瓶（500mL）或锥形瓶（1 000mL），球形冷凝管，水浴锅，抽滤瓶，布氏漏斗，烧杯（500mL）。

工业级硫化钠（含 Na_2S 的质量分数≥80%），酒精（工业级，体积分数为95%），橡皮管。

实验内容

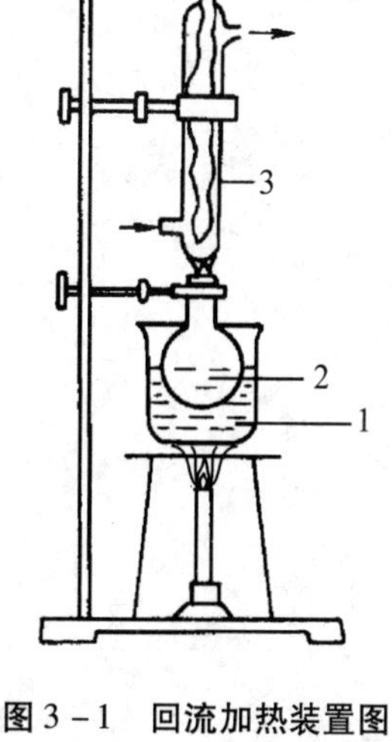

图3－1　回流加热装置图

1. 水浴　2. 圆底烧瓶

3. 球形冷凝管

用球形冷凝管作回流管，插在烧瓶上，烧瓶置于水浴锅中，组成回流加热装置。

称取研细的工业级硫化钠 36.0g 于烧瓶中，加入 300mL 体积分数为95%的工业酒精和 15mL 蒸馏水，按图 3－1 装好并通入冷却水。加热，保持溶液沸腾，回流约 40min，用双层滤纸趁热抽滤，滤液转入烧杯中，不断搅拌，促使硫化钠晶体大量析出，冷至室温，用倾析法移去上清液，晶体用少量体积分数为95%的酒精洗涤 1～2 次后，抽滤，吸干，称量，计算产率。用此法制得的产品组成相当于$Na_2S \cdot 6H_2O$。母液连同上清液和洗涤液一起倒入回收瓶。产品回收在指定容器中，以供硫代硫酸钠制备用。

问题与讨论

（1）硫化钠溶于酒精时，为什么要在水浴中进行回流？采用直形冷凝管为回流管好吗？

（2）硫化钠的酒精溶液要趁热抽滤、除去不溶性杂质，为什么？

（3）根据硫化钠的性质，你认为怎样保存比较合适？

（4）硫化钠中往往可能含有多硫化钠、硫酸钠、亚硫酸钠和硫代硫酸钠等杂质，试分析这些杂质是怎样产生的。

实验二十　硫代硫酸钠的制备

实验目的

（1）熟悉以 Na_2S 和 Na_2SO_3 为原料制备 $Na_2S_2O_3 \cdot 5H_2O$ 的基本原理、反应条件及实验操作，了解复相反应的基本特点。

（2）制备 $Na_2S_2O_3 \cdot 5H_2O$，进一步巩固 $S_2O_3^{2-}$ 离子的定性鉴定反应。

实验提要

工业上制备硫代硫酸钠通常用亚硫酸钠溶液在沸腾温度下直接与硫粉化合而得：

$$Na_2SO_3 + S \xlongequal{\triangle} Na_2S_2O_3$$

从溶液中结晶得到的硫代硫酸钠一般为 $Na_2S_2O_3 \cdot 5H_2O$，俗称大苏打或海波。

本实验用 Na_2SO_3 和 Na_2S 为原料来制备 $Na_2S_2O_3$。在酸性溶液中，Na_2S 首先被 Na_2SO_3 氧化成单质 S：

$$2S^{2-}(aq) + SO_3^{2-}(aq) + 6H^+(aq) \xlongequal{\quad} 3S(s) + 3H_2O(l)$$

$$\Delta G_{298}^{\ominus} = -310.4\text{kJ} \cdot \text{mol}^{-1}$$

反应生成的 S 活性很高，很容易与溶液中的 Na_2SO_3 进一步反应生成 $Na_2S_2O_3$。由于 $Na_2S_2O_3$ 对酸不稳定，故控制好体系酸度是实验成功的关键。本实验的设计是先用浓盐酸与固体亚硫酸钠反应生成 SO_2 气体：

$$Na_2SO_3(s) + 2HCl(conc) \xlongequal{\quad} SO_2\uparrow + 2NaCl + H_2O$$

然后把反应生成的 SO_2 气体通入 Na_2S 和 Na_2SO_3 的混合溶液中，SO_2 被吸收。

$$S^{2-}(aq) + H_2O(l) + SO_2(g) \xlongequal{\quad} SO_3^{2-}(aq) + H_2S(aq)$$

$$\Delta G_{298}^{\ominus} = -62.63\text{kJ} \cdot \text{mol}^{-1}$$

$$2H_2S(aq) + SO_2(g) \xlongequal{\quad} 3S(s) + 2H_2O(l)$$

$$\Delta G_{298}^{\ominus} = -118.6\text{kJ} \cdot \text{mol}^{-1}$$

$$S(s) + SO_3^{2-}(aq) \xlongequal{333 \sim 353\text{K}} S_2O_3^{2-}(aq)$$

总反应为：

$$2Na_2S + Na_2SO_3 + 3SO_2 \xlongequal{333 \sim 353\text{K}} 3Na_2S_2O_3$$

实际上，也可以把 SO_2 气体通入 Na_2S 和 Na_2CO_3 的混合溶液中，这时部分 SO_2 气体与 Na_2CO_3 反应转化为 Na_2SO_3：

$$CO_3^{2-}(aq) + SO_2(g) \xlongequal{\quad} SO_3^{2-}(aq) + CO_2(g)$$

$$\Delta G_{298}^{\ominus} = -52.87\text{kJ} \cdot \text{mol}^{-1}$$

总反应为：

$$2Na_2S(aq) + Na_2CO_3(aq) + 4SO_2(g) \xlongequal{333 \sim 353K} 3Na_2S_2O_3(aq) + CO_2(g)$$

反应是定量进行的，反应过程中溶液的 pH 值逐渐下降，至接近中性（pH≥7.0）时即可停止通入 SO_2 气体。溶液经浓缩、冷却结晶。抽滤即可得到 $Na_2S_2O_3 \cdot 5H_2O$。

仪器和药品

硫代硫酸钠的制备装置如图 3－2 所示。

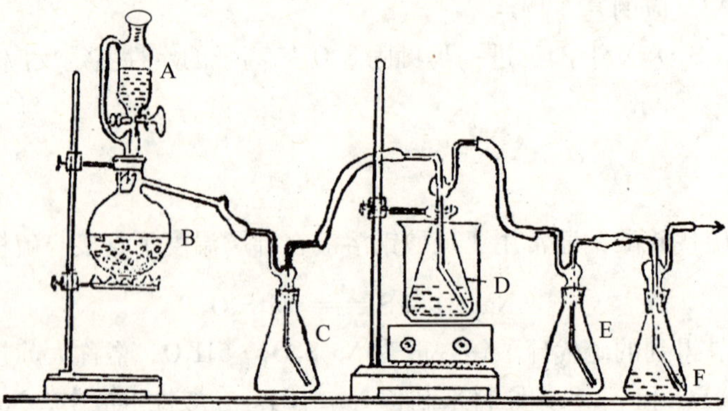

图 3－2　硫代硫酸钠的制备装置图

原料及辅助药品用量与配置：

A 瓶：浓 HCl 50mL；

B 瓶：Na_2SO_3（固体）约 25g；

D 瓶：$Na_2S \cdot 6H_2O$ 25g（如用 $Na_2S \cdot 9H_2O$，则需 33g），Na_2SO_3 8.5g（如用 Na_2CO_3，则需 7.1g），蒸馏水 150mL；

F 瓶：3mol · L^{-1} NaOH 约 100mL。

实验内容

$Na_2S_2O_3 \cdot 5H_2O$ 的制备：

按图 3－2 所示装置，根据制备规模要求定量配置好原料和辅助药品，检查并确保装置密闭后，开启电磁搅拌器并加热 D 瓶溶液，温度控制在 333～353K。小心开启分液漏斗 A 的活塞，让 HCl 缓慢滴下，控制 HCl 的滴加速度，使 B 瓶反应生成 SO_2，缓慢而均匀地通入反应瓶 D 中。D 瓶开始出现浑浊，随反应的进展，D 瓶溶液又逐渐变清，这预示 D 瓶中反应接近终点。反应后期可适当加热 B 瓶。当 D 瓶溶液刚好完全变清晰透明时停止通 SO_2（先分别断开 C 瓶与 D 瓶，及 D 瓶与 E 瓶的连接，再把 C 瓶与 E 瓶接上，等待后处理）。检查 D 瓶溶液的 pH 值（若 pH < 7.0，用适量 Na_2CO_3 溶液调节，确保溶液 pH≥7.0），提高加热温度，使 D 瓶溶液近沸腾，趁热抽滤。滤液转移入蒸发皿蒸发浓缩至溶

液表面出现晶膜（注意浓缩过程要搅拌），静置冷却，抽滤得结晶 $Na_2S_2O_3 \cdot 5H_2O$，在 315K 以下烘干 40 ~ 60min，称量，计算产率，并作产品定性鉴定。

按教师的要求处理反应瓶 B 的残留物和吸收瓶 E 的废液。

注意事项

（1）安装实验装置时，在各连接处（尤其是磨砂接口）涂上适量凡士林，可增强系统气密性和易于拆装。

（2）D 瓶中气体导管应尽量插入溶液底部。

（3）如果反应一开始 D 瓶就有大量 S 析出，表明 SO_2 生成的反应速度过快，应适当减慢 HCl 滴入速度。

（4）注意避免倒吸。

问题与讨论

（1）投料时，为什么浓盐酸和 B 瓶中 Na_2SO_3 固体用量要比理论量多？

（2）若反应结束后 $Na_2S_2O_3$ 溶液的 pH < 7.0，且没有调节 pH 值便直接蒸发浓缩，会有什么不良后果？

（3）在什么情形下，系统容易发生倒吸？当有倒吸的迹象时怎样预防控制？

（4）本实验为什么不把盐酸直接滴加到 Na_2SO_3 混合溶液中来制备 $Na_2S_2O_3$？

（5）已知下列化合物的 $\Delta G_f^{\ominus}$ ($kJ \cdot mol^{-1}$)：

$H_2S(g)$	$S^{2-}(aq)$	$SO_2(g)$	$SO_3^{2-}(aq)$	$CO_2(g)$	$CO_3^{2-}(aq)$	$H_2O(l)$
-33.56	+85.5	-300.19	-486.6	-394.36	-527.9	-237.18

试通过计算说明，SO_2 气体能分别从 Na_2CO_3 和 Na_2S 溶液中置换出 $CO_2(g)$ 和 $H_2S(g)$ 而生成 Na_2CO_3。

（6）本实验利用复相反应顺利实现酸—盐转化或酸—酸转化，试分析说明。

（7）如果应用本实验的原理回收工业上的 SO_2 气体制备 $Na_2S_2O_3$，则分别可用 NaOH、Na_2CO_3 或 Na_2SO_3 等与 Na_2S 混合来吸收 SO_2，你可能会选择哪一个混合体系？为什么？

安全知识

二氧化硫具有刺激性气味，给人体及环境带来毒害与污染。它主要对人体造成黏膜及呼吸道损害，引起流泪、流涕、咽干、咽痛等症状及呼吸系统炎症。大量吸入会导致窒息死亡。因此，凡涉及产生二氧化硫的反应都要采取相应措施，减少二氧化硫逸出并在通风橱内进行。

实验二十一　明矾的制备

实验目的

（1）了解由 Al 制备明矾的原理及过程，进一步了解 Al 及 $Al(OH)_3$ 的性质。

（2）通过晶体的培养，了解类质同晶的概念。

实验提要

矾是指一价碱金属（M^{I}，除 Li^+ 外）或铵离子（NH_4^+）与三价金属（$M^{III}=Al^{3+}$、Fe^{3+} 和 Cr^{3+} 等）硫酸盐的含水复盐的总称。其通式为 $M_2^{I}SO_4 \cdot M_2^{III}(SO_4)_3 \cdot 24H_2O$。

明矾是硫酸铝钾的俗称，也叫铝钾矾。它是一种无色晶体。其化学组成为 $K_2SO_4 \cdot Al_2(SO_4)_2 \cdot 24H_2O$，可简写成 $KAl(SO_4)_2 \cdot 12H_2O$。它的晶体和铁铵矾 $(NH_4)_2SO_4 \cdot Fe_2(SO_4)_3 \cdot 24H_2O$，铬钾矾 $K_2SO_4 \cdot Cr_2(SO_4)_3 \cdot 24H_2O$ 的晶体属于类质同晶体。

明矾是工业上十分重要的铝盐，作净水剂、填料和媒染剂。

本实验是利用金属铝溶于氢氧化钠溶液，先制得四羟基铝酸钠。其反应式为：

$$2Al + 2NaOH + 6H_2O = 2Na[Al(OH)_4] + 3H_2\uparrow$$

$$\Delta G_{298}^{\ominus} = -867.6kJ \cdot mol^{-1}$$

再用 H_2SO_4 调节溶液的 pH 值为 8 ~ 9，将四羟基铝酸钠转化为氢氧化铝沉淀，并与其他杂质分离。

$$2Na[Al(OH)_4] + H_2SO_4 = 2Al(OH)_3\downarrow + Na_2SO_4 + 2H_2O$$

然后用硫酸溶解氢氧化铝生成硫酸铝溶液。

$$2Al(OH)_3 + 3H_2SO_4 = Al_2(SO_4)_3 + 6H_2O$$

在硫酸铝溶液中加入等摩尔的硫酸钾即可制得明矾。

$$Al_2(SO_4)_3 + K_2SO_4 + 24H_2O = 2KAl(SO_4)_2 \cdot 12H_2O$$

室温下，由于明矾在水中的溶解度比组成它的任何一组分的溶解度都要小，由此可以从含有 $Al_2(SO_4)_3$ 和 K_2SO_4 的混合溶液中析出明矾晶体。它们的溶解度如表 3 - 2 所示。

表 3-2　三种溶质在不同温度下的溶解度　g/100g

溶质	温度/℃					
	0	20	30	40	60	100
K_2SO_4	7.4	11.1	13.0	14.8	18.2	24.1
$Al_2(SO_4)_3$	31.2	36.4	40.4	45.8	59.2	89.0
$KAl(SO_4)_2$	3.0	5.90	8.39	11.7	24.8	109.0（90℃）

仪器和药品

锥形瓶（250mL），烧杯（250mL，100mL），天平，抽滤装置。

Al 屑，K_2SO_4(s)，明矾微晶，H_2SO_4（$3mol \cdot L^{-1}$，$6mol \cdot L^{-1}$），$Cr_2(SO_4)_3$（$1mol \cdot L^{-1}$）。

实验内容

1. 四羟基铝酸钠的制备

迅速称取 2.0g NaOH 固体，置于 250mL 锥形瓶中，加入 25mL 蒸馏水溶解，分几次加入 1.0g 铝屑（反应激烈，防止溅入眼中!），待反应完毕再加入蒸馏水，使总体积约为 40mL，趁热抽滤。

2. 氢氧化铝的生成和洗涤

将上述滤液转入 250mL 烧杯中加热至沸，并保持沸腾，边搅拌边以细流状加入一定量的 $3mol \cdot L^{-1} H_2SO_4$，使溶液的 pH = 8 ~ 9。继续加热并搅拌数分钟，然后抽滤，并用热水洗涤沉淀，当滤液的 pH = 7 ~ 8 时，停止洗涤。

3. 明矾的制备

将沉淀转移到 100mL 蒸发皿中，加入 12mL $6mol \cdot L^{-1} H_2SO_4$溶液，小心加热并搅拌，使 $Al(OH)_3$完全溶解。另将 3.3g K_2SO_4配成热的饱和溶液，然后将两溶液相混合，并搅拌均匀，让它自然冷却，待结晶完全后，抽滤，称量，计算产率。

选做部分

明矾单晶的培养：按 100g 蒸馏水溶解 29.5g 明矾的比例配成溶液，将溶液分成两份，分别置于 100mL 烧杯中，其中一份溶液加入 1mL $Cr_2(SO_4)_3$溶液，待溶液冷至 46 ~ 47℃左右，将一颗头发丝系牢的明矾微晶悬挂在溶液中，使晶体生成。用一只大烧杯罩住小烧杯，下次实验时观察晶形。

问题与讨论

（1）试说明本实验用碱溶解 Al 而不用酸溶解的道理。

（2）Al 屑中铁杂质在哪一步操作中除去？

（3）在生成 $Al(OH)_3$ 的过程中，为什么要加热煮沸并不断搅拌？用热水洗涤 $Al(OH)_3$ 沉淀是除去什么离子？

（4）计算用 1.0g 金属铝能生成多少克硫酸铝？若将硫酸铝全部转变成明矾，需要多少克硫酸钾？

（5）由 $NaAl(OH)_4$ 转为 $Al(OH)_3$ 沉淀时，除了用 H_2SO_4 调节溶液的 pH 值外，还可以用饱和 NH_4HCO_3 或（$(NH_4)_2CO_3$）来调节 pH 值。你认为用哪一种试剂比较好？

实验二十二　无水四氯化锡的制备

实验目的

（1）熟悉由金属与氯气反应制备无水氯化物的方法。

（2）制备无水四氯化锡并试验其性质。

实验提要

无水四氯化锡主要是用氯气处理（氯化）金属锡片或锡屑来制备：

$$Sn(s)+2Cl_2(g) \xlongequal{} SnCl_4(l) \qquad \Delta G^{\ominus}=-440.2kJ \cdot mol^{-1}$$

$SnCl_4$ 是无色液体，在空气中因水解而发烟，凝固点为36℃，沸点为114～120℃。加入水量少时，即形成单晶型水合物 $SnCl_4 \cdot 3H_2O$，$SnCl_4 \cdot 5H_2O$，$SnCl_4 \cdot 8H_2O$；如果水量多，则上述水合物即溶解，形成澄清溶液。但溶液加热（新鲜制取的稀溶液）则徐徐变为浑浊。有体积膨大的氢氧化锡（正锡酸）沉淀生成。

$$SnCl_4+4H_2O \xlongequal{} Sn(OH)_4\downarrow+4HCl$$

或

$$SnCl_4+(x+2)H_2O \xlongequal{} SnO_2 \cdot xH_2O+4HCl$$

但溶液中仍有相当数量保留为水溶胶的形式（$SnO_2 \cdot xH_2O$），尚未水解的 $SnCl_4$ 与 HCl 生成的 H_2SnCl_6 也留在溶液中。依靠盐析作用可使锡酸完全沉淀出来。正锡酸 $Sn(OH)_4$易失去部分水变为α—锡酸，$SnO(OH)_2$或写成H_2SnO_3，将α—锡酸持续加热煮沸，可使之变为β—锡酸：

$$5SnO(OH)_2 \rightleftharpoons (SnO)_5(OH)_{10}$$

β—锡酸中有稳定的（SnO）$_5^{10+}$结构单元，并有10个较活泼的OH基团。β—锡酸不溶于稀酸和稀碱，而α—锡酸则可以。

本实验是在300℃左右，一个干燥的系统中使熔融的锡（熔点231℃）直接与氯气反应来制备无水 $SnCl_4$的，制得的无水 $SnCl_4$由于溶解有氯而呈黄色。

仪器和药品

蒸馏瓶（250mL，100mL），分液漏斗（150mL），冷凝管，氯化钙干燥管，接引管，洗气瓶，缓冲瓶，$SnCl_4$接收瓶，烧杯（500mL），漏斗，玻璃丝。

HCl（浓），H_2SO_4（浓），NaOH（$6mol \cdot L^{-1}$），无水 $CaCl_2$（颗粒），CCl_4，$KMnO_4$（s），Sn（粒）。

实验内容

$SnCl_4$的制备：

（1）按图3-3装配好无水四氯化锡装置。注意：先称量承接$SnCl_4$的瓶及其所用的塞子的质量。

（2）氯气的制备参见实验三十“卤素及其化合物”的有关内容。试剂用量为$KMnO_4$(s) 40g，浓HCl 100mL。按图3-3所示，反应瓶中加入5g锡粒。整个装置各部分仪器必须预先干燥，各部分仪器连接要严密、不漏气。反应瓶中氯气导管与金属锡粒几乎相接触。

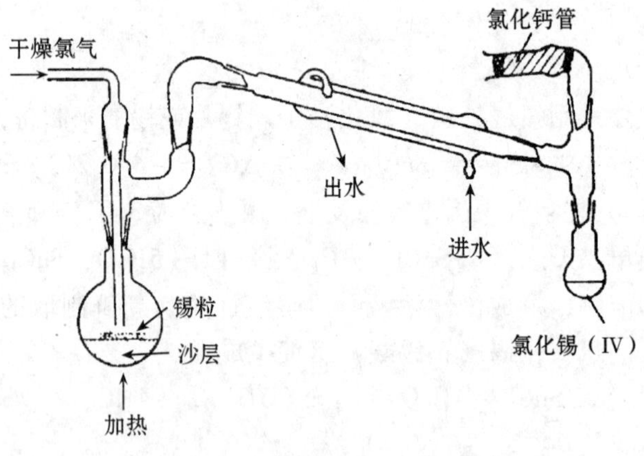

图3-3 氯化锡的生成装置图

（3）由分液漏斗往蒸馏瓶中缓慢滴加浓盐酸（在实验后一阶段，必要时可加热蒸馏瓶），使氯气均匀地产生。待经浓硫酸干燥的氯气将整个装置中的空气和水汽排除后，加热锡粒，熔融的锡与氯气反应而燃烧（如锡粒表面有氧化层阻碍反应的进行，用手指轻弹反应瓶，使氧化层张裂，反应即可顺利进行）。氯气的流速可由盐酸加入量来控制。生成的$SnCl_4$蒸气经冷却后收集在接收瓶内。没有反应的残余氯气被NaOH溶液吸收。

（4）反应完毕，停止加热。取下收集瓶，立即用原来一起称量的塞子把瓶口塞严，同时迅速将事先准备好的干燥的瓶子与接应管接上，避免氯气和$SnCl_4$逸出。将氯气发生器与缓冲瓶之间的胶管拆开，并移至通风橱内待后处理，将与漏斗相连接的胶管从漏斗上拔下，接到水泵上，把装置中的残余氯气抽去。然后拆除仪器。

（5）将所得的$SnCl_4$称量，计算产率。

选做部分

用刚制备的$SnCl_4$做如下实验（本实验所用仪器均需预先干燥）：

（1）在试管中加入约0.2mL $SnCl_4$，加入1滴蒸馏水，摇荡，注意：如果试管变热，则用冷水冷却，得到的白色固体是什么物质？这个固体添加更多的水时溶解吗？写出有关反应方程式。

（2）取约0.5mL CCl_4放入试管中，再滴加 $SnCl_4$（约0.2mL），试管变热没有？这两种液体能混合吗？这个实验对于 $SnCl_4$ 中的键合作用能告诉你什么？

（3）试验 $SnCl_4$与浓 HCl 作用，记录现象，写出反应方程式。

（4）用 $SnCl_4$分别制备 α—锡酸和 β—锡酸沉淀，并分别试验沉淀与稀酸、稀碱的作用。

问题与讨论

（1）在本实验中，若系统中空气和水汽未被赶尽就开始加热反应，对结果有何影响？

（2）收集器与尾气吸收器之间为什么要用 $CaCl_2$干燥管连接？

（3）反应完毕后，你准备怎样处理 Cl_2发生装置？

（4）氯气与锡作用既可产生 $SnCl_4$，也可产生 $SnCl_2$。本实验中如何防止 $SnCl_2$生成？又如何防止产品中带入 $SnCl_2$？

（5）查出 $SnCl_2$、$SnCl_4$的熔沸点数据，从结构上说明其差别。

实验二十三　立德粉（锌钡白）的制备

实验目的

（1）了解立德粉的制备原理和方法。

（2）熟练掌握称量、过滤、控制溶液 pH 值以及除杂质和检验杂质离子等基本操作。

实验提要

立德粉又名锌钡白，是 ZnS 和 $BaSO_4$ 的等摩尔量混合物，它大量用作油漆、白色颜料和橡胶制品的填料。

立德粉由硫化钡和硫酸锌反应而成：

$$BaS + ZnSO_4 = ZnS\downarrow\ (\text{白色}) + BaSO_4\downarrow\ (\text{白色})$$

立德粉的工业制法如下：

1. 焙烧闪锌矿（主要是 ZnS）制备 ZnO 粉

$$2ZnS + 3O_2 \xrightarrow[\text{焙烧}]{900\sim1\,100℃} 2ZnO + 2SO_2\uparrow$$

闪锌矿中含有 Fe、Mn、Cu、Ni、Cd 和 Pb 的硫化物，在焙烧过程中也转变为相应的氧化物。

2. 由焙烧所得矿粉（含 ZnO 约 90%）与 H_2SO_4 作用制得硫酸锌溶液

$$ZnO + H_2SO_4 = ZnSO_4 + H_2O$$

矿粉中含有的 Fe、Mn、Cu、Ni、Cd、Pb 的氧化物杂质与 H_2SO_4 反应生成相应的硫酸盐，除 $PbSO_4$ 外，均溶于水而混在 $ZnSO_4$ 溶液中。这些金属离子会与 BaS 反应生成有色的硫化物（NiS、FeS、CuS 都显黑色，MnS 显浅红色，CdS 显黄色），严重影响立德粉的质量，因此必须把它们从硫酸锌溶液中分离除去。

3. 硫酸锌溶液的净化

应用氧化还原、盐类水解等方法除去金属离子杂质。

（1）粗氧化（除铁、锰杂质）：用高锰酸钾将 Fe^{2+} 氧化为 Fe^{3+}。

$$10FeSO_4 + 2KMnO_4 + 8H_2SO_4 = 5Fe_2(SO_4)_3 + 2MnSO_4\downarrow + K_2SO_4 + 8H_2O$$

在 pH = 5.2 的条件下，$Fe_2(SO_4)_3$ 水解为 $Fe(OH)_3$ 沉淀：

$$Fe_2(SO_4)_3 + 6H_2O = 2Fe(OH)_3\downarrow + 3H_2SO_4$$

与此同时，杂质 $MnSO_4$ 与 $KMnO_4$ 作用生成 MnO_2 沉淀：

$$3MnSO_4 + 2KMnO_4 + 2H_2O = K_2SO_4 + 5MnO_2\downarrow + 2H_2SO_4$$

加热有利于水解反应的进行和破坏胶体的形成，过滤可以除去 $Fe(OH)_3$ 和 MnO_2 沉淀。

（2）置换：用 Zn 粉把溶液中的 Cd^{2+}、Ni^{2+}、Cu^{2+} 置换出相应的金属而除去。

$$CdSO_4 + Zn = Cd\downarrow + ZnSO_4$$

$$NiSO_4 + Zn = Ni\downarrow + ZnSO_4$$

$$CuSO_4 + Zn = Cu\downarrow + ZnSO_4$$

加热有利于置换反应的进行，Cu^{2+}、Cd^{2+} 易被置换出来，而 Ni^{2+} 要加热到 90℃ 置换才较完全。

（3）精氧化（进一步除铁、锰杂质）：用漂白粉可将溶液中残留的微量 Fe^{2+}、Mn^{2+} 进一步氧化除去。

$$2MnSO_4 + Ca(ClO)_2 + 2H_2O = CaCl_2 + 2MnO_2\downarrow + 2H_2SO_4$$

$$4FeSO_4 + Ca(ClO)_2 + 2H_2SO_4 = CaCl_2 + 2Fe_2(SO_4)_3 + 2H_2O$$

$$Fe_2(SO_4)_3 + 6H_2O \rightleftharpoons 2Fe(OH)_3\downarrow + 3H_2SO_4$$

4. BaS 溶液的制备

首先将重晶石（$BaSO_4$）与煤粉（C）混合，在高温下焙烧而得 BaS 熔块：

$$BaSO_4 + 4C \xlongequal{焙烧} BaS + 4CO\uparrow$$

然后用热水浸泡 BaS 熔块即得 BaS 溶液。熔块中的杂质（SiO_2、CaO、$CaSiO_3$、Fe_2O_3 和金属硫化物等）不溶于水，过滤即得 BaS 溶液。

BaS 溶液易吸收空气中的 CO_2，也易被空气氧化生成多硫化钡，因此应尽快用来合成立德粉。

5. 立德粉的合成

将精制的 $ZnSO_4$、BaS 溶液按比例混合。

仪器和药品

天平，抽滤装置。

矿粉（或粗 ZnO 粉），ZnO 粉（纯），锌粉（工业用），漂白粉，BaS，H_2SO_4（$2mol\cdot L^{-1}$），$NH_3\cdot H_2O$（$2mol\cdot L^{-1}$），石灰水（饱和），KI（$0.1mol\cdot L^{-1}$），KSCN（$0.1mol\cdot L^{-1}$），$KMnO_4$（$0.01mol\cdot L^{-1}$），丁二酮肟试剂（质量分数为 1%），滤纸，pH 试纸。

实验内容

1. 硫酸锌溶液的制备

（1）由矿粉制硫酸锌溶液：称取由闪锌矿焙烧所得的矿粉（或市售的粗 ZnO）8g 并

放在烧杯内，在搅拌下慢慢加入 2mol · L^{-1} H_2SO_4 50 ~ 60mL，不断搅拌 20 ~ 30min，并用 ZnO 调节溶液 pH = 5 ~ 6，过滤，滤液供下面用。

（2）硫酸锌溶液的净化：

①粗氧化。将上一步的滤液在加热搅拌下慢慢加入 $KMnO_4$ 溶液至呈微红色（检验溶液的 pH 值有无变化，若 pH 值降低，可用饱和的石灰水调节 pH = 5 ~ 6），过滤，滤液供下一步用。

②置换。将上一步的滤液加热至 80 ~ 90℃，在不断搅拌下加入 0.5g 锌粉。检查溶液中的 Cd^{2+}、Ni^{2+} 是否已除尽。Ni^{2+} 的检验方法：可取数滴清液，加 2mol · L^{-1} 氨水 2 滴，再加丁二酮肟 2 ~ 3 滴，如出现红色沉淀，表示含有 Ni^{2+}，如不出现红色，表示 Ni^{2+}、Cd^{2+} 均已除尽（Cd^{2+} 比 Ni^{2+} 易被 Zn 置换出来除去）。如未除尽，可再加少量锌粉并加热搅拌直到除尽为止，过滤，滤液供下一步用。

（3）精氧化。将上一步的滤液加热至 70 ~ 80℃，滴加适量的漂白粉溶液，取出数滴清液，加入数滴 KI 和 H_2SO_4 直至颜色呈现黄色为止，设法检验溶液中的 Fe^{3+} 是否已被除尽。如 Fe^{3+} 被除尽，表示已制得纯净的 $ZnSO_4$ 溶液，过滤所得的溶液可供合成立德粉用。

2. 硫酸钡溶液的制备

称取 17g 硫化钡，加入约 50mL 热水，在不断搅拌下加热 15 ~ 20min，抽滤，所得硫化钡溶液供下面合成立德粉用。

3. 立德粉（锌钡白）的合成

在 200mL 的烧杯中，先加入 BaS 溶液约 20mL，然后加入约等体积的 $ZnSO_4$ 溶液，检验溶液的 pH 值，交替加入 BaS 和 $ZnSO_4$ 溶液，以调节溶液的 pH 值始终维持在 8 ~ 9 之间，将所得的锌钡白进行抽滤、吸干、称量、回收。所得数据和结果记录在表 3 – 3 中。

表 3 – 3　　**数据和结果**

矿粉质量（g）	BaS 质量（g）	立德粉质量（g）

问题与讨论

（1）在制备 $ZnSO_4$ 溶液的过程中，为什么要控制溶液的 pH = 5 ~ 6？如何调节溶液的 pH 值？

（2）当用锌粉置换 Cd^{2+}、Ni^{2+} 等离子时为什么要加热？怎样确定 Cd^{2+}、Ni^{2+} 已被除尽？

（3）在锌钡白合成的过程中，为什么溶液要保持碱性？如何控制 pH 为 8 ~ 9？

实验二十四　从钛铁矿制备二氧化钛

实验目的

（1）了解用硫酸分解钛铁矿的原理和操作方法。
（2）了解钛盐的某些特性及晶种法进行高酸度下水解的方法。

实验提要

钛铁矿的主要成分为 $FeTiO_3$，杂质主要为 Mg、Mn、V 和 Al 等。由于这些杂质的存在，以及部分 Fe(Ⅱ) 在风化过程中转化为 Fe(Ⅲ)，因此 TiO_3的含量变化范围较大，一般为50%左右。

在160～200℃时，过量的浓硫酸与钛铁矿发生下列反应：

$$FeTiO_3 + 2H_2SO_4 = TiOSO_4 + FeSO_4 + 2H_2O$$

$$TiOSO_4 + H_2SO_4 = Ti(SO_4)_2 + H_2O$$

它们都是放热反应，反应一旦开始，便进行得很激烈。

用稀硫酸浸取分解产物，这时钛、铁等以 $TiOSO_4$ 和 $FeSO_4$ 进入溶液，少量的 $Fe_2(SO_4)_3$也同时进入溶液。Fe(Ⅲ) 是影响质量最有害的杂质，需在浸出液中加入金属铁粉，使 Fe(Ⅲ) 还原为 Fe(Ⅱ)，将 $FeSO_4 \cdot 7H_2O$ 晶体除去。为了防止 Fe(Ⅱ) 重新被氧化为 Fe(Ⅲ)，所加铁粉应稍过量一些。有关的电极电位如下：

$$Fe^{2+} + 2e \rightleftharpoons Fe \qquad \varphi^\ominus = -0.447V$$

$$Fe^{3+} + e \rightleftharpoons Fe^{2+} \qquad \varphi^\ominus = +0.771V$$

$$TiO^{2+} + 2H^+ + e \rightleftharpoons Ti^{3+} + H_2O \qquad \varphi^\ominus = +0.100V$$

由电极电位可见 Fe^{3+}先于 TiO^{2+}被还原，一旦溶液出现 Ti^{3+}的紫色，可认为 Fe^{3+}绝大部分已还原成 Fe(Ⅱ)。将溶液冷却至 -2℃以下，便有大量的$FeSO_4 \cdot 7H_2O$晶体析出。剩下的 Fe(Ⅱ) 可以在偏钛酸的水洗过程中除去。

为了使 $TiOSO_4$在高酸度下水解，可先取一部分上述 $TiOSO_4$溶液，使其水解并分散为偏钛酸溶胶，以此为晶种与其余的 $TiOSO_4$溶液一起加热至沸，进行水解，即得偏钛酸沉淀。

$$TiOSO_4 + (n+1)H_2O = TiO_2 \cdot nH_2O + H_2SO_4$$

将偏钛酸在800～1 000℃灼烧，即得二氧化钛。

$$TiO_2 \cdot nH_2O = TiO_2 + nH_2O$$

仪器和药品

天平，温度计（250℃，-5～150℃），瓷蒸发皿，烧杯（1 000mL，250mL），电动

搅拌器，瓷坩埚，电炉，马福炉。

钛铁矿粉（325 目），工业浓硫酸，H_2SO_4（1mol · L^{-1}），铁粉，冰，食盐。

实验内容

1. 钛铁矿的分解

称取20.0g 钛铁矿（325 目），放入瓷蒸发皿中，加入17mL 浓硫酸，搅拌均匀后，置于沙浴上加热并经常搅拌。用温度计测量反应物温度，当温度升至110～120℃时，要不停地搅拌，注意观察反应物的变化（有无气体放出，反应物的颜色如何，黏度有何变化?）。当温度升至150℃左右时，反应激烈进行，反应物也迅速变硬，这一过程几分钟内即可结束。故这段时间必须大力搅拌，避免反应物凝固在蒸发皿上。激烈反应后，把温度计插在沙浴中，在200℃左右保温半小时，冷却至室温。

2. 浸取

将产物放在烧杯中，加入50mL 稀 H_2SO_4，搅拌至产物全部分散（为了加速溶解，可微热，但在整个浸取过程中，温度不能超过70℃，以免 $TiOSO_4$过早水解）。抽滤，滤渣用少量稀 H_2SO_4洗涤1 次后弃去。

3. 除铁

往滤液中慢慢加入不超过1g 的铁粉，不断搅拌至溶液刚变为紫黑色时立即进行抽滤，滤液用冰盐混合物冷至 -2℃以下，即有 $FeSO_4 \cdot 7H_2O$ 晶体析出，再抽滤，晶体回收，滤液留做下一步实验。

4. 水解

先取上一步滤液约1/5 体积，在不断搅拌下，逐滴加入约为浸出液总体积8～10 倍量的沸水中，继续煮沸约10～15min 后，再慢慢加入其余全部浸出液，继续煮沸约半小时（应适当补充水，保持总体积不变）。静置沉降，用倾析法洗涤沉淀，先用热的稀 H_2SO_4（1:10）洗2 次，再用热水洗涤至检查不到 Fe^{2+} 为止。抽滤，即得偏钛酸。

5. 煅烧

把偏钛酸放在瓷坩埚中，先小火烘干，然后用大火灼烧至不再冒白烟为止（亦可在马福炉内于850℃灼烧），冷却，即得白色的二氧化肽粉末。称量并计算产率。

问题与讨论

（1）在钛盐水溶液中能否以 Ti^{4+}、Ti^{2+} 或 TiO_4^{4-} 等形式的离子稳定存在?

（2）在本实验中，能否用其他金属如 Zn、Al 或 Mg 等将 Fe(Ⅲ) 还原为 Fe(Ⅱ)? 是否需要控制 Fe 的用量，为什么?

（3）在本实验条件下，$TiOSO_4$水解时，Ti^{3+}会不会发生水解？

（4）除铁外的其他杂质怎样除去？

实验二十五 由铬铁矿制备重铬酸钾

实验目的

（1）由铬铁矿制备重铬酸钾的原理。

（2）进一步理解有关铬的化合物的性质。

实验提要

铬铁矿是生产重铬酸钾的主要原料。它的主要成分是 $FeO \cdot Cr_2O_3$或$Fe(CrO_2)_2$，其中含有 Cr_2O_3的质量分数为 35% ~45%。除铁外还含有硅、铝、镁和钙等杂质。

铬铁矿在碱性介质中易被氧化。可采用 Na_2CO_3作为介质，在空气中高温熔融生成可溶于水的六价铬酸盐。

$$4FeO \cdot Cr_2O_3 + 8Na_2CO_3 + 7O_2 \xrightarrow[1\,000 \sim 1\,300℃]{熔融} 8Na_2CrO_4 + 2Fe_2O_3 + 8CO_2$$

在实验室中为了降低熔点，常加入 NaOH 作助熔剂，以便在较低温度下（800℃以下）实现上述反应，并加入少量 Na_2O_2（或 $NaNO_3$或 $KClO_3$）作氧化剂加速其氧化。还可加入少量白云石粉作填充剂，以减少矿粉在液态 Na_2CO_3中结块，有利于矿粉氧化和熔融物浸取。

$$2FeO \cdot Cr_2O_3 + Na_2CO_3 + 7Na_2O_2 = 4Na_2CrO_4 + Fe_2O_3 + 4Na_2O + CO_2\uparrow$$

在灼烧过程中，同时发生下列反应，即 SiO_2、Fe_2O_3和 Al_2O_3与 Na_2CO_3反应生成可溶性盐：

$$SiO_2 + Na_2CO_3 = Na_2SiO_3 + CO_2\uparrow$$

$$Fe_2O_3 + Na_2CO_3 = 2NaFeO_2 + CO_2\uparrow$$

$$Al_2O_3 + Na_2CO_3 = 2NaAlO_2 + CO_2\uparrow$$

以上这些氧化物还可与碱性氧化物 MgO、CaO 反应生成难熔性盐。

$$CaO + SiO_2 = CaSiO_3$$

$$CaO + Al_2O_3 = Ca(AlO_2)_2$$

$$CaO + Fe_2O_3 = Ca(FeO_2)_2$$

$$MgO + Fe_2O_3 = Mg(FeO_2)_2$$

用水浸取熔融物时，$NaFeO_2$ 强烈水解生成 $Fe(OH)_3$ 沉淀与其他不溶物及未反应的矿粉形成残渣过滤除去。滤液调节 pH 值为 7 ~8，使 Na_2SiO_3 和$NaAlO_2$水解析出 $Al(OH)_3$ 和 $SiO_2 \cdot xH_2O$，过滤除去，再将滤液酸化，使铬酸盐转为重铬酸盐。

$$2CrO_4^{2-} + 2H^+ \rightleftharpoons Cr_2O_7^{2-} + H_2O$$

加入 KCl 使 $Na_2Cr_2O_7$和 KCl 发生复分解反应生成 $K_2Cr_2O_7$。

$$Na_2Cr_2O_7 + 2KCl \xlongequal{} K_2Cr_2O_7 + 2NaCl$$

将溶液浓缩后冷却，则有 $K_2Cr_2O_7$ 晶体析出。

仪器和药品

铁坩埚，铁棒，酒精喷灯，蒸发皿，天平，水浴锅，普通漏斗，抽滤装置。

铬铁矿粉，Na_2O_2(s)，NaOH(s)，Na_2CO_3(s)，KCl(s)，冰醋酸，H_2SO_4（$3mol \cdot L^{-1}$），滤纸，pH 试纸。

实验内容

1. 氧化灼烧

称取铬铁矿粉 6.0g，Na_2O_2 5.0g 和白云石 1.0g，混合均匀。另取 Na_2CO_3 和 NaOH 各 4.5g 于铁坩埚中混匀后，小火加热至熔融，将矿粉分几次加入，并不断搅拌，以避免熔融物喷溅。加完矿粉后，逐渐加大火焰灼烧半小时，稍冷，将坩埚置于冷水中骤冷。

2. 浸取

先将熔块捣碎取出，用少量蒸馏水于坩埚中加热至沸后倾入烧杯，再加水，加热，如此反复几次至浸出全部熔块。然后将烧杯中的溶液及熔块加热煮沸，并不断搅拌以加速溶解，待溶解完稍冷后抽滤，滤渣用少量水洗涤，滤液控制在 40mL 左右。

3. 中和除铝

将滤液加热近沸，再用冰醋酸（或 H_2SO_4）调节滤液的 pH 值为 7～8，继续加热煮沸数分钟，使 $Al(OH)_3$ 沉淀，趁热过滤，滤液转移到蒸发皿中，用冰醋酸（或 H_2SO_4）调节 pH 值为 4～5，使铬酸盐转化为重铬酸盐。

4. 复分解和结晶

在重铬酸盐溶液中加入 2.5g KCl，搅拌使之溶解。将蒸发皿置于水浴上浓缩。这时如果晶体析出（是什么?）应先分离出晶体，再将滤液继续蒸发，至表面有少量晶膜出现，冷却至室温（10～20℃）后抽滤，用滤纸吸干晶体并称量。母液回收待后处理。

选做部分

粗产品重结晶：按 $m(K_2Cr_2O_7) : m(H_2O) = 1:1.5$（质量比）加水并加热，使 $K_2Cr_2O_7$ 粗晶体溶解，趁热过滤（若无不溶性杂质，则不需过滤），冷却，结晶，抽滤。将抽干的晶体在 40～50℃烘干，称量，计算产率。

问题与讨论

（1）为什么铬铁矿采用碱熔而不用酸溶？碱熔在操作上应注意哪些问题？

（2）在矿粉氧化灼烧时，加入少量白云石的目的是什么？如果加入量过多，对实验结果会有什么影响？

（3）铬酸盐用水浸取过程中铁酸钠水解时，AlO_2^-、SiO_3^{2-}是否同时水解？

（4）如果煅烧后的熟料成分还有未反应的 CaO 和 MgO 残渣，它们可能在哪一步骤以什么形式除去？

（5）试分析：

①通常选用冰醋酸或硫酸进行酸化而不用 HCl，为什么？

②酸化时，pH 值控制在多少为宜，酸度太大或太小对实验结果是否有影响？

（6）请查出下列物质在 20℃和 100℃时的溶解度：

Na_2CrO_4、$Na_2Cr_2O_7$、Na_2SO_4、K_2CrO_4、$K_2Cr_2O_7$、K_2SO_4。

并分析说明为什么用 H_2SO_4酸化后，必须先将 $Na_2Cr_2O_7$溶液进行蒸发浓缩，除去晶体后再进行复分解。

实验二十六　电解法制备高锰酸钾

实验目的

（1）了解碱熔法分解矿石及电解法制备高锰酸钾的原理和操作方法。
（2）掌握锰主要价态之间的转化关系。

实验提要

软锰矿的主要成分为 MnO_2，用氯酸钾作氧化剂与碱共熔，即可得墨绿色的锰酸钾熔体。

$$3MnO_2 + KClO_3 + 6KOH = 3K_2MnO_4 + KCl + 3H_2O$$

锰酸钾溶于水并发生歧化反应，生成高锰酸钾。

$$3MnO_4^{2-} + 2H_2O = 2MnO_4^- + MnO_2 + 4OH^-$$

为了使歧化反应顺利进行，必须中和掉所生成的氢氧根。常用的方法是通入 CO_2。

$$3K_2MnO_4 + 2CO_2 = 2KMnO_4 + MnO_2 + 2K_2CO_3$$

由上式看出，用此方法制高锰酸钾时，锰酸钾的转化率最高只达到66.7%。为了提高锰酸钾的转化率，较好的方法是用电解方法。其电极反应如下：

阳极：

$$2MnO_4^{2-} - 2e = 2MnO_4^-$$

阴极：

$$2H_2O + 2e = 2OH^- + H_2\uparrow$$

总反应：

$$2MnO_4^{2-} + 2H_2O = 2MnO_4^- + 2OH^- + H_2\uparrow$$

仪器和药品

天平，铁坩埚（60mL），铁棒，铁圈，坩埚钳，酒精喷灯，布氏漏斗，抽滤瓶，烧杯（150mL），电极材料（镍片和粗铁丝），直流电源，温度计，防护眼镜（自备）。

$KClO_3$(s)，KOH(s)，软锰矿（或 MnO_2 粉），的确良布。

实验内容

1. 锰酸钾溶液的制备（注意：操作者必须戴防护眼镜）

把6.0g氯酸钾和12.0g氢氧化钾固体混匀并放在铁坩埚中，将坩埚固定。小火加热，用铁棒搅拌，待混合物熔融后，慢慢加入 10.0g 软锰矿粉（或 8g MnO_2 粉）。当熔融物的黏度逐渐增大时，要大力搅拌，以防结块。待反应物干涸后，再强热 5min（此时要适当翻动并分散，不使熔融物结成大块而粘在坩埚壁上）。

待冷却后，取出熔融物，粉碎后倒入烧杯中，用 80mL 水浸取，微热，搅拌至熔块全部分散，用铺有厚的确良布的布氏漏斗减压过滤，即得墨绿色的K_2MnO_4滤液。

2. 锰酸钾的电解

电极材料：

阳极：镍片（5cm×5cm 浸在溶液中）2 块。

阴极：铁条（或粗铁丝）3 根，阴极总面积应为阳极总面积的 1/10。

电解槽：150mL 烧杯。

电解条件：

阳极电流密度：10～15mA/cm^2。

阴极电流密度：100～150mA/cm^2。

槽电压：2.8～3.0V。

把制得的 K_2MnO_4 溶液倒入电解槽中，加热至 60℃，按图 3－4 所示装上电极，通入直流电源，这时可观察到阴极有气体放出，墨绿色溶液转为紫红色，高锰酸钾在阳极逐渐析出，并沉于槽底。当电解液观察不到有明显的绿色时，即可认为电解完毕，停止通电。电解液在冷水中冷却，使晶体充分析出，用的确良布进行抽滤，滤液回收，将 $KMnO_4$结晶称量，并计算产率。

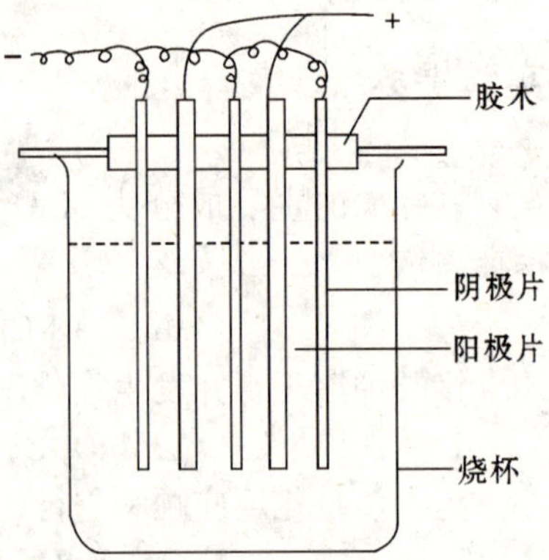

图 3－4　电解槽的装置图

问题与讨论

（1）能否用瓷坩埚代替铁坩埚来熔解软锰矿粉，为什么？

（2）用氢氧化钾熔解软锰矿时，应注意些什么？

（3）六价锰与七价锰在不同介质中的稳定性如何？在什么条件下它们可以相互转化？

（4）在本实验中用过的容器壁上所附着的棕色物质是什么？应怎样洗去？

实验二十七 草酸配合物的合成

实验目的

（1）学习两种草酸配合物 $K_3[M(C_2O_4)_3]\cdot 3H_2O$（M = Cr，Fe）的合成方法，加深对配合物性质的了解。

（2）进一步巩固无机化学实验操作。

实验提要

（1）$K_3[Cr(C_2O_4)_3]\cdot 3H_2O$ 可由草酸钾和草酸与重铬酸钾反应制得：

$$Cr_2O_7^{2-} + 6H_2C_2O_4 + 2H^+ = Cr_2(C_2O_4)_3 + 6CO_2\uparrow + 7H_2O$$

$$Cr_2(C_2O_4)_3 + 3K_2C_2O_4 + 6H_2O = 2K_3[Cr(C_2O_4)_3]\cdot 3H_2O\ (\text{深绿色})$$

总反应式为：

$$K_2Cr_2O_7 + 7H_2C_2O_4 + 2K_2C_2O_4 = 2K_3[Cr(C_2O_4)_3]\cdot 3H_2O + 6CO_2\uparrow + H_2O$$

（2）$K_3[Fe(C_2O_4)_3]\cdot 3H_2O$ 可由草酸亚铁 $FeC_2O_4\cdot 2H_2O$ 在草酸钾和草酸存在下用过氧化氢氧化而成：

$$2FeC_2O_4\cdot 2H_2O + H_2O_2 + 3K_2C_2O_4 + H_2C_2O_4 = 2K_3[Fe(C_2O_4)_3]\cdot 3H_2O\ (\text{绿色})$$

加入适量乙醇，其晶体便从溶液中析出。

本实验中，草酸亚铁由摩尔盐和草酸反应而得：

$$(NH_4)_2Fe(SO_4)_2\cdot 6H_2O + H_2C_2O_4 = FeC_2O_4\cdot 2H_2O\downarrow + (NH_4)_2SO_4 + H_2SO_4 + 4H_2O$$

仪器和药品

温度计（0～100℃），量筒（10mL，100mL），漏斗，漏斗架，布氏漏斗，抽滤瓶，表面皿，烧杯，天平。

H_2SO_4（$1mol\cdot L^{-1}$），$H_2C_2O_4$（$1mol\cdot L^{-1}$），$K_2C_2O_4$（饱和），H_2O_2（质量分数为3%），$(NH_4)_2Fe(SO_4)_2\cdot 6H_2O(s)$，乙醇（体积分数为95%），丙酮。

实验内容

（1）在200mL烧杯中加入10.0mL $K_2C_2O_4$（饱和）和8.0mL $H_2C_2O_4$溶液，再慢慢加入3.0g磨细了的$K_2Cr_2O_7(s)$，并不断搅拌待反应完毕，蒸发至溶液近干，使晶体析出，冷却，过滤。用丙酮洗涤得深绿色 $K_3[Cr(C_2O_4)_3]\cdot 3H_2O$ 晶体，在110℃下烘干。

（2）把 5.0g $(NH_4)_2Fe(SO_4)_2 \cdot 6H_2O$（s）放入 200mL 烧杯中，加入 1mL H_2SO_4 和 15mL 蒸馏水，加热使其溶解。继续加热至沸腾，同时滴入 $H_2C_2O_4$ 溶液并不断搅拌（$H_2C_2O_4$ 实际用量 20 ~ 25mL）。静置，待黄色晶体沉降后倾去上层清液，往沉淀上加入 20mL 蒸馏水，搅拌并加热至沸，静置，倾去清液。

于上述沉淀中加入 $K_2C_2O_4$ 饱和溶液（约 10mL）。水浴加热至 40℃，缓慢加入 H_2O_2 溶液（20mL），不断搅拌并保持温度在 40℃ 左右（此时含有氢氧化铁沉淀）。将溶液煮沸，再加入 $H_2C_2O_4$（总量 8mL，分两次加入，第一次一次性加入 5mL，第二次缓慢滴加 3mL），待溶液近沸腾温度时趁热过滤（用 100mL 烧杯承接滤液），于滤液中加入体积分数为 95% 的乙醇（约 10mL），如有晶体析出，应温热使之溶解。用一小段棉线绳悬挂于溶液中，用表面皿盖住烧杯，放置过夜即有晶体析出，分离出晶体，吸干，称量。

问题与讨论

（1）在制备 $K_3[Cr(C_2O_4)_3] \cdot 3H_2O$ 时，能否把溶液完全蒸干使晶体析出？用丙酮洗涤 $K_3[Cr(C_2O_4)_3] \cdot 3H_2O$ 结晶的作用是什么？

（2）在制备 $K_3[Cr(C_2O_4)_3] \cdot 3H_2O$ 时，为什么反应中 $H_2C_2O_4$、$K_2C_2O_4$、H_2O_2 均要求过量？

（3）于 $K_3[Fe(C_2O_4)_3]$ 溶液中加入乙醇的作用是什么？

（4）注意第二步反应（即氧化—配位反应）中的条件控制和操作程序，试分析说明下述操作的意义：

①加入 H_2O_2 时强调缓慢滴加，且温度不得高于 40℃；

②加入 H_2O_2 后要加热至沸腾；

③$K_2C_2O_4$ 需要在加入 H_2O_2 前加入，而 $H_2C_2O_4$ 则需在加入 H_2O_2 后加入；

④加入 $H_2C_2O_4$ 时分两次进行，且第二次要缓慢滴加。

（5）本实验为什么不直接用三价铁盐与草酸钾反应来制备三草酸根铬铁（Ⅲ）酸钾？

第四部分

元素及其化合物的性质

实验部分

实验二十八　化学反应的耦联及其应用

实验目的

（1）学会利用化学反应的自由能变化判断反应的方向，估计反应所能达到的限度。

（2）学习和掌握化学反应耦联的基本原理，并用于处理一些无机化学问题。

实验提要

两个或两个以上的化学反应涉及共同物种而处于同一体系时，彼此间将产生相互影响。如果所涉及的共同物种在一个反应中是生成物，而在另一反应中是反应物，则反应相互促进而构成一个联合反应，这样一个联合反应称之为耦联反应，所涉及的共同物种称为耦联剂。当反应 1 的 $\Delta G_1^\ominus > 0$，反应 2 的 $\Delta G_2^\ominus < 0$，而 $\Delta G_1^\ominus + \Delta G_2^\ominus < 0$ 时，则反应 2 通过耦联带动了反应 1，使之成为热力学上有利的反应。

本实验将用这一原理来处理无机化学的一些实际问题。

仪器和药品

离心机，离心试管。

$CuCl_2$(s)，BaS(s)，Zn 粉，Zn 片，Na_2SO_3(s)，$AgNO_3$（0.1mol · L^{-1}），$CuSO_4$（0.1mol · L^{-1}），$ZnSO_4$（0.1mol · L^{-1}），$CuCl_2$（0.1mol · L^{-1}），$FeCl_3$（0.1mol · L^{-1}），Na_2CO_3（0.1mol · L^{-1}），NH_4Cl（3mol · L^{-1}），CCl_4，H_2S（饱和），HNO_3（1mol · L^{-1}），HNO_3（浓）。

实验内容

根据表 4－1 和表 4－2 中各反应的 $\Delta G^\ominus$ 判断反应的自发性并设计方案进行试验。

（1）判断表 4－1 中各化合物的溶解性，如属于难溶化合物，请选用合适的反应与之耦联，使化合物能溶解于水溶液中。

表 4－1　反应方程及其 $\Delta G^{\ominus}$

编号	反　应　方　程	$\Delta G^{\ominus}$ (kJ · mol^{-1})
1	$ZnS(s) = Zn^{2+}(aq) + S^{2-}(aq)$	140.1
2	$BaS(s) = Ba^{2+}(aq) + S^{2-}(aq)$	－18.8
3	$CuS(s) = Cu^{2+}(aq) + S^{2-}(aq)$	200.9
4	$CuCl_2(s) = Cu^{2+}(aq) + 2Cl^{-}(aq)$	－21.4
5	$CaCO_3(s) = Ca^{2+}(aq) + CO_3^{2-}(aq)$	47.4
6	$Fe(OH)_3(s) = Fe^{3+}(aq) + 3OH^{-}(aq)$	213.3

表 4－2　其他有关反应及其 $\Delta G^{\ominus}$

编号	反　应　方　程	$\Delta G^{\ominus}$ (kJ · mol^{-1})
1	$H^{+}(aq) + OH^{-}(aq) = H_2O(l)$	－79.9
2	$H^{+}(aq) + S^{2-}(aq) = HS^{-}(aq)$	－79.89
3	$H^{+}(aq) + HS^{-}(aq) = H_2S(aq)$	－39.92
4	$3H_2S(aq) + 2H^{+}(aq) + 2NO_3^{-}(aq) = 3S(s) + 2NO(g) + 4H_2O(l)$	－457.9
5	$H^{+}(aq) + CO_3^{2-}(aq) = HCO_3^{-}(aq)$	－58.9
6	$H^{+}(aq) + HCO_3^{-}(aq) = CO_2(g) + H_2O(l)$	－44.7
7	$Ag^{+}(aq) + 2NH_3(aq) = [Ag(NH_3)_2]^{+}(aq)$	－41.1
8	$Ag^{+}(aq) + I^{-}(aq) = AgI(s)$	－91.74
9	$2Ag^{+}(aq) + Zn(s) = 2Ag(s) + Zn^{2+}(aq)$	－301.3
10	$Zn^{2+}(aq) + 4NH_3(aq) = [Zn(NH_3)_4]^{2+}(aq)$	－53.90
11	$Zn^{2+}(aq) + 4OH^{-}(aq) = [Zn(OH)_4]^{2-}(aq)$	－100.7
12	$Fe^{3+}(aq) + 6CN^{-}(aq) = [Fe(CN)_6]^{3-}(aq)$	－250.4
13	$Fe^{2+}(aq) + 6CN^{-}(aq) = [Fe(CN)_6]^{4-}(aq)$	－210.5
14	$2Ag^{+}(aq) + S^{2-}(aq) = Ag_2S(s)$	－280.7

提示：原沉淀中的阳离子进入液相即可。表 4－1 和表 4－2 各反应均可供选择，试剂药品由实验室提供或在此基础上自己合成，下同。

（2）已知 $AgCl(s) = Ag^{+}(aq) + Cl^{-}(aq)$，$\Delta G^{\ominus} = 55.6 kJ \cdot mol^{-1}$。选择合适的试剂与 AgCl 反应，使 AgCl(s) 中的 Cl^{-} 能转入溶液中。

（3）选择合适的反应与 $H_2S(aq)$ 的电离反应耦联，使之能完全电离。

（4）先用实验证明 $Fe^{3+}(aq)$ 能把 $I^{-}(aq)$ 氧化成 $I_2(s)$，然后根据耦联原理，选择合适的试剂加入这一体系中使反应逆转。

$$2Fe^{3+}(aq) + 2I^{-}(aq) = 2Fe^{2+}(aq) + I_2(s) \quad \Delta G^{\ominus} = -22.77 kJ \cdot mol^{-1}$$

（5）碘在碱性介质中歧化的产物为 IO_3^{-} 和 I^{-}，已知每摩尔碘发生歧化反应的 $\Delta G^{\ominus}$ 为 $-54.5 kJ \cdot mol^{-1}$。用实验证实碘在 Na_2CO_3 溶液（浓度为 1mol · L^{-1}）中也能歧化。然后再选用合适的试剂使歧化反应逆转，即生成 $I_2(s)$。

选做部分

根据本书附录中的热力学数据计算各有关反应的 $\Delta G^{\ominus}$，判断反应的自发性并按要求设计实验。

（1）从有关反应的 ΔG 判断金属锌能否溶于水（纯水的 pH = 7.0），用锌粉与蒸馏水的作用来验证。

（2）设计实验，使锌片能溶于 pH≥7.0 的水溶液中。

（3）通过计算有关反应的 ΔG，说明 $Mg(OH)_2$ 能溶于 $3mol \cdot L^{-1}$ 的 NH_4Cl 溶液，而 $Fe(OH)_3$ 则不能，并用实验证明之。

（4）设计实验，以 $CuSO_4$、Na_2SO_3、H_2SO_4 为原料，制备出少量的铜粉，用于（5）的实验。

（5）设计实验方案，用铜制备硫酸铜，并用（4）所得到的铜粉验证之。写出有关反应方程及其 $\Delta G^{\ominus}$。

提示：可由方程 $\Delta G = \Delta G^{\ominus} + RT \ln Q_a$ 计算非标态的 ΔG。

问题与讨论

（1）指出 $\Delta G^{\ominus}$ 与 K_a，K_{sp}，β（或 $K_{稳}$）的关系。

（2）指出 $\Delta G^{\ominus}$ 与 $E^{\ominus}$ 的关系。

（3）在什么情况下，可以用反应的 $\Delta G^{\ominus}$ 判断反应的方向？

（4）已知水的电离反应 $H_2O(l) \rightleftharpoons H^+(aq) + OH^-(aq)$ 在 298K 时的 $\Delta G^{\ominus} = 79.89kJ \cdot mol^{-1}$，$\Delta H^{\ominus} = 55.84kJ \cdot mol^{-1}$，$\Delta S^{\ominus} = -80.71J \cdot K^{-1} \cdot mol^{-1}$。试估算 348K 时纯水的 pH 值。

提示：作为近似处理，$\Delta H^{\ominus}$、$\Delta S^{\ominus}$ 随温度变化可忽略不计。

（5）某溶液中含有 $ZnCl_2$（$0.1mol \cdot L^{-1}$）、$CdCl_2$（$0.1mol \cdot L^{-1}$）、HCl（$0.1mol \cdot L^{-1}$），往此溶液中通入 H_2S 气体，最后达到饱和。试计算说明，下列两种情况下分别有什么沉淀析出：

①迅速通入大量 H_2S 气体；

②缓慢通入并不断搅拌。

已知：H_2S 溶液饱和浓度约为 $0.1mol \cdot L^{-1}$，$K_{sp, ZnS} = 2.5 \times 10^{-22}$，$K_{sp, CdS} = 8.0 \times 10^{-27}$。

实验二十九　s区元素及其化合物

实验目的

（1）了解金属钠和镁的活泼性。

（2）试验并了解少数锂、钠和钾盐的微溶性。

（3）试验并掌握镁、钙和钡的氢氧化物、硫酸盐、碳酸盐、草酸盐以及铬酸盐的溶解性。

（4）练习用焰色反应鉴定某些碱金属和碱土金属离子的方法。

实验提要

s区元素的单质都是较活泼的金属，特别是碱金属，其熔点、沸点和硬度都较低，密度也较小，是典型的轻金属。例如，钾和钠在空气中易被氧化，用小刀切割金属钾和钠，切割后的新鲜表面可以看到银白色的光泽，但接触空气后，由于生成一层氧化物而颜色变暗。钠在空气中燃烧可直接得到过氧化钠。它们与水又能剧烈作用，因此一般储存于煤油中。碱土金属的活泼性比碱金属略差，如镁与冷水反应很慢，在加热时反应加快。

碱金属的氢氧化物易溶于水，固体碱吸湿性强，易潮解，因此固体 NaOH 是常用的干燥剂。碱土金属的氢氧化物在水中的溶解度一般都不大，同族元素氢氧化物的溶解度从上到下逐渐增大，这是由于随着离子半径的增大，阳离子和阴离子之间的吸引力逐渐减小，容易被水分子拆开的缘故。

碱金属的盐类一般都易溶于水，但也有若干锂盐和少数具有较大阴离子的盐，如 $Na[Sb(OH)_6]$、$KHC_4H_4O_6$、$KClO_4$ 等较难溶于水。碱土金属盐的重要特征是其微溶性，除氯化物、硝酸盐、硫酸镁、铬酸镁易溶于水外，其余的碳酸盐、硫酸盐、草酸盐和铬酸盐等皆难溶于水。

碳酸铵溶液与镁盐溶液只有在煮沸或持久放置时才生成白色碱式碳酸镁沉淀。如果有强酸的铵盐存在，则无沉淀形成。因为当碳酸铵加入时，高浓度的铵离子将减小溶液中 CO_3^{2-} 离子的浓度，以致不能达到碳酸镁的溶度积。

碱金属钙、锶、钡等挥发性盐在无色的火焰中灼烧时，能使火焰呈现出一定的颜色，这叫“焰色反应”。碱金属和几种碱土金属的焰色如表 4－3 所示。

表 4－3　碱金属及部分碱土金属的焰色

离子	Li^+	Na^+	K^+	Rb^+	Cs^+	Ca^{2+}	Sr^{2+}	Ba^{2+}
焰色	红色	黄色	紫色	紫红色	紫红色	橙红色	洋红色	黄绿色

利用焰色反应，可以根据火焰的颜色定性鉴别这些元素的存在。

仪器和药品 （除特别注明外，试剂浓度单位为 $mol \cdot L^{-1}$）

酒精喷灯，漏斗，镍丝，坩埚钳，钴玻璃，酒精灯，试管，试管夹。

滤纸，pH 试纸。HCl（2），HAc（2），HNO_3（浓），$NH_3 \cdot H_2O$（2，1），NaOH（2，新配制），NaOH(s)，NaF（0.5），LiCl（0.5），NaCl（0.5），KCl（0.5），$MgCl_2$（0.5），$CaCl_2$（0.5），$BaCl_2$（0.5），$SrCl_2$（0.5），NH_4Cl（3），KI（0.1），Na_2CO_3（0.5），$(NH_4)_2CO_3$（0.5），K_2CrO_4（0.5），Na_2SO_4（0.5），$(NH_4)_2C_2O_4$（饱和），Na_2HPO_4（0.5），$K[Sb(OH)_6]$（饱和），$NaHC_4H_4O_6$（饱和），未知液（可能含有 K^+、Mg^{2+}、Ca^{2+}、Ba^{2+}）。

实验内容

1. 碱金属与碱土金属活泼性的比较

（1）钠、镁与水的作用：

①用镊子取出一小块存放在煤油中的金属钠，置于滤纸上，并用滤纸吸干表面的煤油，然后用小刀切下米粒大小的金属钠，迅速观察其新鲜表面的颜色和变化。再将它投入盛有半杯水的烧杯中，立即用大小合适的漏斗盖好，观察反应的情况，并检验溶液的酸碱性。

②取擦净的镁条，放入盛有冷水的试管中，观察反应的情况，检验溶液的酸碱性。加热试管，情况又如何？

（2）钠、镁与氧气的反应：

①在蒸发皿上铺上用水润湿的滤纸，滤纸上放一小粒金属钠，不久冒出白烟并立即着火燃烧，产生黄色火焰和白烟。设法检验产物的酸碱性和氧化还原性。

②用坩埚钳夹住 2cm 长的镁条的一端，点燃后立即离开灯火，观察燃烧的情况及产物的颜色。设法检验产物的溶解性和酸碱性。

通过以上实验，写出实验现象及有关反应式，并比较ⅠA 族与ⅡA 族单质的活泼性。

2. 氢氧化物的性质

（1）在玻璃片上放少量固体 NaOH，并置于空气中，过几分钟后，观察其变化，解释现象。

（2）于试管中加入 2mL $MgCl_2$溶液，再逐滴加入 $2mol \cdot L^{-1} NH_3 \cdot H_2O$，观察生成沉淀的颜色。然后将沉淀分别与 $2mol \cdot L^{-1}$ HCl、$2mol \cdot L^{-1}$ NaOH 和 $3mol \cdot L^{-1} NH_4Cl$溶液作用，并观察现象。

（3）分别以 $MgCl_2$、$CaCl_2$和 $BaCl_2$ 3 种溶液与新配制的 $2mol \cdot L^{-1}$ NaOH 溶液为试剂，设计系列试管实验，说明碱土金属氢氧化物溶解度的大小顺序。

3. 碱金属和碱土金属的难溶盐

（1）碱金属微溶盐：

①锂盐。取少量 LiCl 溶液分别与 NaF、Na_2CO_3和 Na_2HPO_4溶液反应。观察现象并写出反应式（必要时可加热）。

②钠盐。取 1mL 0.5mol · L^{-1} NaOH 溶液与饱和的 $K[Sb(OH)_6]$ 溶液作用，放置数分钟后，如无晶体析出，可用玻璃棒摩擦试管的内壁，观察晶体沉淀 $Na[Sb(OH)_6]$ 的生成。

③钾盐。取 1mL KCl 溶液与饱和的酒石酸氢钠（$NaHC_4H_4O_6$）溶液作用，放置数分钟后，如无晶体析出，可用玻璃棒摩擦试管的内壁，观察 $KHC_4H_4O_6$晶体的生成。

从以上实验现象，你对碱金属盐的溶解性能得出什么结论。

（2）碱土金属难溶盐：

①草酸盐。分别向 $MgCl_2$、$CaCl_2$、$BaCl_2$溶液中滴加饱和的（$(NH_4)_2C_2O_4$溶液，观察生成沉淀的颜色，经离心分离后，分别试验沉淀与 2mol · L^{-1} HAc 和 2mol · L^{-1} HCl 的作用。

②铬酸盐。用 K_2CrO_4溶液代替饱和的 $(NH_4)_2C_2O_4$溶液，重复①的操作，观察现象。

③碳酸盐。用 Na_2CO_3溶液代替 $(NH_4)_2C_2O_4$溶液，重复①的操作，观察现象。

若用 5 滴 1mol · L^{-1} NH_3 · H_2O + 5 滴 0.5mol · L^{-1} $(NH_4)_2CO_3$ + 2 滴3mol · L^{-1} NH_4Cl 溶液代替 Na_2CO_3溶液重做上述实验，观察是否有沉淀生成，为什么？

④硫酸盐：分别向 $MgCl_2$、$CaCl_2$和 $BaCl_2$溶液加 Na_2SO_4溶液，观察沉淀的颜色，并试验沉淀是否溶于浓 HNO_3。

根据上述实验现象：

A. 将沉淀及颜色填入表 4 - 4 中。

表 4 - 4　　离子的沉淀及颜色

试　剂	离子的沉淀及颜色		
	Mg^{2+}	Ca^{2+}	Ba^{2+}
$(NH_4)_2C_2O_4$溶液			
K_2CrO_4溶液			
Na_2CO_3溶液			
NH_3 · H_2O + NH_4Cl 溶液 + $(NH_4)_2CO_3$溶液			
Na_2SO_4溶液			

B. 讨论各难溶盐溶于酸的情况，并写出有关反应的离子方程式。

⑤磷酸铵镁的生成。于 0.5mL $MgCl_2$ 溶液中加入数滴 2mol · L^{-1} HCl 溶液和 2 滴 Na_2HPO_4溶液，最后滴加 2mol · L^{-1} NH_3 · H_2O，振荡试管，观察白色 $Mg(NH_4)PO_4$晶体的生成并写出反应式。

选做部分

(1) 焰色反应。用一端弯成小圈的镍丝浸沾浓 HCl，在灯的氧化焰中灼烧，反复几次直至火焰接近无色，然后分别浸沾 0.5mol · L^{-1}的 LiCl、NaCl、KCl、$MgCl_2$、$CaCl_2$、$SrCl_2$和 $BaCl_2$溶液，并在灯的氧化焰中灼烧，观察各自的颜色（观察 K^+的焰色应通过钴玻璃）。

(2) 未知液的分析。混合液中可能含有 K^+、Mg^{2+}、Ca^{2+}和 Ba^{2+}，试设计出分离和鉴定有关离子的方案，并试验之。

提示：

(1) 可根据有关盐的溶解性设计分离步骤，并用焰色反应或其他特征反应鉴定各离子是否存在。

(2) 可取 1mL 未知液于离心试管中进行试验，每当沉淀生成，一定要离心分离，将清液倒入另一离心试管中，然后分别往下面继续试验。

问题与讨论

(1) 为什么在试验 $Mg(OH)_2$、$Ca(OH)_2$和 $Ba(OH)_2$的溶解度时，所用的 NaOH 溶液必须是新配的？如何配制不含 CO_3^{2-}的 NaOH 溶液？

(2) $MgCl_2$溶液和 $NH_3 \cdot H_2O$ 反应生成 $Mg(OH)_2$和 NH_4Cl，但 $Mg(OH)_2$沉淀又能溶于 3mol · $L^{-1}$$NH_4Cl$ 溶液，试从平衡移动的原理加以解释。

(3) 在分析未知液时，若要沉淀碳酸盐，为什么采用 $NH_3 \cdot H_2O$ + $(NH_4)_2CO_3$溶液 + NH_4Cl 溶液（适量）？Mg^{2+}能被沉淀吗，为什么？

(4) 如何从 $CaCO_3$和 $BaCO_3$沉淀中分离 Ca^{2+}与 Ba^{2+}？根据是什么？

实验三十　卤素及其化合物

实验目的

（1）理解次氯酸盐和氯酸盐的制备原理，掌握卤素的歧化反应和卤素含氧酸盐的氧化性。

（2）练习有关制备仪器的安装使用。

（3）学习和掌握 Cl^-、Br^- 和 I^- 混合离子的分离与鉴定方法。

实验提要

关于卤素化合物的酸碱性质、配位性质等内容已分散在其他有关实验中练习了，本实验着重掌握卤素（除氟外）及其化合物的氧化还原性质。

除了 X^- 外，卤素的任何形态均有较强的氧化性，在酸性溶液中其含氧酸表现得更突出。常见的还原剂如：H_2S、H_2SO_3、Sn^{2+} 和 Fe^{2+}（对 Fe^{2+} 来说，I_2 除外）等均能将其还原成 X^-。例如：

$$H_2S + I_2 = 2I^- + S\downarrow + 2H^+$$

$$2ClO_3^- + 5SO_3^{2-} + 2H^+ = Cl_2\uparrow + 5SO_4^{2-} + H_2O$$

卤素及其化合物之间的氧化还原反应主要有置换和倒置换反应，歧化和逆歧化反应及分解反应等。

常见的卤素置换和倒置换反应有：

$$X_2 + 2(X')^- = 2X^- + X'_2 \qquad \text{（X 比 X' 的电负性大）}$$

$$Cl_2 + 2BrO_3^- = 2ClO_3^- + Br_2$$

$$I_2 + 2XO_3^- = 2IO_3^- + X_2 \qquad (X = Cl、Br)$$

常见的卤素歧化和逆歧化反应有：

$$X_2 + H_2O \rightleftharpoons H^+ + X^- + HXO \qquad (X = Cl、Br、I)$$

$$3HXO \overset{\triangle}{\rightleftharpoons} 3H^+ + 2X^- + XO_3^- \qquad (X = Cl、Br、I)$$

$$4KXO_3(s) \overset{\triangle}{=} KX(s) + 3KXO_4(s) \qquad (X = Cl)$$

常见的卤素含氧酸及其盐的热分解反应有：

$$2HXO \xrightarrow{光} 2HX + O_2\uparrow \qquad (X = Cl、Br、I)$$

$$26HClO_3 \overset{\triangle}{=} 10HClO_4 + 8Cl_2\uparrow + 15O_2\uparrow + 8H_2O$$

$$2KClO_3(s) \xrightarrow[\triangle]{催化剂} 2KCl(s) + 3O_2(g)$$

$$KClO_4(s) \xrightarrow{610℃} KCl(s) + 2O_2(g)$$

卤素单质间常见的氧化还原反应有：

$$5Cl_2 + X_2 + 6H_2O \xlongequal{\quad} 10Cl^- + 2XO_3^- + 12H^+ \qquad (X = I)$$

综上所述，卤素的含氧化物均不太稳定，常发生歧化分解，或分解放出氧气。现以氯为例，概括其化合物的基本性质及其间的转化关系：

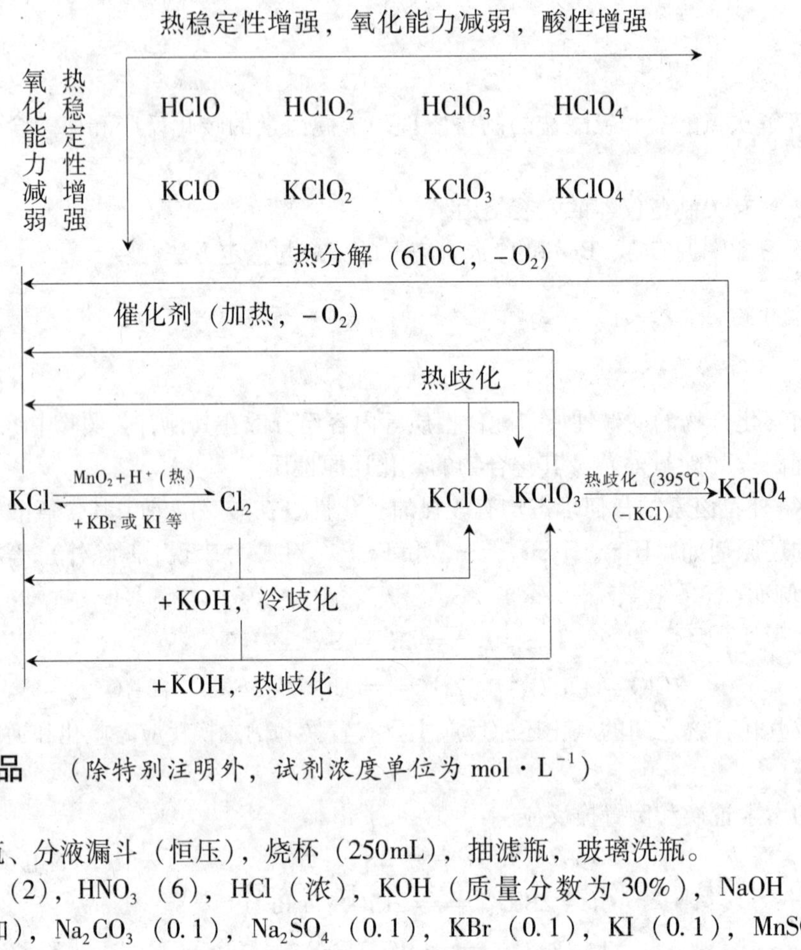

仪器和药品　（除特别注明外，试剂浓度单位为 mol · L^{-1}）

蒸馏瓶、分液漏斗（恒压），烧杯（250mL），抽滤瓶，玻璃洗瓶。

H_2SO_4（2），HNO_3（6），HCl（浓），KOH（质量分数为 30%），NaOH（3），NaCl（0.1，饱和），Na_2CO_3（0.1），Na_2SO_4（0.1），KBr（0.1），KI（0.1），$MnSO_4$（0.1），$AgNO_3$（0.1），NH_4CO_3（质量分数为 12%），$KMnO_4$(s)，KI(s)，KBr(s)，NaCl(s)，I_2(s)，Cl_2（水，新鲜配制），品红溶液，Zn（粉），CCl_4，KI—淀粉试纸，$Pb(Ac)_2$ 试纸，玻璃丝，冰。

实验内容

用表格报告下列实验结果，解释实验现象时，若涉及化学反应，均要求写出反应方程式。

1. 卤离子 X^- 的还原性

往盛有少量（绿豆大小，下同）KI 固体的试管中加入数滴 H_2SO_4（浓），观察反应产物的颜色和状态。把湿的醋酸铅试纸放在试管口，检验气体产物（H_2SO_4的还原产物）。

分别用 KBr 和 NaCl 固体代替 KI 做上述试验，用 I_2—淀粉试纸代替醋酸铅试纸检验气体产物。判断 H_2SO_4是否被还原并比较其还原程度。

2. 碘的溶解性

取少量碘晶体放在洁净的试管中，加入 2mL 蒸馏水，摇荡试管，观察溶液的颜色。再加入几滴 KI 溶液，摇匀，观察溶液颜色的变化。把溶液分成两份，其中一份加入数滴 CCl_4，另一份加入 2 滴淀粉溶液，摇荡试管，观察溶液颜色的变化。溶液留做实验。

3. 碘的歧化、逆歧化反应

往上述两支试管中加入数滴 NaOH 溶液，摇匀观察变化，然后用稀 H_2SO_4酸化，又有什么现象。

4. 氯酸盐的氧化性

（1）取少量 $KClO_3$ 晶体，加入约 1mL 浓 HCl 溶液，观察产生的气体颜色。其反应式为：

$$8KClO_3 + 24HCl \xlongequal{} 9Cl_2 + 8KCl + 6ClO_2\text{（黄色）} + 12H_2O$$

（2）取少量 $KClO_3$晶体，加入约 1mL 水使之溶解，再加入几滴 KI 溶液和 0.5mL CCl_4，摇荡，观察现象。再加入 1mL 稀 H_2SO_4，摇荡并再观察有何变化。

（3）取少量 $KClO_3$晶体和少量 I_2（s），加入适量水使之溶解，并滴加数滴浓 H_2SO_4，微热，检验 Cl_2的生成。

5. 卤化物的配合与沉淀平衡

取几滴 NaCl 溶液，滴加 2～4 滴 $AgNO_3$溶液，待有沉淀生成，再滴加饱和 NaCl 溶液至沉淀溶解为止。将溶液分成两份，一份加水稀释，另一份滴加 KBr 溶液，观察有何变化。

6. 从混合液中检出 Cl^-、Br^-、I^-

取 1mL 混合液进行试验（可参考图 4－1 的方案），记录混合液编号和试验结果①。

---

① 混合液由实验室提供，共 4 组，每组溶液中含有 3～4 种阴离子，其中卤素离子 X^- 不少于 2 种。混合液由下列单一盐溶液混合而成：NaCl、Na_2CO_3、Na_2SO_4、KBr、KI。

学生报告试验结果时只需列出所含卤素离子，但应指出 CO_3^{2-} 和 SO_4^{2-} 离子的干扰是怎样排除的。

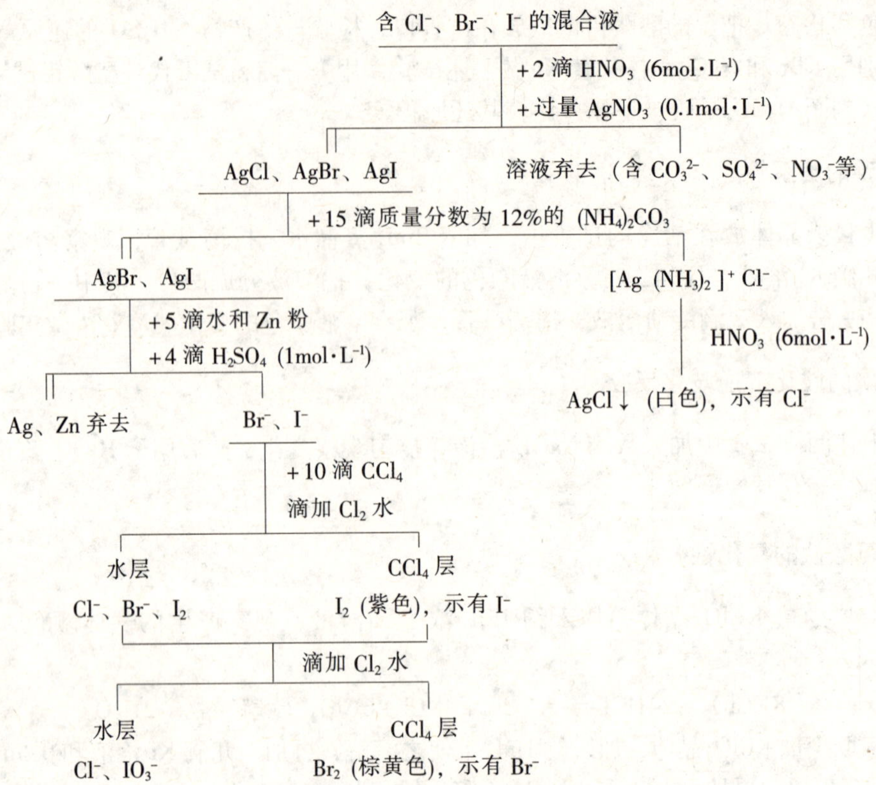

图 4－1　混合液试验的参考步骤

选做部分

1. 次氯酸盐、氯酸盐的制备

按图 4－2 所示①，在蒸馏瓶内放入 20g $KMnO_4$，分液漏斗中加入浓 HCl 35mL；A 瓶装入玻璃丝；B 瓶加入 6mol · L^{-1} KOH 溶液 20mL，B 瓶置于水浴中；C 瓶加入 20mL 3mol · L^{-1} NaOH，并置于冰浴中；尾气经稀碱液吸收，接抽气系统。连接各部分仪器，检查装置，确保系统严密。加热 B 瓶的水浴并保持近沸。开启分液漏斗活塞，使浓 HCl 缓慢而均匀地滴入蒸馏瓶中，反应生成的 Cl_2均匀地通入反应瓶 B 和 C（注意：防止 B 瓶溶液倒吸入 A 瓶，在反应后阶段，可适当加热蒸馏瓶）。当 C 瓶碱液上部呈现浅黄色时停止滴加 HCl，将 A 瓶与 B 瓶之间的导管拆开，同时迅速将 A 瓶放出的尾气通入预先准备好的另一稀碱液中，待整个实验完毕后处理。继续加热 B 瓶片刻，拆除 B 瓶、C 瓶和尾气吸收装置。

将 B 瓶溶液冷却，搅拌，待晶体析出后过滤，用少量冰水洗涤晶体一次，抽干，检查滤液中 Cl^- 的存在。所得的晶体及 C 瓶溶液分别留作下面有关实验用。

---

① 装置图中 A、B、C 瓶也可用左边图示的玻璃洗瓶代替。

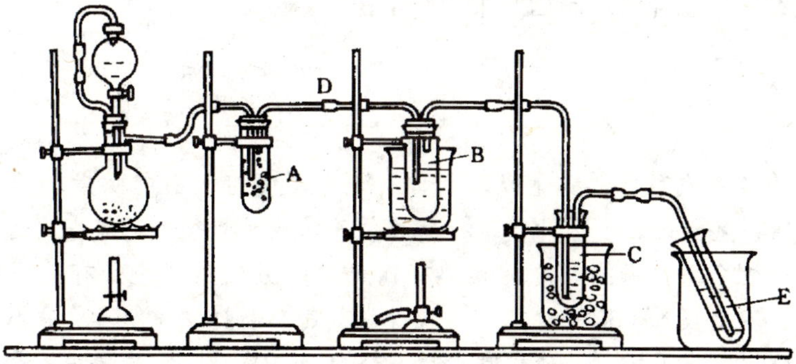

图 4－2　制备次氯酸钠和氯酸钾的装置图

记录现象，写出蒸馏瓶、B 瓶、C 瓶中所发生的化学反应方程式。

2. NaClO 的性质

用 C 瓶溶液做如下实验：

（1）检查并记录 pH 值。

（2）取少量 C 瓶溶液于洁净的试管中，用稀 H_2SO_4 酸化，在试管口检查 $Cl_2(g)$ 的生成。

（3）取数滴 KI 溶液，慢慢滴入少量 C 瓶溶液，观察 I_2 的生成（必要时先把试液酸化）。

（4）与 $MnSO_4$ 溶液作用，注意产物。

（5）与品红溶液作用，观察现象。

3. 验证实验

用实验证实从 B 瓶中得到的晶体是 $KClO_3$ 而不是 KClO（实验完毕，剩余的 $KClO_3$ 回收）。

问题与讨论

（1）使卤离子形成卤化银沉淀时，除了加入 $AgNO_3$ 沉淀剂外，为什么还需加入 HNO_3？在什么情况下可以不必加入 HNO_3？在什么情况下必须加入 HNO_3？若向一未知溶液中加入 $AgNO_3$ 时不产生沉淀，能否认为溶液中不存在卤离子？

（2）将 AgCl 与 AgBr 和 AgI 分离时为何不用氨水？试说明本实验采用 $(NH_4)_2CO_3$ 的依据和优点，并写出有关的反应方程式。

（3）两位学生（甲和乙）用同样的 C 瓶溶液与 KI 溶液反应，瞬间同样观察到有 I_2 产生，但当他们用稀 H_2SO_4 酸化各自的反应混合物时却观察到不同现象，甲：I_2 消失，并有 Cl_2 产生；乙：I_2 不消失，没有 Cl_2 生成。试分析产生这两种现象的可能原因，并写出有关的反应方程式。

（4）在什么情况下，B 瓶的溶液容易倒吸进 A 瓶？应怎样防止这种情况发生？

（5）反应结束后怎样处理蒸馏瓶中的残留物？

安全知识

（1）氯气有毒和刺激性，少量吸入人体会刺激鼻咽部，引起咳嗽和喘息；大量吸入会导致严重损害，甚至死亡。因此，进行有关氯气实验时必须在通风橱内进行。

（2）溴蒸气对气管、肺部、眼鼻喉都有强烈的刺激作用。进行有关溴的试验，应在通风橱内进行，不慎吸入溴蒸气时，可吸入少量氨气和新鲜空气解毒。液态溴具有很强的腐蚀性，能灼烧皮肤，严重时会使皮肤溃烂。移取液态溴时，需戴橡皮手套。溴水的腐蚀性虽比液溴弱些，但在使用时，也不允许直接由瓶内倒出，而应用滴管移取，以防溴水接触皮肤。如果不慎把溴水溅在手上，应及时用水冲洗，再用稀硫代硫酸钠溶液充分浸透的绷带包扎处理。

（3）氯酸钾是强氧化剂，保存不当时容易引起爆炸，它与硫、磷的混合物是炸药，因此，绝对不允许将它们混在一起。氯酸钾容易分解，不宜大力研磨、烘干或烤干。在进行有关氯酸钾的实验时，如同进行其他有强氧化性物质的实验一样，应将剩下的试剂倒入回收瓶内回收处理。

实验三十一　过氧化氢和硫的化合物

实验目的

（1）试验并了解 H_2O_2 的某些重要性质。

（2）试验并了解 S 的某些化合物的性质。

（3）掌握 S^{2-}、SO_3^{2-}、$S_2O_3^{2-}$ 和 SO_4^{2-} 的分离和鉴定方法。

实验提要

1. H_2O_2

纯的 H_2O_2 是近于无色的黏稠液体，但通常所用的是质量分数为 3% 或 30% H_2O_2 的水溶液。

H_2O_2 分子中含有过氧基（—O—O—），由于过氧基的键能较小，因此 H_2O_2 分子不稳定，特别是光照、加热和增大溶液的碱度，可加快其分解，某些重金属离子对 H_2O_2 的分解也有加速作用。在 H_2O_2 中，氧的氧化值为 -1，处于中间氧化态，因此它既有氧化性又有还原性。但在酸性介质中，其氧化性表现尤为突出。

在铬酸盐的酸性溶液中，加入 H_2O_2，则生成深蓝色的过氧化铬 $CrO(O_2)_2$：

$$HCrO_4^- + 2H_2O_2 + H^+ \xlongequal{} \underset{\text{（蓝色）}}{CrO(O_2)_2} + 3H_2O$$

$CrO(O_2)_2$ 不稳定，立即分解放出氧气并生成 Cr^{3+}，蓝色消失。

$$4CrO(O_2)_2 + 12H^+ \xlongequal{} 4Cr^{3+} + 7O_2\uparrow + 6H_2O$$

由于 $CrO(O_2)_2$ 能与某些有机溶剂如乙醚、戊醇等形成比较稳定的配合物。故此反应常用来鉴定 H_2O_2 和 Cr(Ⅵ)。

2. **硫的某些重要化合物及其性质**

硫的标准电位图 E_A^Θ/V（方括内为碱性溶液中的形态和 E_B^Θ/V）如下：

$$S_2O_8^{2-}\xrightarrow{2.01}SO_4^{2-}\xrightarrow[{[-0.93]}]{+0.17}\underset{[SO_3^{2-}]}{H_2SO_3}\xrightarrow[{[-0.57]}]{+0.4}S_2O_3^{2-}\xrightarrow[{[-0.74]}]{+0.50}S\xrightarrow[{[-0.508]}]{+0.14}\underset{[S^{2-}]}{H_2S}$$

硫的氢化物有 H_2S 和 H_2S_x（当 $x=2$ 时为过硫化氢），其相应的盐是硫化物和多硫化物。由于 S^{2-} 的半径比较大，其变形性大，与重金属离子结合为硫化物时，其化学键显共价性，难溶于水，且各硫化物有明显不同的颜色和难溶程度，故常用硫化物的生成和溶解来分离和鉴定离子。在可溶性的硫化物浓溶液中加入硫粉时，硫溶解而生成相应的多硫化物：

$$Na_2S + (x-1)S \xlongequal{} Na_2S_x$$

$$(NH_4)_2S + (x-1)S \xlongequal{} (NH_4)_2S_x$$

多硫化物在酸性溶液中很不稳定，易歧化分解为 H_2S 和 S：

$$S_2^{2-} + 2H^+ \xlongequal{} H_2S\uparrow + S$$

硫在许多化合物中，可取代氧而生成硫代化合物。常见和重要的硫代化合物有硫代硫酸钠（$Na_2S_2O_3$）和硫代乙酰胺（$CH_3—\overset{\overset{S}{\|}}{C}—NH_2$，简称 TAA）等。

由于 $S_2O_3^{2-}$ 中，两个 S 原子的平均氧化值为 +2，故 $S_2O_3^{2-}$ 具有还原性，是一个中等强度的还原剂。例如：

$$2S_2O_3^{2-} + I_2 \xlongequal{} S_4O_6^{2-} + 2I^-$$

$$S_2O_3^{2-} + 4Cl_2 + 5H_2O \xlongequal{} 2SO_4^{2-} + 8Cl^- + 10H^+$$

$S_2O_3^{2-}$ 还具有很强的配位能力，例如：

$$AgBr + 2S_2O_3^{2-} \xlongequal{} [Ag(S_2O_3)_2]^{3-} + Br^-$$

另外，$S_2O_3^{2-}$ 在强酸性溶液中（$pH < 4.6$），立即分解：

$$S_2O_3^{2-} + 2H^+ \xlongequal{} SO_2\uparrow + S\downarrow + H_2O$$

TAA 在加热时与酸或碱反应，能缓慢地释放出 H_2S 或 S^{2-}，故在分析化学中，常用来代替 H_2S 溶液或 Na_2S 溶液作为金属离子的沉淀剂（具有安全、沉淀均匀等优点）。

硫还能形成过硫酸，常见的是过二硫酸（$H_2S_2O_8$）及其盐 $K_2S_2O_8$ 或（$(NH_4)_2S_2O_8$）等。过二硫酸盐的氧化性很强。例如：

$$5S_2O_8^{2-} + 2Mn^{2+} + 8H_2O \xlongequal{Ag^+} 2MnO_4^- + 10SO_4^{2-} + 16H^+$$

3. S^{2-}、SO_3^{2-}、$S_2O_3^{2-}$ 和 SO_4^{2-} 的分离与检出

（1）SO_4^{2-} 的检出：试液用 HCl 酸化，在所得清液中加入 $BaCl_2$ 溶液，生成白色 $BaSO_4$ 沉淀，示有 SO_4^{2-} 存在。

（2）S^{2-} 的检出：试液中 S^{2-} 含量多时，可酸化试液，用 $PbAc_2$ 试纸检查 H_2S。S^{2-} 含量少时，可在碱性溶液中加入 $Na_2[Fe(CN)_5NO]$ 溶液检验。

$$S^{2-} + [Fe(CN)_5NO]^{2-} \xlongequal{} [Fe(CN)_5(NOS)]^{4-}\ （紫红色）$$

由于 S^{2-} 干扰 SO_3^{2-} 和 $S_2O_3^{2-}$ 的检出，因此在检出 SO_3^{2-} 和 $S_2O_3^{2-}$ 之前必须除去 S^{2-}。其方法是加入固体 $CdCO_3$，借助沉淀的转化，将 S^{2-} 变成 CdS 沉淀而除去。SO_3^{2-} 和 $S_2O_3^{2-}$ 则留在溶液中。

（3）$S_2O_3^{2-}$ 的检出：在除去 S^{2-} 的溶液中加入稀 HCl 并加热，溶液变浑浊，示有 $S_2O_3^{2-}$ 存在。

$$S_2O_3^{2-} + 2H^+ \xlongequal{} S\downarrow + SO_2\uparrow + H_2O$$

也可在试液中加入过量的 $AgNO_3$ 溶液，则生成白色的 $Ag_2S_2O_3$ 沉淀。此沉淀不稳定，立即水解，水解过程伴有颜色变化（白色→黄色→棕色→黑色）。

$$Ag_2S_2O_3 + H_2O = Ag_2S + SO_4^{2-} + 2H^+$$

(4) SO_3^{2-}的检出：$S_2O_3^{2-}$干扰SO_3^{2-}的检出，故在检出SO_3^{2-}之前应把它除去。方法是在除去S^{2-}的溶液中加入$SrCl_2$溶液，因$SrSO_3$和$SrSO_4$的溶解度很小而生成沉淀，而$S_2O_3^{2-}$留在溶液中，过滤后，在沉淀中加HCl，并滴入I_2—淀粉溶液，若溶液褪色，则示有SO_3^{2-}存在。

S^{2-}、SO_3^{2-}、$S_2O_3^{2-}$和SO_4^{2-}混合离子的分离与检出步骤如图4－3所示。

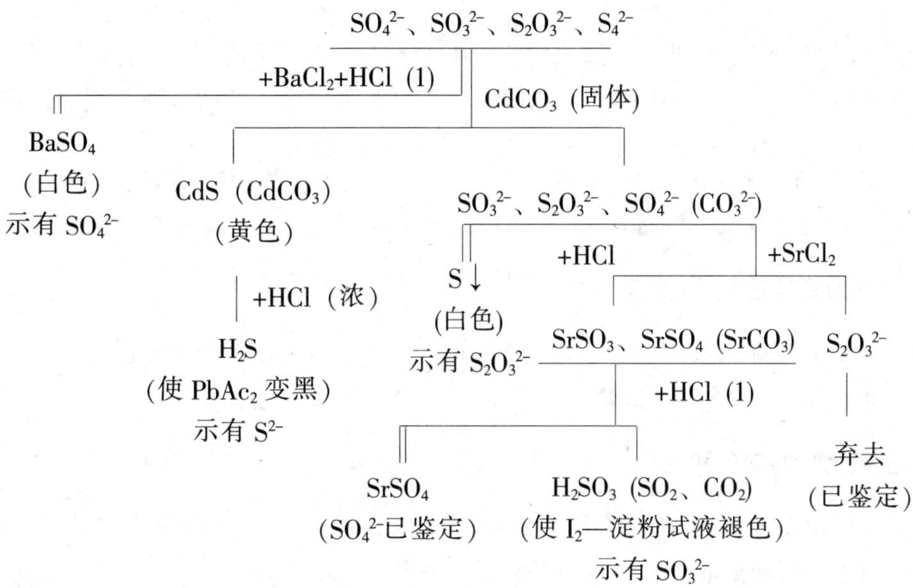

图4－3 混合离子的分离与检出

仪器和药品 (除特别注明外，试剂浓度单位为mol · L^{-1})

离心机，刻度离心试管，酒精灯。

$MnSO_4$ (0.1)，$K_2Cr_2O_7$ (0.1)，Na_2SO_4 (0.1)，Na_2S (0.1)，$(NH_4)_2S$ (饱和，新配制)，$AgNO_3$ (0.1)，H_2O_2 (质量分数为3%)，$Na_2S_2O_3$(0.1)，Na_2SO_3(0.1)，$ZnSO_4$ (0.1)，$CdSO_4$ (0.1)，$FeCl_3$ (0.1)，TAA (质量分数为5%)，$Na_2[Fe(CN)_5NO]$ (质量分数为1%)，HCl (6，2，1)，H_2SO_4 (2)，NaOH (2)，$NH_3 \cdot H_2O$ (2)，汞，乙醚，硫粉，碘水，$K_2S_2O_8$(s)，MnO_2(s)，pH试纸，Pb(Ac)$_2$试纸。

实验内容

在解释下列实验现象时，若涉及化学反应，均要求写出方程式。

1. H_2O_2的性质

(1) H_2O_2的分解：4支试管各加入质量分数为3%的H_2O_2溶液2mL，然后在第1支试管中加入数滴 2mol · L^{-1} NaOH 溶液；在第 2 支试管中加入数滴 $FeCl_3$溶液；在第 3 支试管中加入几粒 MnO_2；第 4 支试管留作比较。将 4 支试管同时放在水浴上加热，观察并比较各试管中 H_2O_2分解的情况。

（2）H_2O_2的氧化还原性：

①在 1mL 质量分数为 3% 的 H_2O_2溶液中，加入数滴 $MnSO_4$溶液，然后滴加 2mol · L^{-1} NaOH 溶液，观察现象。最后再滴加 1mol · L^{-1} H_2SO_4溶液酸化，又发生什么变化？解释现象。

②在一只 50 mL 小烧杯中，加入约 20 mL 质量分数为 3% 的 H_2O_2溶液，再放入一小颗汞（黄豆般大小），观察 H_2O_2在汞表面分解和汞表面的变化（由教师做演示实验）。解释现象。

（3）H_2O_2的鉴定：在一试管中加入 1mL 质量分数为 3% 的 H_2O_2溶液，加数滴乙醚和数滴 2mol · $L^{-1}$$H_2SO_4$，再滴加 $K_2Cr_2O_7$溶液，振荡试管，观察溶液和乙醚层颜色的变化。

2. H_2S 的还原性和 S^{2-} 的鉴定

（1）在试管中加入数滴 Na_2SO_3溶液和 Na_2S 溶液，然后用稀硫酸酸化。

（2）取少量 Na_2S 溶液，试验 S^{2-} 与 $Na_2[Fe(CN)_5NO]$ 的作用。

3. 多硫化物的制备和性质

将少量的硫粉加入饱和的 $(NH_4)_2S$ 溶液中，加热至沸，观察硫粉的溶解及溶液颜色的变化。将上述溶液离心分离，取少量清液，逐滴加入 6mol · L^{-1}HCl 溶液，观察现象，并检验 H_2S 气体的生成。

4. 硫代硫酸盐的性质

（1）取 1mL$Na_2S_2O_3$溶液，滴加 1 ~ 2 滴 $AgNO_3$，振荡试管，观察现象。

（2）取 2 ~ 3 滴 $AgNO_3$溶液，逐滴加入 $Na_2S_2O_3$溶液，观察变化。

（3）往 $Na_2S_2O_3$溶液中滴加碘水，观察溶液颜色的变化。

（4）往 $Na_2S_2O_3$溶液中滴加 2mol · L^{-1}HCl 溶液，观察现象。

5. 过二硫酸盐的氧化性

在试管中加入 1 滴 $MnSO_4$溶液和 5mL 3mol · $L^{-1}$$H_2SO_4$溶液，混匀后分成两份。

（1）往一份溶液中加入 1 滴 $AgNO_3$溶液和少量 $K_2S_2O_8$固体，微热之，观察溶液颜色的变化。

（2）往另一份溶液中只加少量 $K_2S_2O_8$固体，微热之，观察溶液颜色有无变化。

比较上面两个实验的结果并解释之。

选做部分

1. S^{2-}、SO_3^{2-}、$S_2O_3^{2-}$和SO_4^{2-}混合离子的分离与检出

提示：

（1）混合溶液由实验室提供，共4组，每组含3～4种上述阴离子。注意记录混合液的编号。

（2）取2mL混合液，按“实验提要”的分离检出图示进行试验，并记录结果。如有必要，可与单一离子做对照试验。

2. CdS和ZnS的分离

在离心试管中，加入$ZnSO_4$溶液和$CdSO_4$溶液各4滴，用2mol·L^{-1} $NH_3 \cdot H_2O$调节pH=4，并加蒸馏水稀释到2.5mL，然后再加入1mL 1mol·L^{-1} HCl溶液和1.5mLTAA溶液。在沸水浴中加热10～15min，观察黄色沉淀的生成。溶液冷却至室温，离心分离。溶液转移至另一离心试管，用$NH_3 \cdot H_2O$调节pH=9，再次在沸水浴中加热5～10min，观察白色沉淀的生成。离心分离，弃去清液，沉淀用含NH_4Cl的水溶液洗涤1次，向沉淀逐滴加入稀HCl，观察沉淀的溶解，并检验是否有H_2S逸出。

问题与讨论

（1）为什么H_2O_2既可作氧化剂又可作还原剂？在什么条件下，H_2O_2可将Mn^{2+}氧化为MnO_2？在什么条件下，MnO_2又能将H_2O_2氧化而产生O_2？

（2）长久放置的H_2S、Na_2S和Na_2SO_3溶液会发生什么变化？为什么？

（3）试验室用酸分解FeS以制备H_2S时，应选用什么酸（HCl、HNO_3或浓H_2SO_4）？为什么？

（4）$Na_2S_2O_3$溶液与$AgNO_3$溶液反应时，为什么有时生成Ag_2S沉淀，而有时却生成$[Ag(S_2O_3)_2]^{3-}$配离子？

（5）在鉴定$S_2O_3^{2-}$和SO_3^{2-}之前，如何除去S^{2-}的干扰？

（6）在混合离子的分离和检出实验中，怎样使SO_3^{2-}和$S_2O_3^{2-}$分离？

（7）通过计算说明，用H_2S饱和水溶液分离Cd^{2+}和Zn^{2+}时，溶液的酸度应控制在什么范围才能使两种离子顺利地沉淀分离？（有关数据查附表）

安全知识

硫化氢具有强烈的臭鸡蛋气味，是毒性较大的气体。主要引起中枢神经系统中毒，与呼吸酶中的铁质结合使酶活性减弱，造成黏膜损害及呼吸系统损害。轻度产生头晕、头痛、呕吐，严重时可引起昏迷，意识丧失，窒息而致死亡。因此，凡涉及硫化氢参与的反应都应在通风橱内进行。

实验三十二 氮和磷

实验目的

（1）试验并了解氮、磷的某些重要化合物的性质。

（2）掌握铵离子、硝酸根、亚硝酸根、磷酸根、焦磷酸根和偏磷酸根的鉴定方法和原理。

实验提要

在掌握这两个元素的化合物性质时，应注意与氧、硫相比较，掌握其异同点，并从它们所在周期表中的位置及原子结构上的相似性和不同点加以理解。

1. NH_3、N_2H_4与 H_2O、H_2O_2

NH_3、N_2H_4（联氨）与 H_2O、H_2O_2一样，存在分子间氢键，它们与同族其他元素的氧化物相比，具有特别高的沸点。NH_3和 N_2H_4是弱碱，H_2O_2是弱酸，H_2O 作为溶剂，显中性。NH_3和 H_2O 一样，对金属离子有很强的配位能力和溶剂化能力。联氨和过氧化氢有相似的氧化还原性质，例如 N_2H_4和 H_2O_2既可作氧化剂，又可作还原剂，不论在酸性还是碱性介质中，它们都易发生歧化分解，尤其是在受热的情况下：

$$3N_2H_4 \xlongequal{250℃} 4NH_3 + N_2\uparrow$$

$$2H_2O_2 \xlongequal{\quad} 2H_2O + O_2\uparrow$$

2. 铵盐

（1）NH_4^+ 与 K^+ 和 Rb^+ 的电荷相同，离子半径相近（分别为 143pm、133pm、148pm），故铵盐与钾盐和铷盐的晶型相同，溶解度也相近。

（2）所有的铵盐都发生一定程度的水解：

$$2NH_4^+ + SO_4^{2-} + H_2O \rightleftharpoons 2NH_3 \cdot H_2O + HSO_4^- + H^+$$

$$2NH_4^+ + CO_3^{2-} + H_2O \rightleftharpoons 2NH_3 \cdot H_2O + H_2CO_3$$

$$NH_4^+ + AlO_2^- + H_2O \rightleftharpoons NH_3\uparrow + Al(OH)_3\downarrow$$

（3）铵盐的热稳定性都较差。铵盐的热分解按组成铵盐的酸的性质及分解条件的不同，其分解产物不同。总的说来，若酸是无氧化性的挥发酸（如 HCl），则分解产物氨和酸一起挥发，遇冷又结合成盐；若酸的氧化性很弱且难挥发（如 H_3PO_4、H_2SO_4），则氨挥发，酸或酸式盐留下来；若相应的酸（如 HNO_3、HNO_2、$H_2Cr_2O_7$）有氧化性，则分解产生的 NH_3会立即被氧化，产物视反应条件而异，一般是氨被氧化为氮气。

3. 氮的含氧酸及其盐

HNO_2和HNO_3都是较强的氧化剂。硝酸作为氧化剂时，其还原产物是多种多样的。通常稀HNO_3被还原为NO（活泼金属把稀HNO_3还原成NH_4^+），浓HNO_3被还原为NO_2。冷的浓HNO_3会使某些金属（Ti、V、Cr、Al、Fe、Co、Ni等）钝化。亚硝酸HNO_2很不稳定，很容易发生歧化分解：

$$2HNO_2 = NO_2\uparrow + NO\uparrow + H_2O$$

当遇上强氧化剂时，亚硝酸或亚硝酸盐表现出还原性：

$$2MnO_4^- + 5HNO_2 + H^+ = 2Mn^{2+} + 5NO_3^- + 3H_2O$$

$$2MnO_4^- + NO_2^- + 2OH^- = 2MnO_4^{2-} + NO_3^- + H_2O$$

亚硝酸盐的热稳定性一般比硝酸盐强。硝酸盐热分解产物随金属元素活泼性的不同而不同。

4. 磷的含氧酸及其盐

磷酸容易通过分子间缩水而形成环状或链状的多磷酸。链状的多磷酸通式为$H_{n+2}P_nO_{3n+1}$，随着链增长（$n=16\sim90$），就成为高分子多磷酸，常称为高聚磷酸。

磷酸根有较强的配位（螯合）能力。例如，借助可溶的无色配合物$H_3[Fe(PO_4)_2]$或$H[Fe(HPO_4)_2]$的形成，可以掩蔽Fe(Ⅲ)。在锅炉水中加入可溶性的磷酸二氢钠（加热后生成格雷恩盐），它可与水中所含的Ca^{2+}、Mg^{2+}等离子形成可溶性的螯合物，从而防止了锅炉水垢的产生。焦磷酸盐作为重要的电镀液用于无氰电镀，主要是因为它对金属有很强的配位能力。

与多元酸分级离解相对应，易溶的多元酸盐发生分级水解。相应的盐有正盐和酸式盐。在难溶盐中，正盐的溶解度最小。

所有磷酸盐的热稳定性都较强。

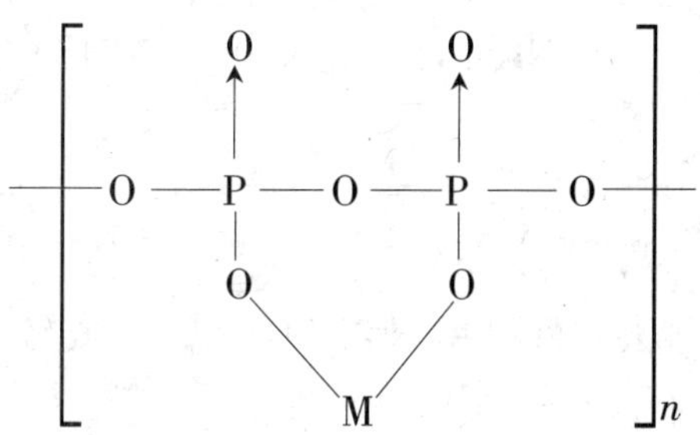

M=Ca、Mg、Fe、Cu

$n=15\sim45$

5. 有关离子的鉴定

（1）NH_4^+的鉴定（气室法）：于一表面皿上盛试液，并加入浓NaOH。在另一表面皿上贴上一条润湿的红色石蕊试纸或浸有奈斯勒试剂（$K_2[HgI_4]+KOH$）的滤纸，立即盖在第一块表面皿上形成气室。若试纸变蓝或滤纸变成棕黄色，示有NH_4^+存在。其反应式为：

$$NH_4^+ + OH^- \xlongequal{} NH_3\uparrow + H_2O$$

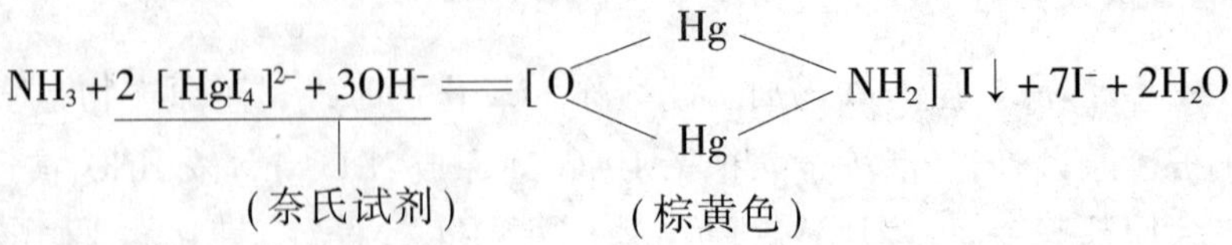

（2） NO_2^- 和 NO_3^- 的鉴定：

①棕色环法：取试液加入固体 $FeSO_4$，使其大部分溶解。若加入 HAc 后，溶液呈棕色，示有 NO_2^- 存在；若加入浓 H_2SO_4，在浓 H_2SO_4 与试液分界处出现棕色环，则示有 NO_3^- 存在。

$$2NO_2^- + 2H^+ \xlongequal{} 2HNO_2 \xlongequal{} NO + NO_2 + H_2O$$

$$NO_3^- + 3Fe^{2+} + 4H^+ \xlongequal{} NO + 3Fe^{3+} + 2H_2O$$

$$NO + Fe^{2+} \xlongequal{} FeNO^{2+}\ （棕色）$$

②对氨基苯磺酸—α—萘胺法：NO_2^- 在醋酸溶液中，能使对氨基苯磺酸重氮化，然后与α—萘胺生成粉红色偶氮染料。当 NO_2^- 浓度大时，粉红色很快褪去，并产生褐色沉淀。

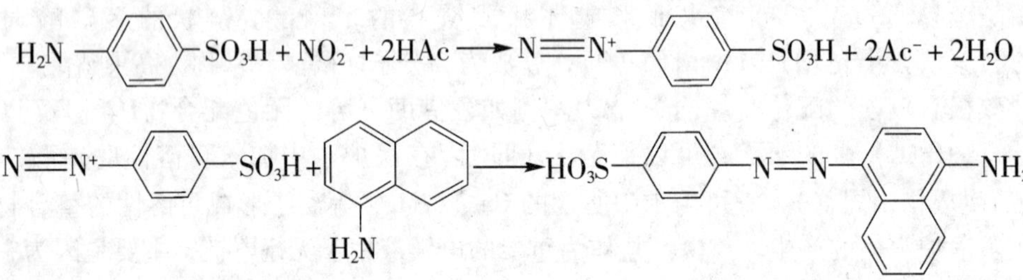

如果 NO_2^- 不存在时，要鉴定 NO_3^-，可先将 NO_3^- 用 Zn 粉还原为 NO_2^-，再用上述方法检验。

③二苯胺法：将试液以 H_2SO_4 酸化，加二苯胺的浓 H_2SO_4 溶液，有 NO_3^- 存在时，溶液变深蓝色。

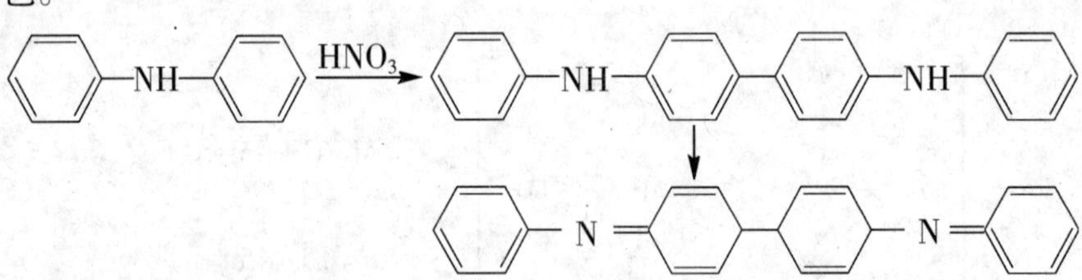

此反应受 NO_2^- 的干扰，必须先除去。可以用尿素 $CO(NH_2)_2$ 或铵盐 NH_4Cl 破坏 NO_2^-。其反应式为：

$$2NO_2^- + 2H^+ + CO(NH_2)_2 \xlongequal{} 2N_2\uparrow + CO_2\uparrow + 3H_2O$$

$$HNO_2 + NH_4^+ \xlongequal{} N_2\uparrow + H^+ + 2H_2O$$

（3） PO_4^{3-}、$(PO_3)_n^{n-}$ 和 $P_2O_7^{4-}$ 的鉴别：

①钼酸铵法：PO_4^{3-}、$(PO_3)_n^{n-}$ 和 $P_2O_7^{4-}$ 在酸性溶液中都能与 $(NH_4)_2MoO_4$ 生成黄色的磷钼酸铵沉淀。

$$PO_4^{3-} + 3NH_4^+ + 12MoO_4^{2-} + 24H^+ \xlongequal{} (NH_4)_3PO_4\cdot 12MoO_4\cdot 6H_2O\downarrow + 6H_2O$$

SiO_3^{2-} 也发生类似反应，生成黄色硅钼酸铵沉淀（可溶于浓 HNO_3）。强还原剂可将钼酸根还原成低价态的蓝色产物。大量的 Cl^- 可与 Mo(Ⅵ) 配位，从而降低鉴定的灵敏性。因此，上述反应必须在加热以及钼酸铵过量几倍和浓 HNO_3 存在下进行较为有利。

②Ag^+ 盐法：PO_4^{3-} 与 Ag^+ 形成黄色的 Ag_3PO_4 沉淀；$(PO_3)_n^{n-}$ 和 $P_2O_7^{4-}$ 都与 Ag^+ 形成白色的 $AgPO_3$ 和 $Ag_4P_2O_7$ 沉淀。但是，由于 $(PO_3)_n^{n-}$ 的强吸水性，可破坏蛋白质的水化膜，能使蛋白质沉聚，而 $P_2O_7^{4-}$ 则不能。

仪器和药品　（除特别注明外，试剂浓度单位为 $mol \cdot L^{-1}$）

温度计，酒精灯，离心机。

$NaNO_2$ (0.1)，$NaNO_3$ (0.1)，$AgNO_3$ (0.1)，Na_3PO_4 (0.1)，NaH_2PO_4 (0.1)，Na_2HPO_4 (0.1)，$Na_4P_2O_7$ (0.1)，$NaPO_3$ (0.1)，KI (0.1)，$CuSO_4$ (0.1)，$FeSO_4$ (0.1，s)，NaCl (0.1)，$CaCl_2$ (0.1)，NH_4Cl (0.1)，HNO_3 (浓，2)，H_2SO_4 (浓，1)，HAc (2)，HCl (2)，$KMnO_4$ (0.01)，奈氏试剂，新鲜鸡蛋白溶液，尿素，NH_4Cl(s)，$(NH_4)_2SO_4$(s)，$(NH_4)_2Cr_2O_7$(s)，$NaNO_3$(s)，$Cu(NO_3)_2$(s)，$AgNO_3$(s)，Zn 片，红磷，I_2(s)，pH 试纸，石蕊试纸，对氨基苯磺酸，α—萘胺，二苯胺，钼酸铵试剂。

实验内容

解释实验现象时，若涉及化学反应，均要求书写反应方程式。

1. 铵盐和硝酸盐的热分解

(1) 铵盐的热分解：在水平放置的干燥试管中放入约 1g NH_4Cl(s)，并用干的玻璃棒将其压紧，在试管口贴一条湿润的红色石蕊试纸，并将试管夹稳，均匀加热试管底部，观察试纸颜色的变化。在较冷的试管壁上附着的白霜物质是什么？解释现象。

分别用 $(NH_4)_2SO_4$(s) 和 $(NH_4)_2Cr_2O_7$(s) 代替 NH_4Cl(s) 重复上述实验，观察比较它们的热分解产物。

(2) 硝酸盐的热分解：分别试验 $NaNO_3$(s)、$Cu(NO_3)_2$(s) 和 $AgNO_3$(s) 的热分解，用火柴余烬检验反应生成的气体，说明这 3 种硝酸盐热分解产物的异同。

2. 硝酸盐的氧化性

取一小块 Zn 片于试管中，加入数滴 $2mol \cdot L^{-1}$ HNO_3 溶液，放置几分钟，取出少量反应后的溶液，设法检验反应产生的 NH_4^+。

3. 亚硝酸盐的氧化还原性

(1) 取数滴 KI 溶液于试管中，用稀 H_2SO_4 酸化，然后逐滴加入 $NaNO_2$ 溶液，观察现象。微热试管，又有何变化。

(2) 用 $KMnO_4$ 溶液代替 KI 溶液，按上法试验，观察现象。

4. NO_2^-和NO_3^-的鉴定

（1）在点滴板上加1滴试液，用$2mol \cdot L^{-1}$HAc酸化，依次加入对氨基苯磺酸和α—萘胺各1滴，生成粉红色染料，示有NO_2^-存在。取10滴$0.1mol \cdot L^{-1}$ $NaNO_3$于试管中，加入一小粒$FeSO_4$(s)，振荡，溶解后，沿着试管壁加入浓H_2SO_4，不要振荡，观察浓H_2SO_4和试液交界处有无棕色环出现，有棕色环，则有NO_3^-存在。

（2）各取4滴$NaNO_2$和$NaNO_3$溶液于同一试管中，加入少量尿素（s），用稀H_2SO_4酸化，于沸水浴中加热5min，待溶液冷却后，检查NO_2^-是否除尽，若已除净，则取该溶液分别用二苯胺法和棕色环法检验NO_3^-的存在。

5. 正磷酸盐的性质

（1）分别检验Na_3PO_4、Na_2HPO_4、NaH_2PO_4水溶液的pH值。

（2）分别取上述溶液各5滴，加入等量的$AgNO_3$溶液，检验沉淀后溶液pH值的变化，解释之，并试验沉淀是否溶于稀HNO_3。

（3）分别取上述溶液各5滴，加入等量的$CaCl_2$溶液若干滴，观察现象。滴加$2mol \cdot L^{-1}$ $NH_3 \cdot H_2O$，有何变化？再滴加$2mol \cdot L^{-1}$ HCl，又有何变化？比较$Ca_3(PO_4)_2$、$CaHPO_4$、$Ca(H_2PO_4)_2$的溶解性及其相互转化的条件。

（4）取5滴NaH_2PO_4溶液于试管中，加入0.5mL浓HNO_3和约1mL钼酸铵试剂，水浴加热2～3min，观察现象。

选做部分

1. 磷酸及焦磷酸盐的配位性

（1）在两支试管中各取0.5mL $FeSO_4$溶液，其中一支加入1mL 1∶1的H_2SO_4溶液（自配）；另一支加入1mL 1∶1的H_3PO_4溶液（自配），然后分别滴加10滴$KMnO_4$溶液，比较两溶液的颜色，并解释之。

（2）取$CuSO_4$溶液2～3滴，逐滴加入$Na_4P_2O_7$溶液中，观察浅蓝色沉淀的生成，继续滴加$Na_4P_2O_7$溶液至沉淀溶解。其反应式为：

$$2Cu^{2+} + P_2O_7^{4-} = Cu_2P_2O_7 \downarrow$$

$$Cu_2P_2O_7 + 3P_2O_7^{4-} = 2\ [Cu(P_2O_7)_2]^{6-}$$

2. PO_4^{3-}、$(PO_3)_n^{n-}$和$P_2O_7^{4-}$的鉴别

有3瓶试剂Ⅰ、Ⅱ、Ⅲ，可能是PO_4^{3-}、$(PO_3)_n^{n-}$和$P_2O_7^{4-}$的钠盐，试设法将它们鉴别出来。

3. 碘化磷的生成和水解性质（在通风橱内进行实验）

在干燥的大试管中装有粉状的碘及干燥的红磷［$V(I_2):V(P)=1:6$］，稍微加热试

管，并向试管内滴加少量水，检验是否有 HI 气体生成。

问题与讨论

（1）指出下列分子在气相中扩散速度快慢的次序：$NH_3(g)$、$CO_2(g)$、$HCl(g)$，并说明为什么？

（2）试比较磷酸钠盐（正盐和酸式盐）与 Ag^+ 和 Ca^{2+} 沉淀的异同点。

（3）怎样消除 NO_2^- 对鉴定 NO_3^- 的影响？

（4）试举出氮化合物歧化反应的两三例（用方程式表示）。

（5）设计 3 种区别亚硝酸钠和硝酸钠的方案。

（6）为什么磷酸盐能防止锅炉形成“水垢”？

（7）总结鉴定和区别 PO_4^{3-}、$(PO_3)_n^{n-}$ 和 $P_2O_7^{4-}$ 的方法。

（8）用钼酸铵检验 PO_4^{3-} 时，为什么强调必须在加热及有过量几倍的沉淀剂和浓 HNO_3 存在下进行反应？

安全知识

（1）除 N_2O 外，所有氮的氧化物都有毒，其中尤以 NO_2 为甚。在大气中 NO_2 的允许含量为每升空气不得超过 0.005mg。目前 NO_2 中毒尚无特效药物治疗，一般只能输入氧气以帮助呼吸和血液循环。NO_2 主要对人体造成黏膜损害引起肿胀充血；呼吸系统损害引起各种炎症；神经系统损害引起眩晕、无力、痉挛、面部发绀等；造血系统损害、破坏血红素等。吸入高浓度的氮氧化物将迅速出现窒息以致死亡。因此，凡涉及氮氧化物生成的反应均应在通风橱内进行。

（2）实验室常见的磷有白磷和红磷。红磷毒性较小，白磷为蜡状结晶体，燃点为 45℃，在空气中易氧化，毒性很大，常保存于水中或油中。磷化氢是无色、恶臭、剧毒的气体。$PCl_3(l)$ 和 $PCl_5(s)$ 都有腐蚀性，使用时应注意。

实验三十三　锡、铅、锑、铋的化合物

实验目的

（1）试验并了解锡、铅、锑和铋氢氧化物的酸碱性。

（2）试验并了解锡(Ⅱ)盐、锑(Ⅲ)盐和铋(Ⅲ)盐的水解作用。

（3）试验并了解锡(Ⅱ)盐的还原性和铅(Ⅳ)、铋(Ⅲ)、铋(Ⅴ)的氧化性及其在离子鉴定中的应用。

（4）试验锡、铅、锑和铋难溶盐的生成和性质。

实验提要

锡和铅有氧化态为 +2 和 +4 两系列的氧化物和氢氧化物，锑和铋也有氧化态为 +3 和 +5 两系列的氧化物和氢氧化物，这些氢氧化物都具有两性。但一般说来，低氧化态的氢氧化物呈两性偏碱，而高氧化态的氢氧化物则呈两性偏酸，如原锑酸 $H[Sb(OH)_6]$（简称为锑酸 H_3SbO_4）。但目前仍未制得氧化态为 +5 的铋酸。

基于上述氢氧化物酸碱性的情况，它们相应的盐均发生不同程度的分级水解，水解的产物为碱式盐、酰基盐或氢氧化物。例如：

$$SnCl_2 + H_2O = Sn(OH)Cl\downarrow + HCl$$

$$SbCl_3 + H_2O = SbOCl\downarrow + 2HCl$$

$$BiCl_3 + H_2O = BiOCl\downarrow + 2HCl$$

Pb^{2+} 水解不显著。为了抑制水解，在配制这些溶液时，应加入相应的酸。

锡、铅、锑和铋的电位图 $E_A^\ominus/V$（方括号内为碱性溶液中的形态和 $E_B^\ominus/V$）如下：

$$\underset{[Sn(OH)_6]^{2-}}{Sn^{4+}} \xrightarrow[{[-0.90]}]{+0.154} \underset{[HSnO_2^-]}{Sn^{2+}} \xrightarrow[{[-0.91]}]{-0.136} Sn$$

$$\underset{[PbO_2]}{PbO_2} \xrightarrow[{[-0.248]}]{+1.455} \underset{[HPbO_2^-]}{Pb^{2+}} \xrightarrow[{[-0.54]}]{-0.126} Pb$$

$$\underset{[SbO_4^{3-}]}{H_3SbO_4} \xrightarrow[{[-0.59]}]{+0.64} \underset{[SbO_3^{3-}]}{Sb^{3+}} \xrightarrow[{[\sim -0.7]}]{\sim +0.2} Sb$$

$$Bi_2O_5 \xrightarrow{1.6} \underset{[Bi_2O_3]}{BiO^+} \xrightarrow[{[-0.46]}]{+0.32} Bi$$

$$NaBiO_3 \xrightarrow{+1.8} Bi^{3+}$$

从上列电位图可以看出，在酸性溶液中，PbO_2 和 $NaBiO_3$ 的氧化性很强，它们能将 Mn^{2+} 氧化为 MnO_4^-（用于鉴定 Mn^{2+}），将 X^- 氧化为 X_2（X = Cl、Br、I）。但相对来说，

Sb(Ⅴ) 的氧化性弱得多，只有在强酸性溶液中，才能把 I^- 氧化为 I_2，但仍不能把 Fe^{2+} 氧化为 Fe^{3+}。

在一般情况下，Sn(Ⅳ) 没有明显的氧化性，这说明 Sn(Ⅱ) 的还原能力很强，故 Sn(Ⅱ)是常用的还原剂，即使是较弱的氧化剂，如 Fe^{3+}、I_2、$HgCl_2$、Hg_2Cl_2 等也能被还原。其反应式为：

$$Sn^{2+} + 2Fe^{3+} = Sn^{4+} + 2Fe^{2+}$$

$$Sn^{2+} + I_2 = Sn^{4+} + 2I^-$$

$$Sn^{2+} + 2HgCl_2 = Sn^{4+} + Hg_2Cl_2 + 2Cl^-$$

$$Sn^{2+} + Hg_2Cl_2 = Sn^{4+} + 2Hg\downarrow + 2Cl^-$$

后两个反应是 Sn^{2+} 对 $HgCl_2$ 的分步反应，常用于鉴定 Hg^{2+}（或 Sn^{2+}）。在碱性介质中，Sn(Ⅱ) 的还原性更强，例如，通常用来鉴定 Bi^{3+} 的反应式为：

$$3SnO_2{}^{2-} + 2Bi(OH)_3 = 3SnO_3{}^{2-} + 2Bi\downarrow + 3H_2O$$

锡、铅、锑和铋的常用难溶盐主要是硫化物及某些含氧酸盐。其中多数铅盐是难溶的，如 $PbSO_4$、$PbCrO_4$（铬黄）、$[Pb(OH)]_2CO_3$（铅白）、PbX_2 等。而可溶性铅盐都有毒。

锡、铅和锑的硫化物不溶于稀 HCl，但可溶于浓 HCl，生成氯化配离子和 H_2S 气体。

SnS_2、Sb_2S_3 和 Sb_2S_5 呈酸性，可溶于过量的 Na_2S 或 $(NH_4)_2S$ 溶液，生成硫代酸盐。其反应式为：

$$SnS_2 + S^{2-} = SnS_3{}^{2-}$$

$$Sb_2S_3 + 3S^{2-} = 2SbS_3{}^{3-}$$

$$Sb_2S_5 + 3S^{2-} = 2SbS_4{}^{3-}$$

这类反应类似于酸性氧化物（SnO_2、Sb_2O_3、Sb_2O_5）与碱性氧化物（Na_2O）的成盐反应。相应的盐为硫代锡酸盐、硫代亚锑酸盐和硫代锑酸盐。这些盐不稳定，一旦酸化，又会析出相应的硫化物沉淀。据此可将 Sn(Ⅳ)、Sb(Ⅲ) 和 Sb(Ⅴ) 与其他金属元素分离。

SnS 一般不溶于 Na_2S，但其中有多硫离子 $S_x{}^{2-}$ 时，则被氧化而溶解。

Bi_2S_3 既不溶于浓盐酸，也不溶于 Na_2S 或 $(NH_4)_2S$ 和多硫化物，只能借助氧化性酸将其氧化，使 Bi^{3+} 转移到溶液中去。

仪器和药品　（除特别注明外，试剂浓度单位为 $mol \cdot L^{-1}$）

电动离心机。

$SnCl_2$ (0.1)，$SnCl_4$ (0.1)，$Pb(NO_3)_2$ (0.1)，$SbCl_3$ (0.1)，$Bi(NO_3)_3$ (0.1)，K_2SO_4 (0.1)，NaAc（饱和），$K_2C_2O_4$ (0.1)，Na_2S（0.5，新配），$HgCl_2$ (0.1)，$MnSO_4$ (0.1)，HCl（6，浓），H_2SO_4（浓），HNO_3 (6)，HAc (6)，饱和 H_2S 水溶液（新配），NaOH（0.1，6），PbO_2(s)，$NaBiO_3$(s)，pH 试纸。

实验内容

用表格报告下列实验结果。解释实验现象时，若涉及化学反应，均要求写出反应方程式。实验废液全部回收。

1. 锡、铅、锑和铋氢氧化物的生成与酸碱性

在 10 滴 $SnCl_2$溶液中逐滴加入 0.1mol · L^{-1} NaOH 溶液，生成沉淀后，离心分离，弃去清液。将沉淀分成两份，分别试验与 6mol · L^{-1} NaOH 和6 mol · L^{-1}HCl溶液作用的情况。

分别用 $SnCl_4$、$Pb(NO_3)_2$、$SbCl_3$和 $Bi(NO_3)_3$溶液代替 $SnCl_2$溶液，重复上述实验。

2. 锡、铅、锑和铋盐的水解

取少量 $SbCl_3$溶液，测其 pH 值。加水稀释，观察现象。再滴加 6mol · L^{-1}HCl 溶液，沉淀是否溶解？最后用水稀释，又有什么变化？

按上述操作，分别试验 $SnCl_2$、$Pb(NO_3)_2$和 $Bi(NO_3)_3$溶液的水解情况。

3. 锡、铅、锑和铋的难溶盐

（1）难溶铅盐：

①于试管中加入 10 滴 $Pb(NO_3)_2$溶液，再加入数滴稀 HCl 溶液，观察沉淀的颜色。微热试管，沉淀是否溶解？静置冷却后，沉淀是否又出现？离心分离，弃去清液，于沉淀上加浓 HCl，沉淀是否溶解？

②用 5 滴 $Pb(NO_3)_2$溶液与数滴 0.1mol · $L^{-1}$$K_2SO_4$溶液反应，观察沉淀颜色。并分别试验沉淀与浓 H_2SO_4（加热）和饱和 NaAc 溶液作用的情况。

③用 5 滴 $Pb(NO_3)_2$溶液与数滴 0.1mol · $L^{-1}$$K_2CrO_4$溶液反应，观察沉淀颜色。并分别试验沉淀与 6mol · L^{-1} NaOH 和 6mol · $L^{-1}$$HNO_3$溶液作用的情况。

（2）难溶硫化物：在离心试管中加入 5 滴 $Bi(NO_3)_3$溶液，再滴入饱和H_2S溶液，观察沉淀的颜色。离心分离，弃去清液，将沉淀洗涤 1 ~ 2 次，然后分成 3 份，分别试验沉淀与浓 HCl、6mol · $L^{-1}$$HNO_3$和 0.5mol · $L^{-1}$$Na_2S$ 溶液作用的情况。

分别用 $SnCl_2$、$Pb(NO_3)_2$、$SbCl_3$和 $SnCl_4$溶液重复上述的实验。

从上述实验结果，能得出什么结论？

4. 锡(Ⅱ) 的还原性和铅(Ⅳ)、铋(Ⅲ)、铋(Ⅴ) 的氧化性及其在离子鉴定中的应用

（1）试验自制 $Sn(OH)_4^{2-}$ 溶液与 $Bi(NO_3)_3$ 溶液的作用（此反应可鉴定 Sn^{2+} 和 Bi^{3+}）。

（2）在 $HgCl_2$溶液中，用稀酸酸化，并逐滴加入 $SnCl_2$溶液，观察反应现象（此反应可鉴定 Hg^{2+}）。

（3）试验少量固体 PbO_2在酸性介质中与 $MnSO_4$溶液的作用情况（微热）。

（4）在试管中放入少量固体 $NaBiO_3$，然后逐滴加入浓盐酸，观察现象，并试验是否有 Cl_2产生。

选做部分

（1）分离和检出 Ba^{2+}、Pb^{2+}、Bi^{3+}混合离子。

（2）分离 SnS、SnS_2混合硫化物。

问题与讨论

（1）怎样配制和保存 $SnCl_2$溶液？

（2）试验 $Pb(OH)_2$的酸碱性时，应使用什么酸？为什么？

（3）$PbSO_4$可溶于浓 H_2SO_4和饱和的 NaAc 溶液吗？为什么？

（4）比较 SnS、SnS_2、PbS、Sb_2S_3、Bi_2S_3在浓 HCl、6mol · L^{-1} HNO_3以及 Na_2S 溶液中的溶解性。

（5）试验 $PbCl_2$沉淀与浓 HCl 作用时，要求先把 $PbCl_2$与原溶液分离；而试验 Bi_2S_3沉淀与浓 HCl 作用时，则不仅要求沉淀与原溶液分离，还要求洗涤沉淀，为什么？

（6）试拟出 Ba^{2+}、Pb^{2+}、Bi^{3+}的混合离子的分离和检出方案。

（7）试拟出 SnS、SnS_2的分离方案。

安全知识

锡、铅、锑、铋等化合物均有毒性，因此使用时必须格外注意，废液应集中回收处理。

实验三十四　ds 区元素的化合物

实验目的

（1）试验并了解 ds 区元素的氢氧化物（或氧化物）的酸碱性及对热稳定性。

（2）了解铜、银、锌、镉、汞的金属离子形成配合物的特征。

（3）了解 Cu(Ⅱ) 与 Cu(Ⅰ)、Hg(Ⅱ) 与 Hg(Ⅰ) 的相互转化条件。

（4）了解铜、银、锌、镉、汞的离子鉴定。

实验提要

ds 区元素包括铜、银、金、锌、镉和汞。它们的价电子层结构分别为（$n-1$）$d^{10}ns^1$ 和（$n-1$）$d^{10}ns^2$。在化合物中常见的氧化值，铜为 +2 和 +1，银为 +1，锌和镉为 +2，汞为 +2 和 +1。这些元素的简单阳离子具有或接近 18e 的构型。在化合物中与某些阳离子有较强的相互极化作用，成键的共价成分较大。多数化合物较难溶于水，对热稳定性较差，易形成配位化合物，化合物常显示不同的颜色。

例如，这些元素的氢氧化物均较难溶于水，且易脱水变成氧化物。银和汞的氢氧化物极不稳定，常温下即失水变成 Ag_2O（棕黑色）和 HgO（黄色）。黄色 HgO 加热则生成橘红色 HgO 变体。

$Cu(OH)_2$、$Zn(OH)_2$和 $Cd(OH)_2$在常温下较稳定，但受热亦会失水成氧化物。浅蓝色 $Cu(OH)_2$在 80℃失水成棕黑色的 CuO，白色 $Zn(OH)_2$在 125℃开始失水成黄色（冷却后为白色）的 ZnO，白色 $Cd(OH)_2$在 250℃变成棕红色的 CdO。

$Zn(OH)_2$是典型的两性氢氧化物，$Cu(OH)_2$呈较弱的两性（偏碱），$Cd(OH)_2$和 $Hg(OH)_2$（或 HgO）呈碱性，而 AgOH 呈强碱性。

Cu^{2+}、Ag^+、Zn^{2+}、Cd^{2+}、Hg^{2+}与 Na_2S 溶液反应都生成难溶的硫化物，即 CuS（黑色）、Ag_2S（黑色）、ZnS（白色）、CdS（黄色）和 HgS（黑色）。其中 HgS 可溶于过量的 Na_2S，与 S^{2-}生成无色的 $HgS_2{}^{2-}$配离子。若在此溶液中加入盐酸又生成黑色 HgS 沉淀。此反应可作为分离 HgS 的方法。根据 ZnS、CdS、Ag_2S、CuS 和 HgS 溶度积大小，ZnS 可溶于稀酸，CdS 溶于 6mol · L^{-1} HCl 溶液，Ag_2S 和 CuS 溶于氧化性的 HNO_3，而 HgS 溶于王水。

ds 区元素阳离子都有较强的接受配体的能力，易与 H_2O、NH_3、X^-、CN^-、SCN^-和 en 等形成配离子，如 $[Cu(en)_2]^{2+}$、$[Ag(SCN)_2]^-$、$[Zn(H_2O)_4]^{2+}$、$[Cd(NH_3)_4]^{2+}$和 $HgCl_4{}^{2-}$等。

Hg^{2+}与 I^-反应先生成橘红色 HgI_2沉淀，加入过量的 I^-则生成无色的 $HgI_4{}^{2-}$配离子，它和 KOH 的混合溶液称为奈斯勒试剂，该试剂能有效地检验铵盐的存在。

Cu^{2+}、Ag^{+}、Zn^{2+}、Cd^{2+} 与氨水反应生成 $[Cu(NH_3)_4]^{2+}$（深蓝色）、$[Ag(NH_3)_2]^{+}$（无色）、$[Zn(NH_3)_4]^{2+}$（无色）、$[Cd(NH_3)_4]^{2+}$（无色）等配离子。Hg^{2+} 只有在过量的铵盐存在下才与 NH_3 生成配离子。当铵盐不存在时，则生成氨基化合物沉淀，如：

$$HgCl_2 + 2NH_3 = HgNH_2Cl\downarrow + NH_4Cl$$

Hg_2^{2+} 在 $NH_3 \cdot H_2O$ 中不生成配离子，而发生歧化反应。

$$2Hg_2(NO_3)_2 + 4NH_3 + H_2O = HgO \cdot HgNH_2NO_3\downarrow + 2Hg\downarrow + 3NH_4NO_3$$

难溶物和配合物的形成，可以改变元素的电极电位，影响元素的性质。以铜为例加以说明，铜的部分电位图为：

$$Cu^{2+} \xrightarrow{+0.153} Cu^{+} \xrightarrow{+0.521} Cu$$

$$Cu^{2+} \xrightarrow{+0.533} CuCl \xrightarrow{+0.137} Cu$$

$$[Cu(NH_3)_4]^{2+} \xrightarrow{-0.010} [Cu(NH_3)_2]^{+} \xrightarrow{-0.12} Cu$$

$$Cu^{2+} \xrightarrow{+0.86} CuI \xrightarrow{-0.185} Cu$$

$$CuS \xrightarrow{-0.54} Cu_2S \xrightarrow{-0.93} Cu$$

在水溶液中，Cu^{+} 难于存在，它易发生歧化：

$$2Cu^{+} = Cu + Cu^{2+}$$

要使上述平衡向左移动，可使 Cu^{+} 生成难溶盐或配合物：

$$2Cu^{2+} + 4I^{-} = 2CuI\downarrow + I_2$$

$$Cu^{2+} + Cu + 4X^{-} = 2[CuX_2]^{-}$$

$$[CuX_2]^{-} \rightleftharpoons CuX\downarrow + X^{-}$$

$$[Cu(NH_3)_4]^{2+} + Cu \rightleftharpoons 2[Cu(NH_3)_2]^{+}$$

在 $CuSO_4$ 溶液中加入过量的 Na_2SO_3 溶液能将 Cu^{2+} 还原为 Cu^{+}，同时形成 $[Cu(SO_3)_3]^{5-}$ 配离子：

$$2Cu^{2+} + 7SO_3^{2-} + H_2O = 2[Cu(SO_3)_3]^{5-} + SO_4^{2-} + 2H^{+}$$

如果移去 Cu^{+} 难溶盐的阴离子或配合物的配体，Cu^{+} 又发生歧化分解。

Hg^{2+} 与 Hg_2^{2+} 在一定条件下能相互转化。它们有如下平衡：

$$Hg^{2+} + Hg \rightleftharpoons Hg_2^{2+} \qquad K = 166$$

反应的方向将取决于对反应条件的控制。例如，在配位剂存在下或当 $pH \geqslant 3$ 时，Hg_2^{2+} 发生歧化反应：

$$Hg_2^{2+} + 4I^{-} = HgI_4^{2-} + Hg\downarrow$$

$$Hg_2^{2+} + H_2O = HgO\downarrow + 2H^{+} + Hg\downarrow$$

$$Hg_2^{2+} + 2OH^{-} = Hg\downarrow + HgO\downarrow + H_2O$$

若 Hg^{2+} 形成难溶沉淀物或稳定的配合物，上述平衡右移，Hg_2^{2+} 发生歧化。

离子的鉴定

(1) Cu^{2+}：Cu^{2+}与黄血盐 $K_4[Fe(CN)_6]$ 反应，生成红棕色 $Cu_2[Fe(CN)_6]$ 沉淀，方法灵敏。Fe^{3+}有干扰。

(2) Zn^{2+}：Zn^{2+}与硫氰合汞酸铵 $(NH_4)_2[Hg(SCN)_4]$ 生成白色的 $Zn[Hg(SCN)_4]$ 沉淀。

(3) Cd^{2+}：Cd^{2+}与 S^{2-}生成黄色沉淀。若要消除其他金属离子的干扰，可在 KSCN 存在时鉴定。

(4) Hg^{2+}和 $Hg_2{}^{2+}$：Hg^{2+}可被 $SnCl_2$分步还原，还原产物由白色（Hg_2Cl_2）变为灰色或黑色（Hg）沉淀。

仪器和药品　（除特别注明外，试剂浓度单位为 $mol \cdot L^{-1}$）

离心机，点滴板。

$CuSO_4$ (0.1)，$AgNO_3$ (0.1)，$ZnSO_4$ (0.1)，$CdSO_4$ (0.1)，$Hg(NO_3)_2$ (0.1)，Na_2S (0.1)，Na_2SO_3 (0.5)，NaCl (0.1)，KBr (0.1)，KI (0.1)，$Na_2S_2O_3$ (0.1)，$CuCl_2$（饱和），NaOH (2，6)，HCl（浓），$NH_3 \cdot H_2O$（2，6，浓），H_2SO_4 (1，2)，HNO_3（1，浓），乙二胺 (0.1)，EDTA (0.1)，$K_4[Fe(CN)_6]$ (0.1)，KSCN（质量分数为 25%），葡萄糖（质量分数为 10%），汞，Cu 片，TAA。

实验内容

请用表格报告实验结果。解释实验现象时，若涉及化学反应，均要求写出反应方程式。实验废液回收在指定容器中。

1. 氢氧化物（或氧化物）的生成和性质

在数滴 $CuSO_4$溶液中，滴加适量的 $2mol \cdot L^{-1}$ NaOH 溶液，生成沉淀后离心分离。将沉淀分成 3 份，其中 1 份加热，试验其对热的稳定性；其他两份分别试验沉淀在 $6mol \cdot L^{-1}$ NaOH 和 $2mol \cdot L^{-1} H_2SO_4$溶液中溶解的情况。

分别用 $ZnSO_4$、$CdSO_4$、$AgNO_3$和 $Hg(NO_3)_2$溶液代替 $CuSO_4$溶液，将制得的沉淀分别试验其对热稳定性、对稀酸和强碱作用的情况。

2. 配合物

(1) 氨合物：在 $AgNO_3$溶液中滴加 $2mol \cdot L^{-1} NH_3 \cdot H_2O$，观察沉淀的生成与溶解。再用沉淀溶解后的溶液试验其对热稳定性和与酸、碱作用的情况。

分别用 $CuSO_4$、$ZnSO_4$和 $CdSO_4$溶液代替 $AgNO_3$溶液重复上述实验。

(2) 铜的其他配合物：

①取几滴 $CuSO_4$溶液于试管中，先滴加 2mol · $L^{-1}NH_3 \cdot H_2O$ 至生成的沉淀溶解，转加乙二胺溶液，观察溶液颜色的变化，再滴加 EDTA 溶液，溶液颜色又有何变化，比较以上 3 种铜的配合物的稳定性并解释之。

②试验 $CuSO_4$溶液与 $K_4[Fe(CN)_6]$溶液的作用，观察沉淀的颜色。此反应常用于鉴定 Cu^{2+}。

（3）配合反应与沉淀反应：利用实验提供的下列试剂，如 $AgNO_3$、NaCl、KBr、KI、$Na_2S_2O_3$和 2mol · $L^{-1}NH_3 \cdot H_2O$ 等溶液设计试管实验，比较 AgCl、AgBr、AgI 的溶解度和 $[Ag(NH_3)_2]^+$、$[Ag(S_2O_3)_2]^{3-}$稳定性的大小。

3. Cu(Ⅱ) 与 Cu(Ⅰ) 的相互转化

（1）氧化亚铜的生成和性质：在数滴 $CuSO_4$溶液中加入过量的 6mol · L^{-1} NaOH 溶液，使生成的沉淀溶解后再加入数滴葡萄糖溶液。摇匀，水浴微热，观察现象。将沉淀离心分离，弃去清液，沉淀用蒸馏水洗涤后加入 2mol · $L^{-1}H_2SO_4$溶液，水浴加热，观察沉淀溶解的情况，溶液的颜色，剩余沉淀是何物。

（2）碘化亚铜的形成：取数滴 $CuSO_4$溶液于离心试管中，滴加 KI 溶液，观察现象。CuI 是什么颜色？如何消除 I_2颜色的干扰？

（3）CuCl 的形成：在小烧杯中，加入约 1mL 饱和的 $CuCl_2$溶液和约 2mL 浓 HCl，再加入少许铜屑，小火加热片刻，此时溶液颜色加深，继续加热微沸片刻，待溶液颜色由深变浅时，将溶液倾入约 100mL 水中，观察产物的颜色和状态。

4. 汞的化合物

（1）HgS 的生成与性质：于两支离心试管中，各加入 2 滴 $Hg(NO_3)_2$溶液，分别滴加 TAA 溶液，观察沉淀的颜色。离心分离，弃去清液，将沉淀洗涤后，于一支试管中加入 Na_2S溶液，观察现象。于另一支试管中加入几滴 6mol · L^{-1} HNO_3溶液，搅匀，观察沉淀是否溶解？若不溶解再滴加几滴王水[V(浓 HNO_3)∶V(浓 HCl) = 1∶3] 并搅匀，此时有何变化？

（2）Hg^{2+}配合物的生成及其应用：

①取 2 滴 $Hg(NO_3)_2$溶液于试管中，逐滴加入 KI 溶液，观察沉淀的颜色。继续加入 KI，观察沉淀的溶解，再加入几滴 2mol · L^{-1} NaOH 溶液并摇匀。然后试验上述溶液与 NH_4Cl 溶液作用的情况。

②取 2 滴 $Hg(NO_3)_2$溶液于试管中，加入数滴 KSCN 溶液，观察现象。将溶液分成两份，分别试验该溶液与硫酸锌溶液和氯化钴溶液作用的情况。此反应常用来鉴定 Zn^{2+} 和 Co^{2+}。

5. Hg(Ⅱ) 和 Hg(Ⅰ) 的相互转化

（1）取 2 滴 $Hg(NO_3)_2$溶液于试管中，加入数滴 NaCl 溶液，观察现象。再加入 2mol · L^{-1} $NH_3 \cdot H_2O$，又有何变化？

（2）取 4 滴 $Hg(NO_3)_2$溶液于试管中，加入 1 滴汞（小心取用，切勿洒出瓶外!），振荡试管。将清液转移至另外两支试管中（余下的汞要回收!），于其中一支试管中加入数滴 NaCl 溶液，观察现象。于另一支试管中加入几滴 2mol · L^{-1} NH_3 · H_2O，观察现象，并与（1）实验作比较。

选做部分

（1）用下列试剂设计 Cu^+ 的歧化和反歧化实验。

$CuSO_4$（0.1mol · L^{-1}）、Na_2SO_3（0.5mol · L^{-1}）、H_2SO_4（2mol · L^{-1}）和浓 NH_3 · H_2O。

（2）现有 Cu^{2+}、Ag^+、Zn^{2+} 和 Hg^{2+} 4 种离子的混合液，根据氯化物和硫化物的性质，将它们分离并检出。

混合液取 0.1mol · L^{-1} 的下列试剂：$CuSO_4$、$AgNO_3$、$ZnSO_4$ 和 $Hg(NO_3)_2$ 溶液各 3 滴配成。

问题与讨论

（1）久置的 $[Ag(NH_3)_2]^+$ 碱性溶液，有产生氮化银 Ag_3N 的危险，应采用什么办法来破坏 $[Ag(NH_3)_2]^+$?

（2）Hg 和 Hg^{2+} 有剧毒，试验时应注意些什么?

（3）总结 Cu^{2+}—Cu^+、Hg^{2+}—Hg_2^{2+} 相互转化的条件。

（4）有两位学生（A、B）做 HgS 的溶解实验，他们都以 $HgCl_2$ 溶液与 TAA 反应制得 HgS 沉淀。当试验沉淀与 HNO_3 作用时，学生 A 制得的 HgS 不溶解于 HNO_3，而学生 B 制得的 HgS 却可溶于 HNO_3。试分析这两位学生的实验产生不同结果的原因。从中可得到什么启发?

（5）试分析为什么在 $CuSO_4$ 溶液中加入 KI 即产生 CuI 沉淀，而加入 KCl 却不产生 CuCl 沉淀。

实验三十五　钛、钒、铬、锰的化合物

实验目的

试验并了解钛、钒、铬、锰的某些重要化合物的性质。

实验提要

1. 钛、钒、铬、锰在元素周期表中的位置

钛、钒、铬、锰在元素周期表中的位置如表 4－5 所示。

表 4－5　钛、钒、铬、锰在元素周期表中的位置

周　期	ⅣB	ⅤB	ⅥB	ⅦB
	钛分族	钒分族	铬分族	锰分族
4	22 Ti [Ar]$3d^24s^2$	23 V [Ar]$3d^34s^2$	24 Cr [Ar]$3d^54s^1$	25 Mn [Ar]$3d^54s^2$

2. 氢氧化物和盐类

这些元素的氢氧化物的酸碱性符合一般规律。$M(OH)_2$都是难溶的中强碱；$M(OH)_3$是弱碱且酸性依次增强；$Cr(OH)_3$是典型的两性氢氧化物。Cr(Ⅲ)既能形成阳离子盐，也能形成阴离子盐，高氧化值时，亲氧性很强，因此即使在强酸性溶液中也不存在简单阳离子（水合）Ti^{4+}、V^{4+}、V^{5+}、Cr^{6+}、Mn^{6+}和Mn^{7+}，其中Ti(Ⅳ)、V(Ⅳ)和V(Ⅴ)主要的存在形式是其金属氧基（酰基）离子TiO^{2+}、VO^{2+}和VO_2^+；Cr(Ⅵ)、Mn(Ⅵ)和Mn(Ⅶ)则只形成阴离子盐。Cr(Ⅵ)的阴离子盐在水溶性方面类似于硫酸盐，如Ca^{2+}、Sr^{2+}、Ba^{2+}、Pb^{2+}及Ag^+盐均难溶于水。因此可借助于$BaCrO_4$（柠檬黄色），$PbCrO_4$（黄色）或Ag_2CrO_4（砖红色）沉淀的形成来鉴定CrO_4^{2-}（或$Cr_2O_7^{2-}$）。

此外，周期表中Ⅴ类和Ⅵ类元素的含氧酸常缩合成偏酸和多酸，例如，铬酸根CrO_4^{2-}（黄色）在 pH＜5 时缩合的主要产物为二铬酸根，即重铬酸根$Cr_2O_7^{2-}$（橙色），在更强的酸性溶液中还可以形成三铬酸根$Cr_3O_{10}^{2-}$、四铬酸根$Cr_4O_{13}^{2-}$等。

对于难溶盐来说，多酸盐的溶解度比单酸盐大。因此，加Ba^{2+}、Pb^{2+}或Ag^+于CrO_4^{2-}和$Cr_2O_7^{2-}$等的混合溶液中，总是析出难溶的铬酸盐沉淀。

3. 配位化合物

在这些元素的阳离子所形成的配合物中，以 Cr^{3+} 的配合物为多，也较为重要。例如，$CrCl_3 \cdot 6H_2O$ 有 3 种颜色的晶体，对应 3 种不同的配合物（Cr^{3+} 的配位数为 6）：

$[Cr(H_2O)_6]Cl_3$ （蓝紫色）　$[Cr(H_2O)_5Cl]Cl_2 \cdot H_2O$ （蓝绿色）　$[Cr(H_2O)_4Cl_2]Cl \cdot 2H_2O$ （灰绿色）

因此，Cr^{3+} 的水溶液往往因其水合程度不同而显不同的颜色。

钛和钒的亲氧性较强，因此在水溶液中多以较稳定的氧基（酰基）离子或含氧酸根存在，不易形成其他较稳定的配合物，只有 X^- 在较浓时才形成若干卤合离子，如 $[TiCl_2]^{2+}$、$[TiCl_3]^+$ 或 $[Ti(OH)Cl_5]^{2-}$、$[TiCl_6]^{2-}$ 及 $[TiF_6]^{2-}$ 等。此外在酸性溶液中，Ti(Ⅳ)、V(Ⅳ)、V(Ⅴ)和 Cr(Ⅵ)可以与 H_2O_2 形成有特征颜色的配合物：

$$TiO^{2+} + H_2O_2 \rightleftharpoons [TiO(H_2O_2)]^{2+}$$
（橘黄色）

$$VO^{2+} + H_2O_2 = [VO(H_2O_2)]^{2+}$$
（红棕色）

$$VO_2^+ + 2H_2O_2 = [VO_2(H_2O_2)_2]^+$$
（黄色）

$$Cr_2O_7^{2-} + 4H_2O_2 + 6H^+ = 2[CrO_2(H_2O_2)_2]^{2+} + 3H_2O$$

$$Cr_2O_7^{2-} + 4H_2O_2 + 2H^+ = 2CrO(O_2)_2 + 5H_2O$$
（蓝色）

向 $[TiO(H_2O_2)]^{2+}$ 溶液中加入氨水，形成过钛酸 H_4TiO_5 [即 $TiO(H_2O_2)(OH)_2$] 黄色沉淀，此法鉴定钛很灵敏：

$$[TiO(H_2O_2)]^{2+} + 2NH_3 \cdot H_2O = H_4TiO_5 + 2NH_4^+$$

Cr(Ⅵ) 的 H_2O_2 配合物既可鉴定 H_2O_2 也用于鉴定 Cr(Ⅵ)，此配合物易溶于乙醚，在乙醚中较稳定。故鉴定时加乙醚萃取可提高灵敏度。

4. 氧化还原性

Ti、V、Cr、Mn 的标准电极电位 $\varphi_A^\ominus$ 图（方括号内为碱性介质的电位）如下：

$$\underset{(无色)}{TiO^{2+}} \xrightarrow{+0.1} \underset{(紫色)}{TiO^{3+}} \xrightarrow{-0.37} \underset{(褐色)}{Ti^{2+}} \xrightarrow{-1.63} \underset{(银灰色)}{Ti}$$

$$\underset{(浅黄色)}{VO_2^+} \xrightarrow{+1.0} \underset{(蓝色)}{VO^{2+}} \xrightarrow{+0.361} \underset{(绿色)}{V^{3+}} \xrightarrow{-0.255} \underset{(紫色)}{V^{2+}} \xrightarrow{-1.18} \underset{(浅灰色)}{V}$$

$$\begin{matrix} Cr_2O_7^{2-}(橙红) \\ [Cr_2O_7^{2-}](黄色) \end{matrix} \frac{+1.33}{[-0.13]} \begin{matrix} Cr^{3+}(蓝紫色) \\ [CrO_2^-](绿色) \end{matrix} \frac{-0.41}{[0.8]} \begin{matrix} Cr^{2+}(天蓝) \\ [Cr(OH)_2] \end{matrix} \frac{-0.91}{[-1.4]} Cr$$

$$MnO_4^-(紫红) \frac{+0.564}{[+0.564]} \begin{matrix} MnO_4^{2-}(绿色) \\ [MnO_4^{2-}](绿色) \end{matrix} \frac{+2.26}{[+0.60]} \begin{matrix} MnO_2(棕黑) \\ [MnO_2] \end{matrix} \frac{+0.95}{[-0.2]}$$

$$\begin{matrix} Mn^{3+}(红色) \\ [Mn(OH)_3] \end{matrix} \frac{+1.51}{[+0.1]} \begin{matrix} Mn^{2+}(粉红色) \\ [Mn(OH)_2](白色) \end{matrix} \frac{-1.18}{[-1.55]} Mn$$

在酸性溶液中除 Mn^{2+} 外，M^{2+} 都是相当强的还原剂，都能从水溶液中还原出 H_2：

$$2M^{2+} + 2H^+ = 2M^{3+} + H_2\uparrow$$

Cr^{3+} 是比较稳定的，其余 M^{3+} 均不稳定，Ti^{3+} 和 V^{3+} 易被空气中的 O_2 氧化，而 Mn^{3+} 却发生歧化反应：

$$4M^{3+} + O_2 + 2H_2O = 4MO^{2+} + 4H^+ \qquad (M = Ti、V)$$

$$2Mn^{3+} + 2H_2O = MnO_2\downarrow + Mn^{2+} + 4H^+$$

锰除了 Mn(Ⅲ) 容易发生歧化反应外，Mn(Ⅵ) 也发生歧化反应。另外，除钛外，它们的高氧化态都是较强的氧化剂，而且氧化性依次增强。

仪器与药品 （除特别注明外，试剂浓度单位为 $mol \cdot L^{-1}$）

坩埚，pH 试纸，KI—淀粉试纸。

新配制溶液：氯水，H_2O_2（质量分数为 3%），Na_2S（0.5）。

H_2SO_4（3，浓），HCl（浓），HNO_3（6，浓），$MnSO_4$（0.1），$Fe(NO_3)_3$（0.1），$MnO_2(s)$，$Cr_2(SO_4)_3$（0.1），$TiOSO_4$（0.1），$KMnO_4$（0.01），Na_2SO_3（0.1），NaOH（0.1，6），K_2CrO_4（0.1），$K_2Cr_2O_7$（0.1），$AgNO_3$（0.1），$Pb(NO_3)_2$（0.1），$FeSO_4$（0.1），Fe（粉），$NH_4VO_3(s)$，Na_2CO_3（0.1），Zn（粒），$KMnO_4(s)$，$BaCl_2$（0.1）。

实验内容

1. Cr 的化合物

（1）$Cr(OH)_3$ 的生成与性质。向 $Cr_2(SO_4)_3$ 溶液中滴加 $0.1mol \cdot L^{-1}$ 的 NaOH 溶液，观察沉淀的生成。离心分离，沉淀分别做下面实验：

①与稀 H_2SO_4 作用；

②与 $6mol \cdot L^{-1}$ 的 NaOH 溶液作用；

③与 H_2O_2 溶液作用。

（2）Cr^{3+} 的水解。检验 $Cr_2(SO_4)_3$ 溶液的 pH 值，然后分别向盛有少量 $Cr_2(SO_3)_3$ 溶液的试管中滴加 Na_2S 溶液和 Na_2CO_3 溶液，观察现象，通过试验证实所得沉淀均为 $Cr(OH)_3$。

（3）CrO_4^{2-} 与 $Cr_2O_7^{2-}$ 的相互转化。观察并比较 K_2CrO_4 和 $K_2Cr_2O_7$ 溶液的颜色，然后向 K_2CrO_4 溶液中滴加 $6mol \cdot L^{-1}$ 的 HNO_3，向 $K_2Cr_2O_7$ 溶液中滴加 $6mol \cdot L^{-1}$ NaOH 溶液，再比较其颜色变化。

（4）难溶性铬酸盐。分别向 K_2CrO_4 和 $K_2Cr_2O_7$ 溶液中滴加 $BaCl_2$ 溶液，观察并比较沉淀的颜色。

用 $AgNO_3$ 和 $Pb(NO_3)_2$ 代替 $BaCl_2$ 分别做同样的试验。

（5）Cr(Ⅵ) 的氧化性。分别向 K_2CrO_4 和 $K_2Cr_2O_7$ 溶液中滴加 $FeSO_4$ 溶液，再用稀 H_2SO_4 酸化，观察现象。

2. Mn 的化合物

（1）Mn(Ⅱ) 的化合物及其性质。检验 $MnSO_4$溶液的 pH 值，分别取少量 $MnSO_4$溶液做下列试验：

①与适当的试剂反应获得 $Mn(OH)_2$沉淀，观察沉淀在空气中的变化。

②与 $KMnO_4$溶液作用，观察现象。

③滴加适量的 Na_2S 溶液，观察沉淀的生成，试设法验证沉淀是 MnS。

（2）Mn(Ⅵ) 的生成和性质。取少量 MnO_2 固体加入适量的 $6mol \cdot L^{-1}$ NaOH 溶液，再滴加 $KMnO_4$溶液，微热，观察颜色变化，把溶液分成 3 份，分别试验此溶液与氯水、Na_2SO_3溶液和稀 H_2SO_4的作用，观察并比较其颜色变化。

（3）Mn(Ⅶ) 的氧化性。用 3 支试管，各取少量的 $KMnO_4$溶液，其中 1 支用 $3mol \cdot L^{-1}$ H_2SO_4酸化，1 支用 $6mol \cdot L^{-1}$的 NaOH 碱化，然后分别滴加 Na_2SO_3溶液，观察比较 $KMnO_4$在不同介质中与 Na_2SO_3的作用情况。

3. Ti 的化合物

（1）$Ti(OH)_4$的生成和性质。取适量的 $TiOSO_4$溶液，加入 $6mol \cdot L^{-1}$氨水，观察沉淀的颜色，将沉淀分成两份，分别试验沉淀在 $3mol \cdot L^{-1} H_2SO_4$和 $6mol \cdot L^{-1}$ NaOH 溶液中的溶解情况。

（2）TiO^{2+} 的氧化还原性质。取适量 $TiOSO_4$溶液，加入少量铁粉，观察紫色的出现。另取一试管，分别滴加 KSCN 溶液和 $Fe(NO_3)_3$溶液各 1 滴，把上述紫色溶液滴加到 Fe^{3+}—SCN^-溶液中，观察颜色变化。

4. V 的化合物

（1）钒（V）的氧化性。取饱和 NH_4VO_3溶液 1～2mL（自配，用 NH_4VO_3 固体和 $6mol \cdot L^{-1}$HCl 溶液配成）。加入一小颗 Zn 粒，放置，并仔细观察溶液颜色的变化。

（2）V_2O_5的生成和性质。于坩埚中盛少量 NH_4VO_3固体，小火加热并不断搅拌，根据固体颜色的变化来判断反应的发生和完成。冷却，将固体分成 3 份，第一份与浓 H_2SO_4作用，第二份与 $6mol \cdot L^{-1}$ NaOH 溶液作用（加热），第三份加入浓 HCl，观察固体的溶解及颜色变化，检查 Cl_2的生成。

选做部分

分别试验 H_2O_2与 $TiOSO_4$、NH_4VO_3、$KMnO_4$和 K_2CrO_4（或 $K_2Cr_2O_7$）溶液的作用情况，注意不同介质对反应产物的影响。

问题与讨论

（1）怎样证明 $Cr_2(SO_4)_3$与 Na_2S 溶液作用所生成的沉淀不是硫化物？

（2）怎样配制 NH_4VO_3 饱和溶液？

（3）酸化的 $TiOSO_4$ 溶液与 Zn 粒作用得到紫色溶液，此紫色溶液在空气中放置一段时间后紫色又褪去，为什么？

（4）根据 $E^{\ominus}$ 数据说明在酸性溶液中，处于中间氧化值的钛、钒能否发生歧化反应？

（5）总结实验中有关反应，指出哪些反应可用于鉴定 Ti(Ⅳ)、V(Ⅴ) 和 Cr(Ⅵ)，写出反应方程式，注明反应条件，并指出钛、铬、钒在鉴定反应产物中的氧化值。

（6）哪些常用氧化剂能把 Mn^{2+} 氧化成 MnO_4^-？要确保 Mn^{2+} 被氧化成 MnO_4^- 而不出现任何其他副反应，反应条件应怎样控制？

实验三十六　铁、钴、镍的化合物

实验目的

试验并了解铁、钴、镍的某些重要化合物的性质。

实验内容

铁组元素属于Ⅷ族，包括铁、钴、镍3种元素。它们是同一周期的元素，原子结构相似（$[Ar]3d^{6\sim8}4s^2$），原子半径相近（115～117pm）。

铁组元素常见的盐类是Fe(Ⅲ)、Fe(Ⅱ)、Co(Ⅱ)和Ni(Ⅱ)盐。其中硝酸盐、硫酸盐和卤化物均易溶于水。这些阳离子水合时，通常发生颜色变化。例如，Fe^{2+}由白色变成浅绿色，Co^{2+}由蓝色变成粉红色，Ni^{2+}由黄色变成亮绿色。它们的盐从水中结晶析出时，常形成带结晶水的晶体。随着结晶水量的变化，其颜色也发生变化。例如：

$$\underset{\text{(粉红色)}}{CoCl_2\cdot6H_2O} \xrightleftharpoons{52℃} \underset{\text{(紫红色)}}{CoCl_2\cdot2H_2O} \xrightleftharpoons{90℃} \underset{\text{(蓝紫色)}}{CoCl_2\cdot H_2O} \xrightleftharpoons{120℃} \underset{\text{(蓝色)}}{CoCl_2}$$

$CoCl_2$的这一性质常用于实验室显示干燥剂（硅胶）吸水的情况。

Fe^{3+}盐与Cr^{3+}盐、Al^{3+}盐很类似。例如，MCl_3均可双聚成共边双四面体分子M_2Cl_6，且易升华；其硫酸盐与碱金属元素的硫酸盐类均能形成$M_2SO_4\cdot M_2(SO_4)_3\cdot24H_2O$的“矾”，如与通常净水用的明矾$K_2SO_4\cdot Al_2(SO_4)_3\cdot24H_2O$类似的有钾铁矾$K_2SO_4\cdot Fe_2(SO_4)_3\cdot24H_2O$等。

铁组元素常见的重要难溶盐见表4－6。

表4－6　**铁组元素常见的难溶盐**

阳离子	阴离子			
	S^{2-}	CO_3^{2-}	CrO_4^{2-}	$[Fe(CN)_6]^{4-}$
Fe^{3+}	黑色	不存在	不存在	蓝色
Fe^{2+}	黑色	白色	白色	白色
Co^{2+}	黑色	粉红色	浅粉红色	绿色
Ni^{2+}	黑色	浅绿色	浅绿色	浅绿色

铁组元素的阳离子是配合物的较好形成体，能形成很多的配合物。唯Fe^{3+}、Fe^{2+}与OH^-结合的能力较强，它们难以在氨水中形成稳定的氨合离子。常见的较稳定配合物见

表4－7。由于配合后发生溶解度和颜色等的改变，常用于离子的分离和鉴定。

表4－7　铁组元素常见的配合物

中心离子	配体				
	H_2O	CN^-	NH_3	SCN^-	F^-
Fe^{3+}	浅紫色	浅黄色	—	血红色	无色
Fe^{2+}	浅绿色	黄色	—	无色	—
Co^{3+}	—	—	红色	—	—
Co^{2+}	粉红色	紫色	橙色	蓝色	—
Ni^{2+}	绿色	黄色	深蓝色	—	—

铁组元素氢氧化物的酸碱性完全符合一般规律：

M(Ⅵ)的氢氧化物为强酸，故无论在酸性还是碱性溶液中均以酸根 MO_4^{2-} 的形式存在。其中较为重要的是高铁酸盐，FeO_4^{2-} 与 MO_4^- 一样呈紫红色，与 MO_4^{2-}、CrO_4^{2-} 和 SO_4^{2-} 等类似，能使 Ba^{2+} 沉淀。

铁组元素的 $M(OH)_3$ 和 $M(OH)_2$ 均为碱，但碱性不强。新沉淀出来的 $Fe(OH)_3$ 还有微弱的酸性，可溶于热的浓 KOH 溶液中，形成铁酸钾 $KFeO_2$。因此铁组元素的可溶性盐均发生水解，且 M^{3+} 盐比 M^{2+} 盐的水解度要大些，尤以 Fe^{3+} 盐突出。Fe^{3+} 盐的水解产物常使其溶液变成棕黄色或棕红色：

$$Fe^{3+} + nH_2O \rightleftharpoons [Fe(OH)_n]^{(3-n)+} + nH^+ \quad (n = 1, 2, 3)$$

Fe^{3+} 仅存在于强酸性溶液（$pH<2$）中。稀释或提高溶液的 pH 值，会析出胶状的红棕色 $Fe(OH)_3$ 沉淀。

铁组元素的电位图 $E_A^\ominus/V$（方括号内注明的是碱性溶液中的状态及 $E_B^\ominus/V$）为：

$$FeO_4^{2-} \xrightarrow[{[+0.9]}]{+1.9} \underset{[Fe(OH)_3]}{Fe^{3+}} \xrightarrow[{[-0.56]}]{+0.771} \underset{[Fe(OH)_2]}{Fe^{2+}} \xrightarrow[{[-0.887]}]{-0.440} Fe$$

$$CoO_2 \xrightarrow[{[+0.7]}]{>+1.8} \underset{[Co(OH)_3]}{Co^{3+}} \xrightarrow[{[+0.17]}]{+1.82} \underset{[Co(OH)_2]}{Co^{2+}} \xrightarrow[{[-0.73]}]{-0.277} Co$$

$$NiO_4^{2-} \xrightarrow[{[>+0.4]}]{+1.8} NiO_2 \xrightarrow[{[+0.49]}]{+1.68} \underset{[Ni(OH)_2]}{Ni^{2+}} \xrightarrow[{[-0.72]}]{-0.250} Ni$$

氧化值大于或等于+4的铁组元素化合物是很强的氧化剂。在酸性条件下它们的氧化性比 MnO_4^- 还强；在碱性介质中，它们的氧化性大为降低；在强碱中用强氧化剂（NaClO 等）就可以将低氧化值的铁组元素氧化。例如：

$$2Fe(OH)_3 + 3ClO^- + 4OH^- = 2FeO_4^{2-} + 3Cl^- + 5H_2O$$

$$Fe_2O_3 + 3KNO_3 + 4KOH \xlongequal{熔融} 2K_2FeO_4 + 3KNO_2 + 2H_2O$$

M(Ⅲ)在酸性介质中也是氧化剂，其中 Fe^{3+} 为中强氧化剂；Co^{3+} 为强氧化剂，能氧化水和盐酸；Ni^{3+} 的氧化性更强。在酸性介质中，Fe^{3+} 能被 Fe、Cu、Sn^{2+}、S^{2-}、I^- 或

SO_2等还原。

若有配体或沉淀剂存在，M（Ⅲ）被配位或形成难溶盐而稳定存在。例如：

$Fe^{3+}\xrightarrow{+0.771}Fe^{2+}$　　　　$Co^{3+}\xrightarrow{+1.842}Co^{2+}$

$[FeF_6]^{3-}\xrightarrow{-0.135}Fe^{2+}$　　　　$[Co(NH_3)_6]^{3+}\xrightarrow{+0.1}[Co(NH_3)_6]^{2+}$

$[Fe(CN)_6]^{3-}\xrightarrow{+0.36}[Fe(CN)_6]^{4-}$　　　　$[Co(CN)_6]^{3-}\xrightarrow{+0.81}[Co(CN)_6]^{4-}$

综上所述，铁组元素 M（Ⅲ）、M（Ⅱ）和 M（0）的氧化还原性及相应氢氧化物的酸碱性变化规律为：

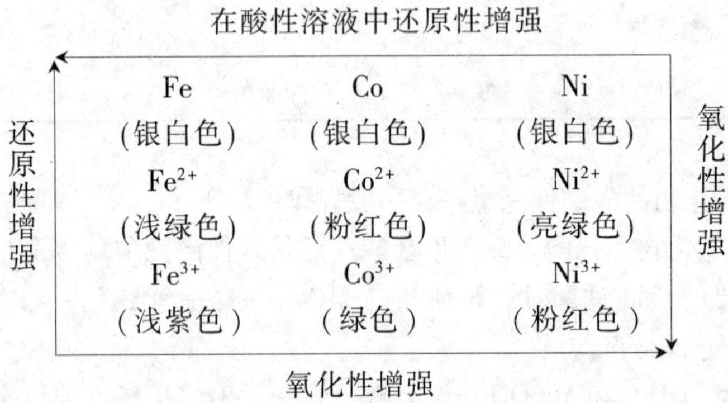

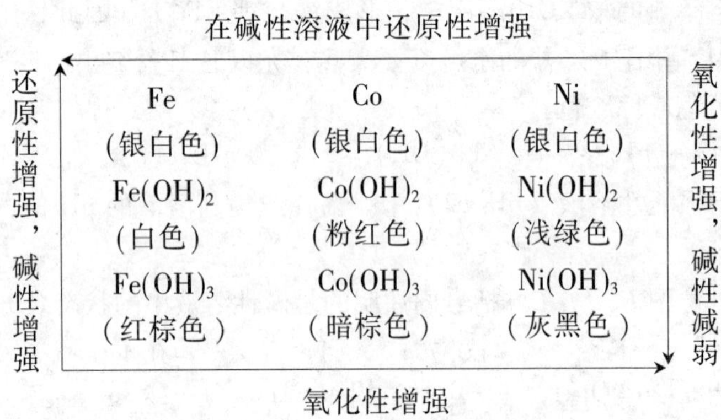

铁组离子的鉴定

（1）Fe^{3+}：在弱酸性介质中 Fe^{3+} 与 KSCN 作用形成$[Fe(SCN)_n]^{(3-n)+}$血红色配离子。

$$Fe^{3+} + nKSCN = [Fe(SCN)_n]^{(3-n)+} + nK^+$$

此法无离子干扰。若其他重金属离子浓度不太高，也可借助 Fe^{3+} 与黄血盐 $K_4[Fe(CN)_6]$作用生成深蓝色的普鲁士蓝 $[KFe(CN)_6Fe]_x$ 沉淀来鉴定：

$$xFe^{3+} + xK^+ + x[Fe(CN)_6]^{4-} = [KFe(CN)_6Fe]_x\downarrow$$

（2）Fe^{2+}：Fe^{2+}与赤血盐 $K_3[Fe(CN)_6]$ 作用生成深蓝色的藤氏蓝 $[KFe(CN)_6Fe]_x$ 沉淀。

$$xFe^{2+} + xK^{+} + x[Fe(CN)_6]^{3-} = [KFe(CN)_6Fe]_x \downarrow$$

当重金属离子含量不高时，此法的灵敏度和选择性均较高。

(3) Co^{2+}：Co^{2+}与 KSCN 作用生成蓝色配离子 $[Co(SCN)_4]^{2-}$。

$$Co^{2+} + 4SCN^{-} = [Co(SCN)_4]^{2-}$$

该配离子在丙酮中较稳定，故鉴定时尚需加入丙酮或戊醇。若有 Fe^{3+}，可加入 NaF，以形成无色的 $[FeF_6]^{3-}$ 掩蔽之。

(4) Ni^{2+}：Ni^{2+}在弱碱性（$NH_3 \cdot H_2O$）介质中与丁二酮肟生成鲜红色螯合物沉淀，是鉴定 Ni^{2+}的灵敏反应。

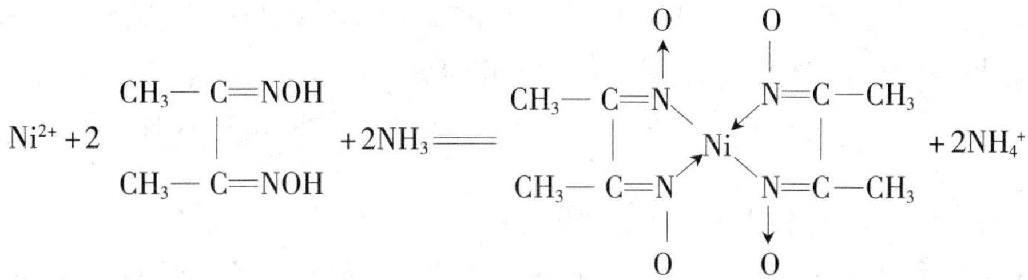

仪器和药品　（除特别注明外，试剂浓度单位为 $mol \cdot L^{-1}$）

HCl（浓），H_2S（饱和，新配），NaOH（s，6，新配），氨水（6），NaClO（新配），$FeSO_4$（0.1），NH_4SCN（饱和），NH_4F（2），$Fe(NO_3)_3$（0.1），$CoCl_2$（0.1），Na_2S（0.1），KI（0.1），$NiSO_4$（0.1），$BaCl_2$（0.5），$K_3[Fe(CN)_6]$（0.1），$K_4[Fe(CN)_6]$（0.1），氯水（新配），溴水，Fe^{3+}、Co^{2+}、Ni^{2+}混合溶液 4 组①，H_2O_2（质量分数为 3%），CCl_4，戊醇，铁粉，KI—淀粉试纸，丁二酮肟试剂。

实验内容

用表格报告实验结果，解释现象时，若涉及化学反应，均要求写出反应方程式。

1. 氢氧化物的生成和性质

(1) $M(OH)_2$的生成和性质。观察 $FeSO_4$、$CoCl_2$和 $NiSO_4$溶液的颜色，检验其 pH 值，由这 3 种盐溶液和其他合适试剂作用获得 $Fe(OH)_2$、$Co(OH)_2$和 $Ni(OH)_2$，观察沉淀的颜色及它们的酸碱性。将沉淀放置一段时间再观察比较其颜色变化。

提示： $Fe(OH)_2$极易被溶液中的氧气氧化，必须很小心地操作才能观察到白色 $Fe(OH)_2$的生成。制备时，可以在一支试管中加入 5mL $6mol \cdot L^{-1}$新配 NaOH 溶液，小心煮沸，冷却备用；用另一支试管取适量 $FeSO_4$溶液，用稀 H_2SO_4酸化，加入少量铁粉，煮

① 混合液由实验室提供，共 4 组。每组溶液含有待测阳离子 2 ~ 3 种，可由 $0.1mol \cdot L^{-1}$的单一盐溶液混合而成。学生应记录混合液编号和检验结果。

沸，用一细长滴管吸取冷却的 NaOH 溶液，小心插入 $FeSO_4$溶液中，缓慢放出 NaOH。

（2）$M(OH)_3$的生成和性质。分别由 $Fe_2(SO_4)_3$、$CoCl_3$和 $Ni_2(SO_4)_3$ 溶液和其他合适的试剂作用，获得 $Fe(OH)_3$、$Co(OH)_3$和 $Ni(OH)_3$。观察比较它们的状态和颜色，将沉淀离心分离。分别在沉淀中加入浓 HCl，摇荡，微热，并用湿润的淀粉碘化钾试纸检验是否有氧化性气体逸出。

提示： 制备 $M(OH)_3$时要注意依据 M（Ⅱ）还原性的强弱选择不同氧化能力的氧化剂，包括空气中的氧、溴水、H_2O_2、氯水、NaOH 溶液等。

2. 硫化物的生成和性质

（1）Fe（Ⅱ）的硫化物。由 $FeSO_4$溶液、饱和 H_2S 溶液及其他合适试剂制备 FeS，观察 FeS 的状态和颜色，试验 FeS 与稀 HCl 的作用情况。

（2）Co（Ⅱ）、Ni（Ⅱ）的硫化物。分别由 $CoCl_2$、$NiSO_4$ 溶液代替 $FeSO_4$ 做同样的试验。

（3）Fe（Ⅲ）在不同介质中与 S^{2-} 的作用：

①取适量饱和 H_2S 溶液，逐滴加入 $Fe(NO_3)_3$溶液，摇荡，观察沉淀的状态和颜色。

②用 Na_2S 溶液代替饱和 H_2S 溶液做上述试验。

3. 配合物的生成与性质

（1）氨的配合物。分别向 $Fe(NO_3)_3$、$FeSO_4$、$CoCl_2$和 $NiSO_4$溶液中滴加 $6mol \cdot L^{-1}$的氨水，观察沉淀的生成，继续滴加氨水，观察沉淀是否溶解。比较颜色变化。

（2）与 SCN^- 形成的配合物。用 NH_4SCN 溶液代替氨水做上述试验，观察并比较其颜色变化。

（3）配合物的生成对氧化还原性质的影响。取少量 $Fe(NO_3)_3$溶液，滴加 2 ~ 3 滴 CCl_4，逐渐加入 KI 溶液，摇荡，观察 CCl_4层的颜色变化，向此混合溶液中滴加 NH_4F 溶液，摇荡，观察 CCl_4层的颜色变化。

（4）配合物的生成在离子鉴定中的应用。

①与 $K_3[Fe(CN)_6]$ 的作用：在点滴板上，各取少量的 $Fe(NO_3)_3$、$FeSO_4$、$CoCl_2$和 $NiSO_4$溶液，向各溶液中逐滴加入 $K_3[Fe(CN)_6]$ 试剂。观察并比较其状态和颜色变化（本实验可直接在滤纸上做）。

②与 $K_4[Fe(CN)_6]$ 的作用：用 $K_4[Fe(CN)_6]$ 代替 $K_3[Fe(CN)_6]$ 做上述同样的试验，观察现象，总结 Fe^{3+}、Fe^{2+}、Co^{2+}、Ni^{2+} 4 种离子分别与 $[Fe(CN)_6]^{4-}$ 和 $[Fe(CN)_6]^{3-}$ 作用的情况。

③从 Fe^{3+}、Co^{2+}、Ni^{2+} 混合液中检出单一离子：取 1mL 混合液放入试管中，加入 NH_4SCN 溶液 0.5mL，观察溶液颜色变化，缓慢加入 NH_4F 溶液，然后加入 1mL 戊醇，摇荡后静置，观察戊醇层颜色变化；用吸管吸取试管下层（水相）溶液 2 ~ 3 滴，放在点滴板上，再滴加 1 ~ 2 滴氨水，最后加入 1 ~ 2 滴丁二酮肟溶液，观察沉淀的颜色变化。根据试验结果判断 Fe^{3+}、Co^{2+}、Ni^{2+} 的存在。

选做部分

（1）设计实验：试验 $[Co(NH_3)_6]^{2+}$、$[Ni(NH_3)_6]^{2+}$ 离子的还原性，比较它们还原性的相对强弱，并解释实验结果。

（2）制备 $BaFeO_4$：于 100mL 的烧杯中注入 5mL NaClO 溶液，加少量 NaOH 固体（约 0.2g），加热至沸，然后在搅拌下滴加 0.5mL $Fe(NO_3)_3$ 溶液，加完后煮沸片刻，观察溶液颜色。取少量上述溶液离心分离，取出上清液，加入到少量 $BaCl_2$ 溶液中，观察沉淀的颜色。

问题与讨论

（1）制备 $Fe(OH)_2$ 时，有关溶液均需煮沸并避免振荡，为什么？

（2）本实验中检验 Co^{2+} 时为什么需加入 NH_4F 溶液和戊醇？在什么情况下可不加 NH_4F 溶液？指出戊醇层中蓝色物质的化学组成。该物质是在加入戊醇之前形成的还是在加入戊醇之后形成的？

（3）怎样从 $Fe(OH)_3$ 制备 $FeCl_2$？写出其反应方程式。

（4）比较 $Fe(OH)_3$、$Al(OH)_3$、$Cr(OH)_3$ 的性质。怎样利用这些性质把 Fe^{3+}、Al^{3+}、Cr^{3+} 从溶液中分离出来？

实验三十七　胶体溶液

实验目的

（1）了解并试验胶体的制备、保护和破坏的方法。

（2）试验胶体的丁铎尔效应和电泳现象。

实验提要

胶体溶液（溶胶）是一种高分散的多相体系。要制备比较稳定的胶体溶液，就要在加入稳定剂的条件下设法获得适当大小（$10^{-7} \sim 10^{-5}$ cm）的颗粒。其制备方法大致分为两类，即凝聚法和分散法。

（1）凝聚法，即在一定的条件下使分子或离子聚结为胶粒的方法。作为凝聚法的例子很多，凡是能使分子或离子转变为不溶物的方法，在适当浓度、酸度等条件下都可获得胶粒。例如，加热使稀 $FeCl_3$溶液水解；往酒石酸锑钾（$KSbOC_4H_4O_6$）溶液中加 H_2S 溶液。在生成难溶物 $Fe(OH)_3$和Sb_2S_3的聚结过程中，分别吸附了 FeO^+ 和 HS^- 离子，便成为具有胶粒大小的带电粒子，形成比较稳定的溶胶。又如，更换溶剂、降低溶质的溶解度，也可以使溶质分子凝聚为胶体颗粒。

（2）分散法，指在一定条件下将大颗粒的分散相分散为胶粒的方法。在洗涤沉淀的过程中有时会形成溶胶，此可作为分散法的实例之一。例如，往新生成的 $Fe(OH)_3$沉淀中加入少量稀 $FeCl_3$溶液，经过搅拌，便形成带正电荷的溶胶。AgCl 沉淀用蒸馏水洗涤时也常分散成带负电荷的溶胶，它们都是在分散过程中吸附了离子而带电。

光线进入溶胶后，胶粒对光产生散射作用，其本身便成为一个小发光体，在黑背影下可看到闪烁的亮点，在光的入射途径中看到一个光柱，此即丁铎尔效应。

在电场的作用下，带电胶粒可以向某一电极方向移动，同时与它带有相反电荷的离子向相反方向移动，此即胶粒的电泳现象。

当溶液中带有与胶粒电荷相反的离子浓度增大，或两种带有相反电荷的溶胶相互混合时，将破坏其双电层并使胶粒聚沉。加热也将降低胶粒的稳定性，因此，加热是破坏胶体或防止胶体形成的常用方法。

加入高分子溶液（如动物胶）也可以增大胶体的稳定性。

仪器和药品　（除特别注明外，试剂浓度单位为 $mol \cdot L^{-1}$）

U 形管，铜电极，导线，直流电源，电动离心机，手电筒。

H_2SO_4（1∶100），H_2S（饱和），$FeCl_3$（0.1，不加酸），酒石酸锑钾（质量分数为

0.4%），$Na_2S_2O_3$（1∶200），$K_4[Fe(CN)_6]$（0.1），$AlCl_3$（0.1），$BaCl_2$（0.1），NaCl（0.1，0.5），$(NH_4)_2SO_4$（饱和），KNO_3（0.1），硫的酒精饱和溶液，蛋白质溶液，尿素（s），动物胶（质量分数为1%）。

实验内容

1. 胶体的制备

（1）水解反应制备 $Fe(OH)_3$ 水溶胶：在一个100mL的烧杯中盛30mL蒸馏水，加热至沸，然后边搅拌边滴加0.1mol·L^{-1} $FeCl_3$（不加酸的）溶液约5mL，继续煮沸1～2min，观察颜色变化，写出反应方程式。保留溶胶以供后面实验使用。

（2）复分解反应制备 Sb_2S_3 水溶胶：在50mL烧杯中盛15mL质量分数为0.4%的酒石酸锑钾溶液，然后边搅拌边滴加饱和 H_2S 溶液，直到溶液变为橙红色溶胶为止。保留溶胶以供后面实验使用。

（3）分解反应制硫溶胶：往7mL 1∶200 $Na_2S_2O_3$ 溶液中加入7mL 1∶100 H_2SO_4，不断搅拌，观察有何现象？写出反应式。保留溶胶以供后面使用。

（4）改变溶剂法制硫溶胶：往15mL水中滴加硫在酒精中的饱和溶液（约10～15滴），并不断搅拌，观察有何变化？试加以解释。保留溶胶以供下面使用。

（5）分散法制溶胶：取0.5mol·L^{-1} $FeCl_3$ 溶液3mL于离心试管中，加入0.1mol·L^{-1} $K_4[Fe(CN)_6]$ 溶液约1mL，即有普鲁士蓝沉淀生成。离心分离，弃去上层清液，然后用蒸馏水洗涤沉淀，即有部分溶胶。用离心分离的方法，吸取上层溶胶，保留以供后面使用。

2. 胶体溶液的光学性质和电学性质

（1）胶体溶液的光学性质：在手电筒圆玻璃片上蒙一层黑纸，中心开一个小孔，在暗处观察上面制备的各种溶胶的丁铎尔效应（如图4－4所示）①。

（2）胶体溶液的电学性质：在上面制备的 $Fe(OH)_3$ 溶胶用固体尿素饱和②，取上面溶胶注入U形管中，然后用滴管沿U形管管壁在两边分别滴入蒸馏水，使两边液面升高1～2cm，并在两边各滴1滴0.1mol·L^{-1} KNO_3 溶液。分别插入铜电极，接通直流电源，电压调至30～40V，如图4－5所示。半小时后，观察现象。由界面移动的方向判断 $Fe(OH)_3$ 溶胶的胶粒所带的电荷是正还是负？

---

① 在制备 $Fe(OH)_3$ 溶胶的实验中，可在 $Fe(OH)_3$ 溶胶中略加一些1mol·L^{-1} $NH_3·H_2O$，使溶胶的pH值约在3～4，则丁铎尔现象较明显。

② 在 $Fe(OH)_3$ 溶胶的电泳实验中，加尿素是为了增大溶胶的比重，使之与上层稀 KNO_3 溶液呈明显界面，有利于观察胶粒的移动。

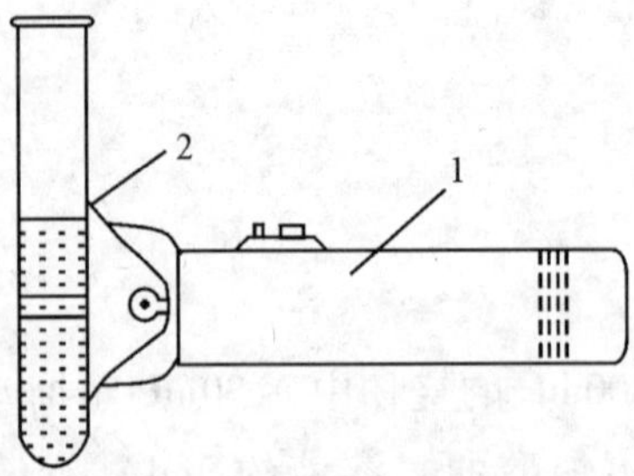

图 4-4　丁铎尔效应

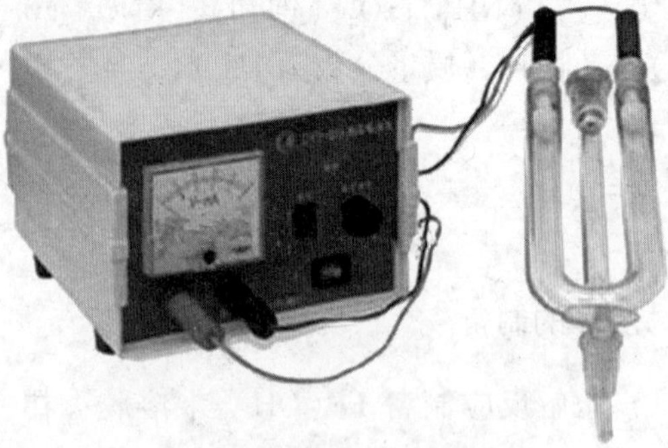

图 4-5　简单的电泳装置

3. 溶胶的聚沉

(1) 取 3 支干燥试管，每支中加入 1mL Sb_2S_3溶胶，边振荡边向试管中分别滴入不同的电解质溶液，依次为 0.1mol · L^{-1}的 NaCl、$BaCl_2$和 $AlCl_3$溶液，直到沉淀出现为止。准确记下所加入的每种电解质溶液的滴数。简要说明使溶胶开始聚沉所需要的电解质溶液数量与阳离子电荷的关系。

(2) 在 1 支试管中，将 2mL $Fe(OH)_3$溶胶和 2mL Sb_2S_3溶胶混合在一起，振荡试管，观察到什么现象？解释之。

(3) 取 2mL 普鲁士蓝溶胶加热至沸，有何现象？解释之。

(4) 蛋白溶液的聚沉作用：在 1 支试管中加入 0.5mL 蛋白的稀溶液，然后滴加饱和 $(NH_4)_2SO_4$溶液（两者的量大约相等），有何现象？

4. 动物胶的保护作用

取 2 支试管，第 1 支加入 1mL 蒸馏水，第 2 支加入 1mL 质量分数为 1% 的动物胶。然后在每支试管中加入 5mL Sb_2S_3溶胶，小心振荡试管，放置约 3min 后，再向各试管中注入 1mL 0.5mol · L^{-1}NaCl 溶液，摇匀，观察两支试管中的聚沉现象有何差别？并加以解释。

问题与讨论

(1) 如果改变制备条件：

①把 $FeCl_3$溶液加到冷水中；

②把 1mol · $L^{-1}$$Na_2S$ 溶液加到酒石酸锑钾溶液中；

③在 $Na_2S_2O_3$溶液中加 H_2SO_4后再加热。

试问能否制得 $Fe(OH)_3$水溶胶、Sb_2S_3水溶胶和 S 溶胶，为什么？

(2) 从自然界现象和日常生活中举出两个胶体聚沉的例子。

(3) 盐析作用与溶胶的聚沉作用有何不同？

第五部分

离子的分离与鉴定

半微量定性分析的基本操作

半微量定性分析取样量较少。一般做鉴定反应时，如不严格遵守操作规则，很容易丢失而无法检出。反之，若反应器皿不净，操作不慎或试剂不纯也会造成过度检出。

定性分析操作包括分离和鉴定两部分，其中主要操作如下。

1. 用试剂沉淀

为了进行分离，常在试液中加入某种试剂使一些离子生成难溶盐而沉淀，另一些离子则留在溶液中。

实验中欲使沉淀完全，应做到：

（1）严格按照规定的沉淀条件（如溶液的酸碱度、试剂加入次序、温度以及如何防止生成胶体等），否则会使沉淀不完全或不产生沉淀。

（2）加入的沉淀剂应稍微过量，以减小沉淀的溶解度，使沉淀完全。但也要防止试剂加入过多，避免因盐效应和络合效应而使沉淀溶解。

（3）沉淀反应大多数在离心试管中进行。沉淀剂应逐滴加入，同时用玻璃棒充分搅拌。搅拌可以加速沉淀，使反应均匀，且可促使胶粒凝聚。

（4）沉淀是否完全的检查方法，是在离心分离后的清液中加一滴沉淀剂，若溶液没有变浑浊，则表示沉淀完全。反之，则表示未完全沉淀，需继续加入沉淀剂直至沉淀完全。

2. 离心分离

参看无机化学基本操作中离心分离法。

3. 沉淀洗涤

洗涤的目的是为了充分除去渗入沉淀中的母液。洗涤沉淀必须注意：

（1）洗涤前，沉淀上的母液应吸净。

（2）洗涤液中应含有少量沉淀剂或与沉淀不发生反应的电解质（如NH_4NO_3、NH_4Cl）等，以防沉淀溶解和生成胶体。

（3）洗涤次数不宜太多，每次洗涤液用量视沉淀多少而定，一般为0.2～0.3mL。

（4）洗涤时，必须用细玻璃棒充分搅拌，壁上附着的沉淀要用玻璃棒刮下，并与沉淀一起洗涤。

4. 沉淀溶解

沉淀中可能含有一种或几种离子的难溶盐，为了检验沉淀中的离子或进行进一步的分离，常要将沉淀全部或部分溶解。

溶解沉淀时必须注意：

（1）应逐滴加入试剂，并不断搅拌。

（2）沉淀溶解比较缓慢时，不要急于加入过多的试剂，而应搅拌一段时间，或在水浴中适当加热。

（3）有些沉淀放置时间过久，会变得比刚生成的沉淀更难溶解，所以离心分离后的沉淀应随即溶解。

溶液从一个容器转入另一个容器，不可直接倾倒，因为溶液较少，需用吸管转移。

5. 沉淀移取

沉淀移取方法有两种：一种是用小“玻璃挖”移取；另一种是在沉淀上加少量水后搅动，使沉淀悬浮，再用吸管吸取部分悬浮液，移入另一试管中。若检验发现反应有过多的水分，则在移取沉淀后需进行离心分离。

6. 溶液蒸发

为鉴定含量较少的离子，在鉴定前应将溶液浓缩。溶液浓缩一般在小烧杯中（可在小坩埚中）进行。烧杯放在石棉网中央，手持酒精灯，以小火在下面来回移动，使溶液缓慢蒸发，不致溅出。

若需蒸发至干时，应在蒸发接近干时停止加热，让残渣借助余热自行蒸干，避免固体溅出，也可防止物质分解。

7. 点滴反应

点滴反应可以在瓷点滴板上进行，也可在纸上进行。两种方法都很灵敏、方便。

在白色瓷板上进行有色的检验反应，颜色清楚，容易观察。在瓷板上进行点滴反应需注意：

（1）反应前点滴板应洗干净并用吸管吸去孔穴中残留的水，必要时应用滤纸吸干。

（2）试液与试剂取量以1滴为宜，不可多取，以免溢出。

（3）为使反应均匀，可用玻璃棒搅动。

在纸上进行点滴反应，所需试液（或试剂）的量较少，并可以提高反应的灵敏度和选择性。

纸上点滴反应的操作方法如下：

（1）取定性滤纸一小块（约2cm×2cm）作为反应纸。

（2）将吸有试液的毛细滴管直立并使其尖端与滤纸接触，借纸的毛细作用使试液自行流下而成斑点。斑点不宜过大（直径为2～3mm）。

（3）再用另一毛细滴管取试剂，用同法在第一斑点的中心加试剂，观察反应的结果。

纸上点滴反应的产物必须都是带色的（沉淀或可溶物）。同时，注意不能用滴管滴加溶液。

8. 结晶反应的显微鉴定

各种晶体都有特征的晶形，用显微镜观察反应生成的晶体形状，可很快地作出某种离子是否存在的结论。

影响晶体生长的因素很多，这些因素不仅会影响结晶速度及晶体大小，有时还会改变结晶的形状。所以要得到一定形状的晶体，要有合适的结晶条件。一般来讲，从较稀的溶液中得到的晶体较大，晶形较好；从较浓的溶液中结晶，则晶体较细，晶形不易完整。

结晶反应显微鉴定的操作方法如下：

在干燥洁净的显微镜载玻片上，相距 2cm 左右各滴试液与试剂 1 滴，然后用细玻璃棒沟通，使试剂与试液发生缓慢反应，结果在中间先生成晶体。观察晶形时，应将过多的溶液用滤纸吸去。

如溶液需浓缩后才能结晶，则必须使溶液在载玻片上受热蒸发。操作方法是：先滴 1 滴试液于载玻片的中央，然后用试管夹夹住载玻片的一端，在石棉网上方来回移动使其受热，缓慢蒸发至干，冷却后在残渣上加 1 滴试剂，过一段时间就会生成晶体。

观察晶形需用显微镜。

显微镜的使用方法如下：

（1）选择放大倍数合适的目镜及物镜（放大总倍数为目镜和物镜放大倍数之乘积）。

（2）在载物台上放好载玻片，载玻片背面应擦干，以免沾污载物台。载玻片应夹好以防滑动。

（3）调好反光镜，使目镜内照明良好。

（4）调节物镜最低至离载玻片 5cm 左右，然后用左眼看目镜并缓慢升高镜筒，直到呈现清晰的物像为止。若镜筒升至最高点仍未看到物像，应重新将镜筒调至离载玻片 5cm 后再重新调节，绝不能在观察时下降镜筒，以防物镜触及载玻片。

（5）目镜及物镜若被沾污，应当用镜头纸擦，不能用一般的纸或布擦。

（6）显微镜不用时应放入箱内，物镜放在专用盒中。

9. 检验气体的方法

一般用两个合在一起的表面皿，下面的表面皿上加有反应物，上面表面皿的内壁贴有试纸，用试纸检验生成气体的性质。这种检验气体的方法称为“气室法”。

10. 焰色反应

某些物质能使火焰呈现特征颜色，如钾盐呈紫色，钠盐呈黄色等。因此可以借助焰色的不同来鉴定某些离子，这种反应称为焰色反应。

操作方法如下：

（1）在小试管中放少量浓盐酸，然后将铂丝蘸取盐酸在煤气灯（或酒精喷灯）的氧化焰中心灼烧几秒钟。如此反复多次直到火焰不再呈现特殊的颜色为止。

（2）将试液滴在点滴板上，然后用铂丝蘸取试液放在氧化焰中灼烧，观察焰色。每种离子的颜色所持续的时间各不相同，一般的焰色可持续几十秒，但也有些离子的焰色几秒钟内即消失。观察时要特别注意。

（3）铂丝不能放在还原焰中，因为在还原焰中易生成碳化铂，使铂变脆。

（4）试验完毕用盐酸按（1）所述的方法把铂丝处理干净。

11. 空白试验与对照试验

在鉴定某离子时，若试剂不纯或含有被鉴定的离子，则会导致结论错误。为避免这种错误，可在实验中另取一份蒸馏水代替试液，在与试液相同的条件下，以相同方法对同一种离子进行鉴定。这种对比实验方法称为空白试验。它可以检查出本项实验所用的试剂和蒸馏水是否含有被检出的离子，判断试剂是否符合实验的要求。

用含有某种离子的纯盐溶液代替试液，与试液在相同条件下进行鉴定，两相对比，检查鉴定结果是否可靠，称为对照试验。通过对照试验，可更清楚地确证试液中被鉴定的离子是否存在。

常见阳离子的分析

阳离子的数目较多，干扰情况较为复杂，一般采用系统分析法。现应用最为广泛的是硫化氢系统分析法。

1. 硫化氢系统的分组方案

硫化氢系统分组主要根据各阳离子硫化物溶解度的差异，其次是氯化物和硫酸盐溶解度的不同，以 HCl、H_2S、$(NH_4)_2S$ 和 $(NH_4)_2CO_3$ 为组试剂，将 26 种常见的阳离子分为五组。表 5－1 分别列出阳离子的硫化氢系统分组方案，图 5－1 为硫化氢系统分析步骤示意图。

表 5－1 **阳离子的硫化氢系统分组方案**

<table>
<tr><td rowspan="4">分组的根据</td><td colspan="4">硫化物不溶于水</td><td colspan="2">硫化物溶于水</td></tr>
<tr><td colspan="3">硫化物不溶于稀酸</td><td rowspan="3">硫化物溶于稀酸</td><td rowspan="3">碳酸盐不溶于水</td><td rowspan="3">碳酸盐溶于水</td></tr>
<tr><td rowspan="2">氯化物不溶于水</td><td colspan="2">氯化物溶于水</td></tr>
<tr><td>硫化物不溶于 Na_2S</td><td>硫化物溶于 Na_2S</td></tr>
<tr><td>组内的离子</td><td>Ag^+
Hg_2^{2+}
Pb^{2+}①</td><td>Pb^{2+}
Bi^{3+}
Cu^{2+}
Cd^{2+}</td><td>Hg^{2+}
As（Ⅲ、Ⅴ）
Sb（Ⅲ、Ⅴ）
Sn（Ⅰ、Ⅳ）</td><td>Al^{3+} Mn^{2+}
Fe^{3+} Zn^{2+}
Cd^{2+} Co^{2+}
Fe^{2+} Ni^{2+}</td><td>Ba^{2+}
Sr^{2+}
Ca^{2+}</td><td>Mg^{2+}
K^+
Na^+
NH_4^+</td></tr>
</table>

① Pb^{2+} 浓度大时部分沉淀。

（续上表）

组的名称	Ⅰ组 银组 盐酸组	ⅡA组	ⅡB组	Ⅲ组 铁组 硫化物组	Ⅳ组 钙组 硫酸铵组	Ⅴ组 钠组
		Ⅱ组 铜锡组 硫化氢组				
组试剂	HCl	$0.3mol \cdot L^{-1}HCl$ H_2S		$NH_3—NH_4Cl$ $(NH_4)_2S$	$NH_3—NH_4Cl$ $(NH_4)_2CO_3$	—

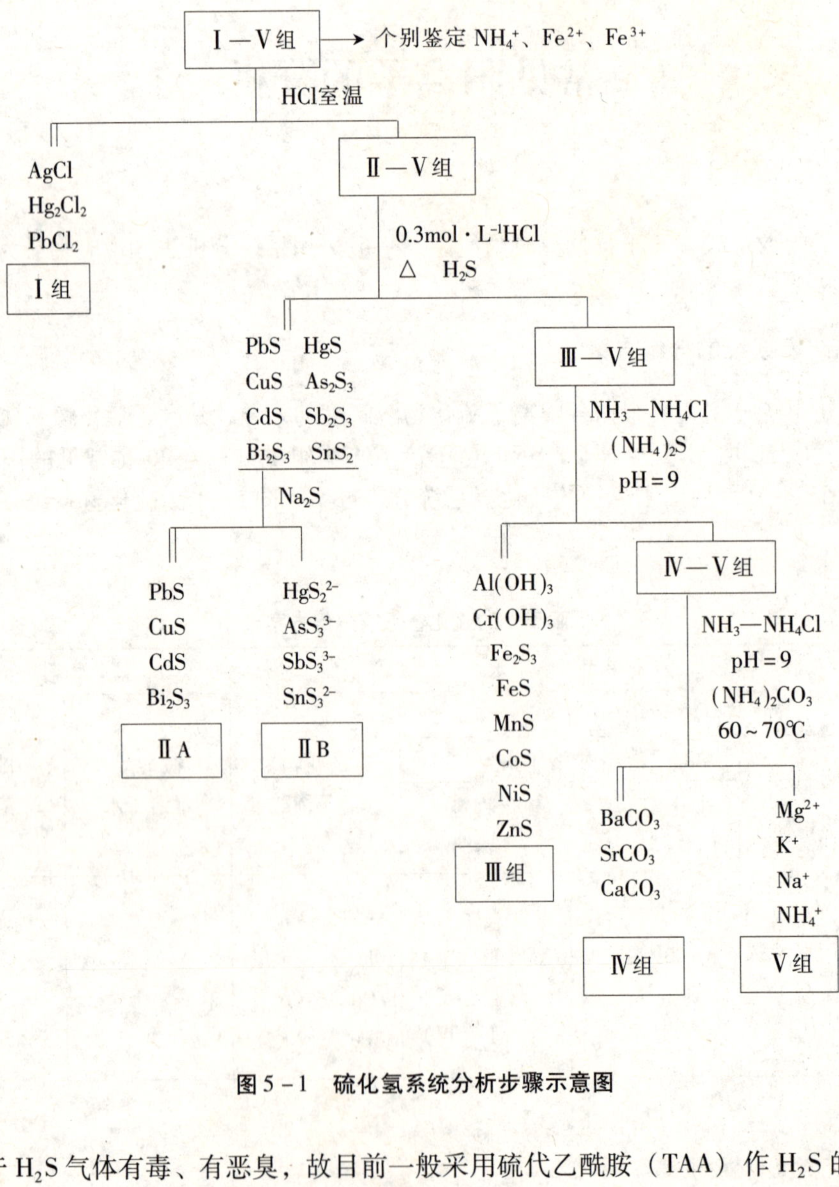

图 5－1　硫化氢系统分析步骤示意图

由于 H_2S 气体有毒、有恶臭，故目前一般采用硫代乙酰胺（TAA）作 H_2S 的代用品。

TAA 的水解速度随温度的升高而加快，所以一般在沸水浴中进行。

2. 硫化氢系统的分组条件及各组离子的分析

要使组与组分离完全，即被沉淀的离子完全沉淀（指被沉淀离子在溶液中剩余的浓度小于 $10^{-5}mol \cdot L^{-1}$），而其他离子完全留在溶液中，需根据被沉淀离子和共存离子的性质考虑分离的条件，并运用离子平衡（酸碱、沉淀、氧化还原、络合等平衡）的规律以控制分离的条件。

（1）第一组的阳离子。本组的离子包括 Ag^+、$Hg_2{}^{2+}$ 和 Pb^{2+}。以稀盐酸为组试剂，将它们沉淀为氯化物而与其他离子分离。

①沉淀条件：3 种氯化物 AgCl（$1.3\times10^{-5}mol \cdot L^{-1}$）、$Hg_2Cl_2$（$6.9\times10^{-7}mol \cdot L^{-1}$）和 $PbCl_2$（$2.5\times10^{-2}mol \cdot L^{-1}$）的溶解度不同，可利用同离子效应，加稍过量的 Cl^- 使 Ag^+ 和 $Hg_2{}^{2+}$ 沉淀完全，而 Pb^{2+} 不可能沉淀完全：

$$AgCl + Cl^- \rightleftharpoons AgCl_2{}^-$$

$$Hg_2Cl_2 + 2Cl^- \rightleftharpoons HgCl_4{}^{2-} + Hg\downarrow$$

$$PbCl_2 + Cl^- \rightleftharpoons PbCl_3{}^-$$

因 Cl^- 浓度过大会产生盐效应及络合效应，反而使溶解度增加，所以一般加适当过量的 HCl，既满足 Ag^+、$Hg_2{}^{2+}$ 沉淀完全，又可防止 AgCl 形成胶状沉淀。而 Pb^{2+} 跨两组，浓度小的时候在第二组检出。

综上所述，本组沉淀的条件是室温（因 $PbCl_2$ 溶于热水）和适当过量的盐酸。为防止水解产物沉淀（如 Bi^{3+}、Sb^{3+} 等离子水解），对 H^+ 浓度也有一定的要求，一般保持沉淀后 HCl 浓度约为 $1mol \cdot L^{-1}$。

②本组离子的分析：

A. Pb^{2+} 的分离与鉴定。将本组氯化物沉淀加水并加热近沸，$PbCl_2$ 溶解，趁热分离。离心液加 HAc 酸化，用 K_2CrO_4 试剂鉴定 Pb^{2+}。

B. Ag^+、$Hg_2{}^{2+}$ 的分离及鉴定。分出 $PbCl_2$ 后的沉淀，用氨水处理，AgCl 转化为 $[Ag(NH_3)_2]^+$ 进入溶液与 Hg_2Cl_2 分开（Hg_2Cl_2 已转化为 $HgNH_2Cl$ 和 Hg）。清液加 HNO_3 酸化，重新析出 AgCl 白色沉淀，说明有 Ag^+。分离后的残渣若为灰黑色，说明有 $Hg_2{}^{2+}$。还可进一步确证，加王水溶解残渣，其反应为：

$$3Hg + 2NO_3{}^- + 12Cl^- + 8H^+ = 3HgCl_4{}^{2-} + 2NO\uparrow + 4H_2O$$

$$2HgNH_2Cl + 2NO_3{}^- + 6Cl^- + 4H^+ = 2HgCl_4{}^{2-} + N_2\uparrow + 2NO\uparrow + 4H_2O$$

溶解后加热破坏过量的王水，以免试剂被氧化。然后加入 $SnCl_2$ 试剂鉴定 $Hg_2{}^{2+}$。

（2）第二组阳离子。本组的离子包括 Pb^{2+}、Bi^{3+}、Cu^{2+}、Cd^{2+}、Hg^{2+}、As（Ⅲ、Ⅴ）、Sb（Ⅲ、Ⅴ）和 Sn（Ⅳ）。以 H_2S 为组试剂，将它们沉淀为硫化物与第三、第四组分离。

①沉淀条件。基于各组硫化物的溶解度差别很大，例如：

第二组溶解度最大的 CdS 的 $K_{sp}=8\times10^{-27}$；

第三组溶解度最小的 ZnS 的 $K_{sp}=2\times10^{-22}$；

第四、五组的硫化物溶于水。

所以，关键是第二组与第三组的分离。根据分步沉淀的原理，控制 S^{2-} 的浓度以使 Cd^{2+} 沉淀完全，而 Zn^{2+} 不被沉淀，即达到分离的目的。

因 H_2S 是二元弱酸，总的离解常数表达式是：

$$\frac{c^2(H^+)\cdot c(S^{2-})}{c(H_2S)}=K_{a_1}\cdot K_{a_2}=9.2\times10^{-22}$$

$$c(S^{2-})=\frac{c(H_2S)}{c^2(H^+)}\times9.2\times10^{-22}$$

室温下，H_2S 饱和溶液的浓度约为 0.1mol · L^{-1}。

故

$$c(S^{2-})=\frac{0.1}{c^2(H^+)}\times9.2\times10^{-22}$$

由上可知，S^{2-} 浓度与 H^+ 浓度的平方成反比，因此调节溶液的酸度，则可控制 S^{2-} 的浓度，从而使第二、第三组的离子分离。

通过实验和计算证明，H^+ 浓度为 0.3mol · L^{-1} 最为适宜。因 H^+ 浓度大时，第二组离子尤其是 Cd^{2+} 沉淀不完全。H^+ 浓度小时，第三组 Zn^{2+} 会产生沉淀。

为防止生成硫化物的胶体，可将溶液加热，使硫化物在热溶液中生成，但加热会使 H_2S 浓度降低。为保证第二组离子沉淀完全，需等溶液冷却后，再通 H_2S。

综上所述，本组沉淀条件是：调节溶液中 HCl 的浓度为 0.3mol · L^{-1}（若用 TAA 作沉淀剂，溶液的酸度调至 0.2mol · L^{-1} 最适宜），加热通 H_2S，冷却后将溶液冲稀一倍，降低溶液的酸度（因沉淀过程中，H^+ 浓度增大），再通 H_2S，使第二组离子硫化物沉淀完全。

②本组离子的分析。本组包括的离子较多，为了分析方便，根据硫化物的酸碱性不同，进一步将它们分为两个小组。其中，Pb^{2+}、Bi^{3+}、Cu^{2+} 和 Cd^{2+} 的硫化物属于碱性硫化物，不溶于 Na_2S、$(NH_4)_2S$ 等碱性溶剂，这些离子称为铜组（ⅡA 组）。Hg^{2+}、As(Ⅲ)、Sb(Ⅲ) 和 Sn(Ⅳ) 的硫化物呈两性偏酸，能溶于 Na_2S 试剂生成硫代酸盐，称为锡组（ⅡB 组）。

在本组硫化物中加 Na_2S 试剂，其反应为：

$$HgS+S^{2-}=\!=\!=HgS_2{}^{2-}$$

$$As_2S_3+3S^{2-}=\!=\!=2AsS_3{}^{3-}$$

$$SnS_2+S^{2-}=\!=\!=SnS_3{}^{2-}$$

$$Sb_2S_3+3S^{2-}=\!=\!=2SbS_3{}^{3-}$$

溶液为锡组，残渣为铜组。

铜组（ⅡA 组）分析

将本组硫化物溶于 HNO_3，除去 S 之后，加甘油溶液（1∶1）和过量的浓碱（质量分数为 40% 的 NaOH 溶液），这时只有 $Cd(OH)_2$ 沉淀，而 Pb^{2+}、Cu^{2+} 和 Bi^{3+} 与甘油—碱生成可溶性的络合物留在溶液中，将 $Cd(OH)_2$ 沉淀以稀的甘油—碱洗净，直接在该沉淀中加入 TAA 溶液，加热，若有黄色沉淀析出，示有 Cd^{2+}。

在分离 $Cd(OH)_2$ 后的溶液中鉴定 Cu^{2+}、Pb^{2+} 和 Bi^{3+}。

取少量溶液，加 HAc 酸化，用 $K_4[Fe(CN)_6]$ 试剂鉴定 Cu^{2+}。

取少量溶液，用稀 HNO_3 中和，然后加 HAc 酸化，用 K_2CrO_4 试剂鉴定 Pb^{2+}。

取少量溶液，用 $Na_2[Sn(OH)_4]$ 试剂鉴定 Bi^{3+}。

铜组分析示意图如图 5－2 所示。

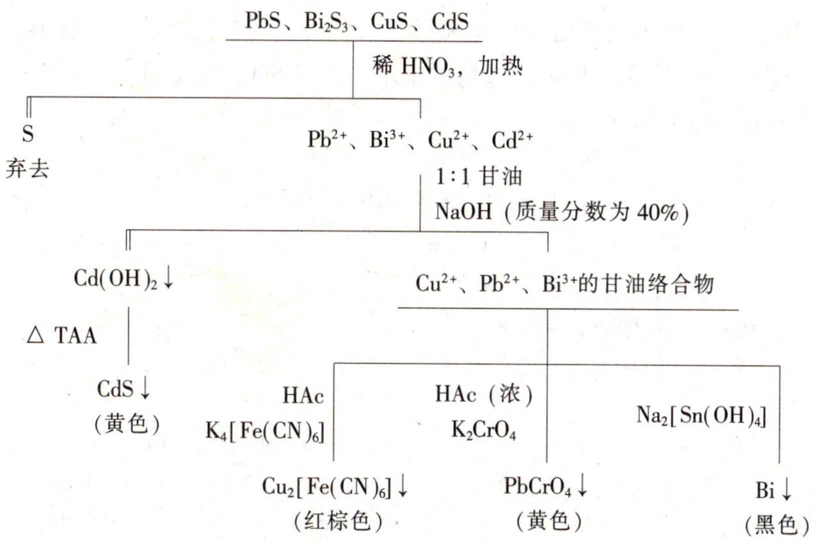

图 5－2　铜组分析示意图

锡组（ⅡB 组）分析

在分离铜组后的溶液中滴加浓 HAc 至呈酸性，则硫代酸盐分解重新析出硫化物沉淀：

$$HgS_2^{2-} + 2HAc = HgS\downarrow + H_2S\uparrow + 2Ac^-$$

$$2AsS_3^{3-} + 6HAc = As_2S_3\downarrow + 3H_2S\uparrow + 6Ac^-$$

$$2SbS_3^{3-} + 6HAc = Sb_2S_3\downarrow + 3H_2S\uparrow + 6Ac^-$$

$$SnS_3^{2-} + 2HAc = SnS_2\downarrow + H_2S\uparrow + 2Ac^-$$

A. Hg^{2+}、As(Ⅲ) 与 Sb(Ⅲ)、Sn(Ⅳ) 的分离。在上述析出的硫化物沉淀上加浓盐酸并加热，则 Sb_2S_3 和 SnS_2 形成氯络离子而溶解；HgS 和 As_2S_3 不溶。

$$Sb_2S_3 + 6H^+ + 12Cl^- = 2SbCl_6^{3-} + 3H_2S\uparrow$$

$$SnS_2 + 4H^+ + 6Cl^- = SnCl_6^{2-} + 2H_2S\uparrow$$

B. Sn(Ⅳ) 和 Sb(Ⅲ) 的鉴定。取 A 中的少量溶液，加铁丝（或铅粒）使 Sn(Ⅳ) 还原为 Sn(Ⅱ)，然后在溶液中加 $HgCl_2$ 试剂鉴定 Sn(Ⅱ)。

另取 A 中的少量溶液，将溶液稀释后通 H_2S，如 Sn(Ⅳ) 不存在，则得到橘红色 Sb_2S_3 沉淀，示有 Sb(Ⅲ)。

如有 Sn(Ⅳ) 存在，为了避免生成 SnS_2，需把 HCl 浓度调至约 2.2 mol·L^{-1}，加一些草酸后，再通 H_2S。因为 $[Sn(C_2O_4)_3]^{2-}$ 比 $[Sb(C_2O_4)_3]^{3-}$ 稳定得多，在通 H_2S 时只有 $[Sb(C_2O_4)_3]^{3-}$ 转化为 $Sb_2S_3\downarrow$。但如果 HCl 浓度太小，也会有一些 SnS_2 混在 Sb_2S_3 中，使沉淀呈褐色。

C. Hg^{2+} 与 As(Ⅲ) 的分离及其鉴定。HgS 与 As_2S_3 的酸碱性不同，其中 As_2S_3 的酸性

较强，可溶于氨水及 $(NH_4)_2CO_3$。

$$As_2S_3 + 6NH_3 + 3H_2O = AsS_3^{3-} + AsO_3^{3-} + 6NH_4^+$$

$$As_2S_3 + 3CO_3^{2-} = AsS_3^{3-} + AsO_3^{3-} + 3CO_2\uparrow$$

HgS 不溶于水，使 Hg^{2+} 与 As(Ⅲ) 分开。

取用 $(NH_4)_2CO_3$ 处理后的溶液，加稀 HCl 酸化，出现黄色沉淀，示有As(Ⅲ)。

HgS 用王水处理，然后加热破坏过量的王水，再以 $SnCl_2$ 鉴定 Hg^{2+}。

锡组分析示意图如图 5－3 所示。

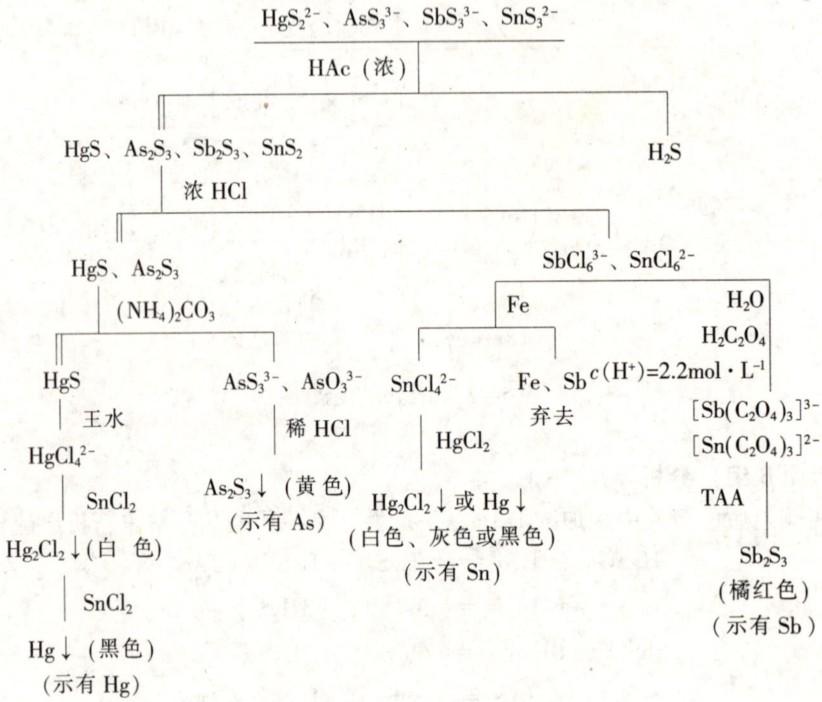

图 5－3　锡组分析示意图

（3）第三组阳离子。本组的离子包括 Al^{3+}、Mn^{2+}、Fe^{3+}、Zn^{2+}、Cd^{2+}、Co^{2+}、Fe^{2+}，在 $0.3mol \cdot L^{-1}$ HCl 溶液中，这些离子不被 H_2S 沉淀。但在 NH_3—NH_4Cl 存在下，以 $(NH_4)_2S$ 为组试剂，Fe^{2+}、Mn^{2+}、Co^{2+}、Ni^{2+}、Zn^{2+}、Fe^{3+} 形成硫化物沉淀，Al^{3+}、Cr^{3+} 形成氢氧化物沉淀，与第四、第五组离子分离。

①沉淀条件。沉淀本组离子时，溶液的酸度一般保持在 pH＝8～9，因 $Al(OH)_3$ 和 $Cr(OH)_3$ 为两性物质。pH＜5，Al^{3+} 沉淀不完全；pH＜7，Cr^{3+} 沉淀不完全；pH＞12，$Cr(OH)_3$ 和 $Al(OH)_3$ 开始溶解，而且 pH＞10，第五组 Mg^{2+} 也会沉淀，因此采用 NH_3—NH_4Cl 缓冲体系，保持 pH 值基本不变。

为了防止硫化物形成胶体，所以在溶液中除加电解质 NH_4Cl 外，还要将溶液加热。

综上所述，本组沉淀条件是：在 NH_3—NH_4Cl 存在下，调节 pH＝9，并加热，然后加入 $(NH_4)_2S$ 或 TAA，使本组离子沉淀完全。

②本组离子的分析。本组离子除 Al^{3+}、Zn^{2+} 外都有颜色，离子的颜色是鉴定本组离子的重要依据之一。但当离子的含量很少或者不同的颜色发生互补现象时，溶液几乎无色。故溶液无色也不能完全排除有色离子的存在。

本组离子在鉴定前常需分成小组。分组方案多种多样，常用的方法有“氨法”和“碱—过氧化物法”，图 5－4 和图 5－5 是这两种分析方法的示意图。

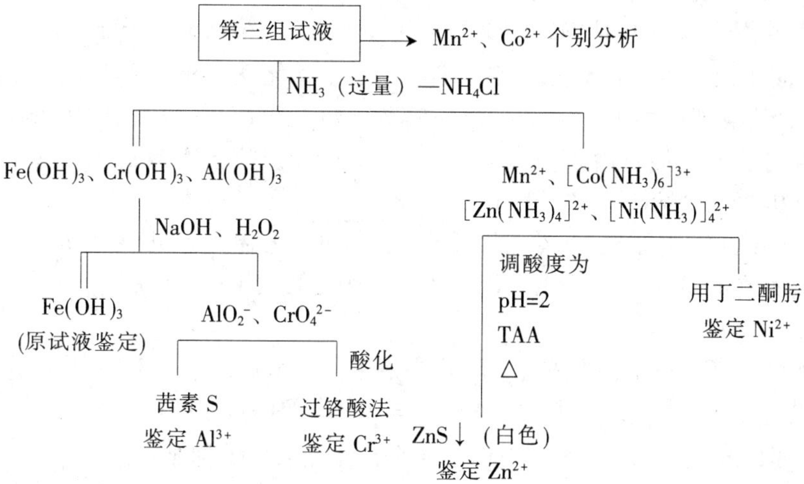

图 5－4　氨法分析示意图

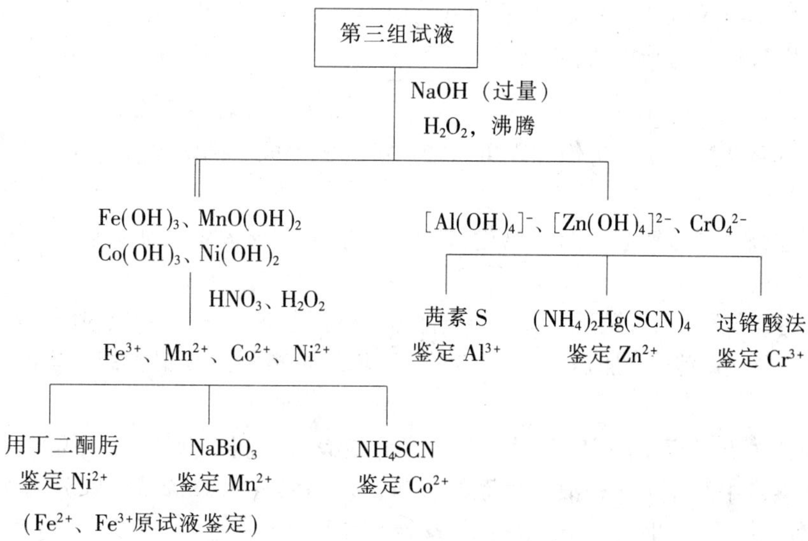

图 5－5　碱一过氧化物法分析示意图

这两种方法都不够理想。氨法中 Mn^{2+} 易被空气氧化为 $MnO(OH)_2$ 而留在沉淀中，部分 $Co(OH)_2$ 发生共沉淀，造成 Mn^{2+} 和 Co^{2+} 分离不完全，即一部分随 $Fe(OH)_3$、

$Al(OH)_3$、$Cr(OH)_3$共沉淀下来，一部分留在溶液中。按碱—过氧化物法分离时，部分$Zn(OH)_2$被带下来共沉淀，因而在检出时易丢Zn^{2+}。

若在氨基乙酸存在下，再加固体尿素，则可使Fe^{3+}、Al^{3+}、Cr^{3+}形成均相的氢氧化物沉淀，而Zn^{2+}、Co^{2+}、Ni^{2+}、Mn^{2+}则与氨基乙酸生成络合物留在溶液中。这样便克服了氨法和碱—过氧化物法分离的缺点。

(4) 第四、第五组阳离子。

①第四、第五组阳离子混合液的处理。按硫化氢系统分组法，第四组离子包括Ca^{2+}、Ba^{2+}、Sr^{2+}。第五组离子包括Mg^{2+}、K^+、Na^+、NH_4^+。第三组离子分出后的溶液若长时间放置，溶液中的$(NH_4)_2S$会被空气中的氧气氧化为$(NH_4)_2SO_4$，使Ba^{2+}生成$BaSO_4$沉淀而从溶液中丢失。因此在第三组离子沉淀分离后，应立即用HAc酸化、煮沸、除去析出的S沉淀，溶液蒸发至干并灼烧除去铵盐，冷却后将残渣用稀HCl溶解，以备分析第四、第五组离子时用。

②第四、第五组离子的分离。此两组离子的氯化物和硫化物均易溶于水。但在NH_3—NH_4Cl存在的条件下，可用$(NH_4)_2CO_3$试剂使第四组离子形成碳酸盐沉淀而与第五组离子分离。

由于$(NH_4)_2CO_3$是弱酸弱碱盐，在水溶液中强烈水解：

$$NH_4^+ + CO_3^{2-} + H_2O = NH_3 \cdot H_2O + HCO_3^-$$

因此，要使Ba^{2+}、Ca^{2+}、Sr^{2+}沉淀不完全，需加入NH_3抑制水解。不过，$NH_3 \cdot H_2O$的加入，将使Mg^{2+}部分生成碱式碳酸镁。为了避免这种现象的产生，应加入适量的NH_4Cl。试验与计算证明，当NH_3和NH_4Cl的浓度比约等于1，pH = 9时，即可使Ba^{2+}、Ca^{2+}、Sr^{2+}沉淀完全，而Mg^{2+}不被沉淀。

另外，$(NH_4)_2CO_3$常含有相当量的NH_2COONH_4（氨基甲酸铵），加热至60～70℃，可促进氨基甲酸铵变为碳酸铵：

$$NH_2COONH_4 + H_2O \xlongequal{\triangle} (NH_4)_2CO_3 \text{（吸热反应）}$$

加热还可破坏溶液中的过饱和现象，加速沉淀的生成，并使碳酸盐的无定形沉淀转为晶体沉淀。

但温度过高，碳酸铵会分解，已生成的碳酸盐沉淀与大量铵盐一起煮沸也会部分溶解，使沉淀不完全。

综上所述，分离第四、第五组离子的条件是：于存在NH_3—NH_4Cl（pH = 9）的试液中，加入$(NH_4)_2CO_3$试剂，并加热至60～70℃，则第四组离子形成碳酸盐沉淀而与第五组离子分离。

③第四、第五组离子的鉴定。用HAc溶解碳酸盐沉淀，则第四组离子转入溶液中。由于它们在鉴定中互相干扰，故采用系统分析法。而第五组则采用个别分析法。图5－6和图5－7分别列出第四、第五组阳离子分析示意图。

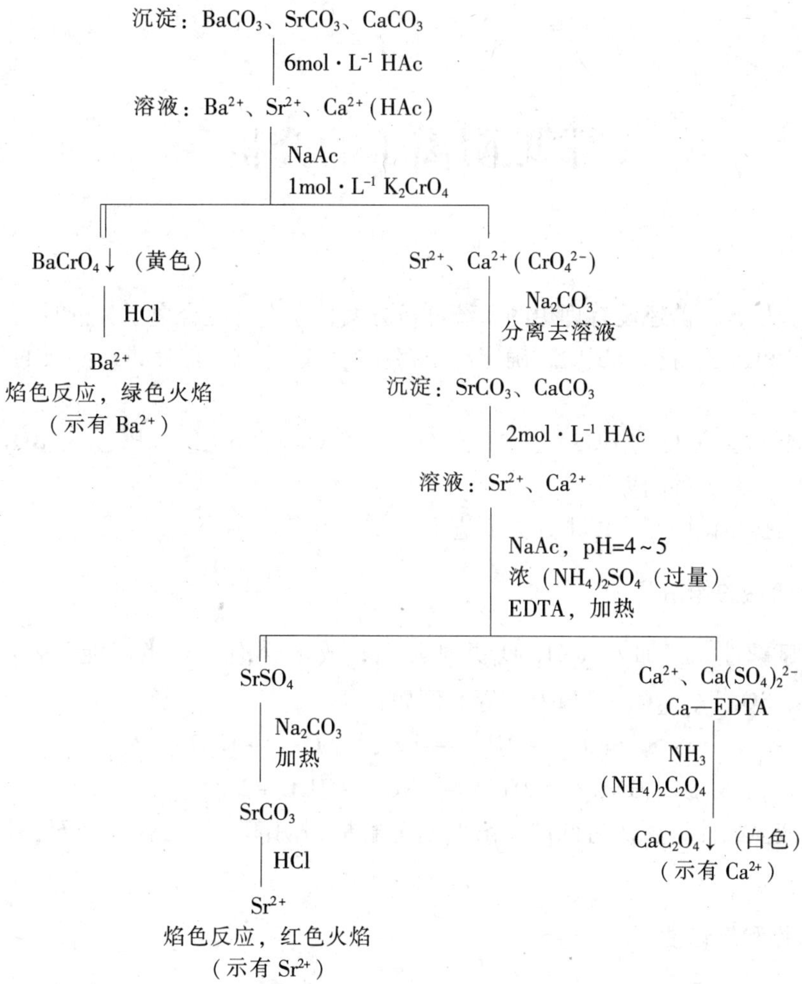

图 5－6　第四组阳离子分析示意图

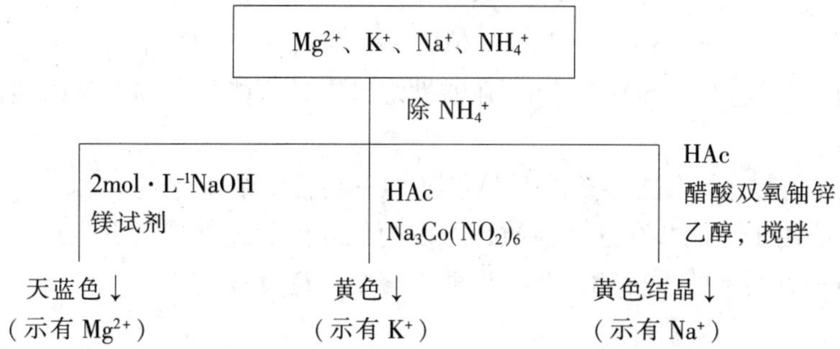

图 5－7　第五组阳离子分析示意图

由于在系统分析过程中，多次加入氨水和铵盐，故应取原溶液并用气室法鉴定 NH_4^+。另外，NH_4^+ 干扰 K^+ 的鉴定，降低 Mg^{2+} 的检出灵敏度，故在检出 Mg^{2+}、Na^+、K^+ 前，应先除去 NH_4^+。

常见阴离子的分析

阴离子分析，目前还没有理想的系统分析方案，在进行混合离子分析时，一般是利用阴离子的化学性质进行初步试验，确定离子存在的可能范围，然后进行必要的分离和个别离子的检出。

这里主要讨论常见的 CO_3^{2-}、S^{2-}、SO_3^{2-}、$S_2O_3^{2-}$、SO_4^{2-}、PO_4^{2-}、NO_2^-、NO_3^-、Cl^-、Br^- 和 I^- 等 11 种阴离子。

阴离子的初步试验可从以下几方面进行。

1. 与稀硫酸的作用

若试液显碱性，当加入稀 H_2SO_4 并加热后，放出气泡或产生沉淀，表示可能含有 CO_3^{2-}、S^{2-}、SO_3^{2-}、$S_2O_3^{2-}$ 和 NO_2^- 等。例如：

$$S_2O_3^{2-} + 2H^+ = S\downarrow + SO_2\uparrow + H_2O$$

$$3NO_2^- + 2H^+ = NO_3^- + H_2O + 2NO\uparrow$$

如果试液显酸性，可认为低沸点酸及易分解酸的阴离子不会存在（至少不会大量存在）。

2. 还原性和氧化性

绝大多数的阴离子，具有不同程度的氧化性或还原性，在溶液中往往起氧化还原反应，改变原来的价态。例如：

$$2NO_2^- + 2I^- + 4H^+ = 2NO\uparrow + I_2 + 2H_2O$$

$$SO_3^{2-} + 2S^{2-} + 6H^+ = 3S\downarrow + 3H_2O$$

由此可知 NO_2^- 与 I^-、SO_3^{2-} 与 S^{2-} 在酸性溶液中是不能共存的。难以共存的阴离子如表 5 - 2 所示。

当 NO_3^- 浓度大时，在酸性条件下，亦使 KI—淀粉试纸变蓝。

利用某些阴离子不能共存这一性质，可以简化分析的过程。当不能共存的离子一方被鉴定出来，另一方离子就不可能存在，也就没有必要进行鉴定了。

表 5－2　　难以共存的阴离子

阴离子	难以共存的离子的介质	
	碱性溶液	酸性溶液
SO_3^{2-}、$S_2O_3^{2-}$	MnO_4^-	S^{2-}、MnO_4^-、NO_2^-
Cl^-		MnO_4^-
Br^-		MnO_4^-
I^-	MnO_4^-	MnO_4^-、NO_2^-（NO_3^-浓度大时）
S^{2-}	MnO_4^-	MnO_4^-、NO_2^-、NO_3^-、SO_3^{2-}、$S_2O_3^{2-}$
NO_3^-		S^{2-}、SO_3^{2-}（慢）①、$S_2O_3^{2-}$（慢）
NO_2^-	MnO_4^-（慢）	S^{2-}、I^-、SO_3^{2-}、$S_2O_3^{2-}$、MnO_4^-

3. 难溶盐的性质

可利用某些阴离子与某种试剂发生沉淀反应进行分组（该试剂称为组试剂），以确定离子存在的可能范围。其组试剂只是起着检验该组离子是否存在的作用（称反证试验）。目前一般多根据钡盐和银盐溶解度的不同，将阴离子分为 3 组，如表 5－3 所示。

表 5－3　　阴离子的分组

组别	组试剂	组内阴离子	特　性
第一组	$BaCl_2$（中性或弱碱性）	SO_3^{2-}、SO_4^{2-}、$S_2O_3^{2-}$、CO_3^{2-}、PO_4^{3-}（浓溶液中析出）	钡盐难溶于 H_2O（除 $BaSO_4$ 之外，其他钡盐溶于酸），银盐溶于 HNO_3
第二组	$AgNO_3$（稀冷 HNO_3）	S^{2-}、Cl^-、Br^-、I^-	钡盐溶于 H_2O，银盐难溶于 H_2O 和稀 HNO_3（Ag_2S 溶于热 HNO_3）
第三组	无组试剂	NO_3^-、NO_2^-	钡盐和银盐都易溶于 H_2O

$S_2O_3^{2-}$浓度必须大于 45mg · mL^{-1}，才能析出钡盐沉淀，且 BaS_2O_3易形成过饱和溶液，所以加入 $BaCl_2$之后，应以玻璃棒摩擦管壁。$S_2O_3^{2-}$也可能在第二组析出白色沉淀，继而变黄色、变棕色，最后转化为黑色的 Ag_2S。其反应式如下：

$$2Ag^+ + S_2O_3^{2-} = Ag_2S_2O_3\downarrow \xrightarrow[\text{白色→黄色→棕色}]{H_2O} Ag_2S\downarrow \text{（黑色）} + H_2SO_4$$

但当 $S_2O_3^{2-}$浓度大时，可能生成 $[Ag(S_2O_3)_2]^{3-}$配离子。此时只在第一组出现沉淀，第二组则不出现沉淀。

---

① 慢指较短时间内可共存。

实验部分

实验三十八　鉴定反应的条件

实验目的

（1）掌握溶液酸化和碱化的正确方法。

（2）了解提高鉴定反应选择性的方法。

（3）了解影响鉴定反应的条件。

实验提要

无机定性分析是鉴定试样中含有哪些元素或原子团。在试液中借助加入试剂所发生的化学反应，作出有无某种元素或原子团的判断。实际工作中所分析的物质很少是纯净的单质或化合物。对某一成分进行分析时，常遇到其他共存组分的干扰，因此在讨论定性分析时涉及两个问题，即离子的分离和鉴定。

离子的分离和鉴定是以各种离子对于试剂的不同反应为依据，选择那些迅速、灵敏并伴有明显的外观特征的反应。例如，溶液颜色的改变、沉淀的生成或溶解、气体的产生等。在大多数情况下，一种试剂能与某些离子作用，而不与另外一些离子作用。例如，在醋酸性条件下，K_2CrO_4能同Pb^{2+}、Ba^{2+}、Sr^{2+}产生相似的黄色沉淀，也可以与Ag^+形成砖红色沉淀，但$CrO_4{}^{2-}$却不能和Fe^{2+}、Zn^{2+}、Ca^{2+}、Mg^{2+}等离子产生沉淀。各种离子对试剂作用的相似性和差异性就构成了离子分离方法与离子检出的基础。在一定条件下，一种试剂只与一些离子起反应且产生特征现象，而不与其他一些离子反应的性质叫做鉴定反应的选择性。若只对一种离子起作用，则这一反应的选择性最高，该反应被称为鉴定这种离子的特效反应。该试剂被称为鉴定这种离子的特效试剂。而真正的特效反应是不多的。如何提高鉴定反应的选择性呢？通常是排除干扰离子，创造特定条件，使鉴定反应成为某一离子的专属反应。

其方法有：

（1）加入掩蔽剂，如用SCN^-鉴定Co^{2+}时，若有Fe^{3+}存在，对Co^{2+}鉴定有干扰，加入NH_4F使F^-与Fe^{3+}生成无色的$FeF_6{}^{3-}$，使蓝色的$[Co(SCN)_4]^{2-}$呈现出来。

（2）控制溶液的酸度，如用Ba^{2+}盐鉴定$SO_4{}^{2-}$离子时，$CO_3{}^{2-}$、$SO_3{}^{2-}$对$SO_4{}^{2-}$检出有干扰。通常采用加酸酸化溶液以排除干扰，而$BaSO_4$不溶于酸。若在酸性条件下仍有白色晶体沉淀，则表示有 SO_4^{2-} 存在。

又如以 CrO_4^{2-} 鉴定 Ba^{2+}，Sr^{2+} 有干扰。若反应在 HAc—NaAc 缓冲溶液中进行，这时 CrO_4^{2-} 的浓度虽然降低，但由于 $BaCrO_4$ 溶解度小，在醋酸性条件下仍然可以析出，而 $SrCrO_4$ 因其溶解度比 $BaCrO_4$ 大，在 CrO_4^{2-} 浓度降低的条件下已不能沉淀析出，从而提高了鉴定 Ba^{2+} 的选择性。

控制溶液的酸度，往往要对原溶液进行酸化或碱化。分析化学中对溶液的酸化一般作如下区分：

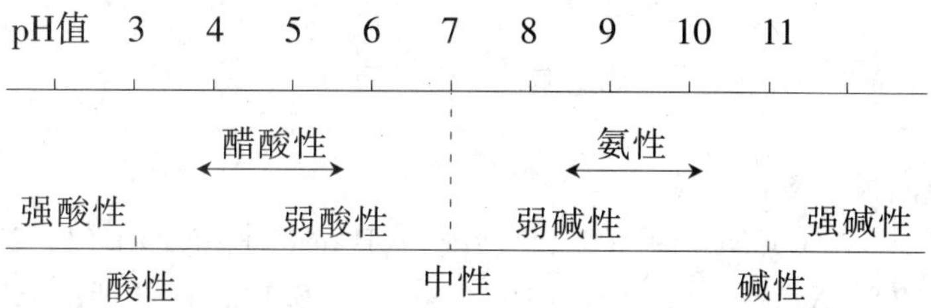

（3）分离干扰离子，如在醋酸性条件下用 $PbCrO_4$ 沉淀法鉴定 Pb^{2+}，此时 Ba^{2+} 的存在对 Pb^{2+} 的检出有干扰。通常先用 H_2SO_4 将两种离子都沉淀下来，再利用 $Pb(OH)_2$ 的两性性质，用热的浓 NaOH 溶液加到沉淀中使 $PbSO_4$ 溶解，即

$$PbSO_4 + 4OH^- \xlongequal{\triangle} PbO_2^{2-} + SO_4^{2-} + 2H_2O$$

而 $BaSO_4$ 不溶于 NaOH，分离出溶液后，经 HAc 酸化后再用 CrO_4^{2-} 离子鉴定 Pb^{2+}。

为了使反应向我们预期的方向进行，必须学会运用离子平衡（酸碱、沉淀溶解、氧化还原、配位）的规律控制反应的条件。影响鉴定反应进行的主要条件是溶液的酸度、反应离子的浓度、溶液的温度、共存物和介质等。现以 $Na_3[Co(NO_2)_6]$ 试剂鉴定 K^+ 的反应为例进行讨论。用 $Na_3[Co(NO_2)_6]$ 试剂鉴定 K^+ 的反应如下：

$$2K^+ + Na_3[Co(NO_2)_6] = K_2Na[Co(NO_2)_6]\downarrow + 2Na^+$$

①溶液酸度的影响：$Na_3[Co(NO_2)_6]$ 试剂不稳定，在碱性或强酸性条件下易分解。

在碱性条件下：

$$[Co(NO_2)_6]^{3-} \rightleftharpoons Co^{3+} + 6NO_2^-$$

$$Co^{3+} + 3OH^- = Co(OH)_3\downarrow$$

在强酸性条件下：

$$2[Co(NO_2)_6]^{3-} + 10H^+ = 2Co^{2+} + 7NO_2\uparrow + 5NO\uparrow + 5H_2O$$

因此鉴定反应必须在弱酸性或中性条件下进行。

②反应离子的浓度：K^+ 浓度越大，产生的黄色沉淀越多，若试液中 K^+ 浓度一定，加入试剂的浓度越大，反应越完全，现象越明显。

③温度的影响：随着温度的升高，$K_2Na[Co(NO_2)_6]$ 在水中溶解度增大，温度越高，$K_2Na[Co(NO_2)_6]$ 沉淀越少，鉴定效果越差。

④共存物质的影响：NH_4^+ 共存时，对 K^+ 的鉴定有干扰。因为 NH_4^+ 半径近似于 K^+ 半径，铵盐和钾盐有相近的溶解度，钾的沉淀试剂也能使 NH_4^+ 沉淀，即

$$2NH_4^+ + Na_3[Co(NO_2)_6] = (NH_4)_2Na[Co(NO_2)_6]\downarrow + 2Na^+$$

（黄色）

但是如有极少量 Ag^+ 存在时，则产生如下反应：

$$2K^+ + Ag^+ + [Co(NO_2)_6]^{3-} \longrightarrow \underset{\text{(黄色)}}{K_2Ag[Co(NO_2)_6]}\downarrow$$

以生成 $K_2Ag[Co(NO_2)_6]$ 沉淀检出 K^+ 的灵敏度比产生 $K_2Na[Co(NO_2)_6]$ 沉淀约大4倍，因而有微量 Ag^+（约 $3\times10^{-5}mol\cdot L^{-1}$）存在时，对以 $Na_3[Co(NO_2)_6]$ 鉴定 K^+ 有利。

⑤介质的影响：在不同溶剂中，$K_2Na[Co(NO_2)_6]$ 的溶解度不同。它在乙醇或其他醇类中的溶解度比在水中要小得多。

仪器和药品　（除特别注明外，试剂浓度单位为 $mol\cdot L^{-1}$）

离心机，点滴板，离心试管。

KCl（0，1），$Na_3[Co(NO_2)_6]$（0.1，新配），HAc（2），NaOH（1，2，6），HCl（2，6），$NH_3\cdot H_2O$（2），NaAc（2），NH_4Cl（2），$MgCl_2$（0.1），镁试剂，$AgNO_3$（质量分数为0.05%）。

实验内容

1. 溶液酸化、碱化的操作练习

按下列步骤操作，记录所用酸或碱的滴数及溶液的 pH 值。操作时用标准滴管取试剂。

（1）NaOH 3滴 $\xrightarrow[\text{？滴}]{\text{加 HCl (2mol·L}^{-1}\text{)}}$ 酸性，pH = ？ $\xrightarrow[\text{？滴}]{\text{加？}}$ 碱性，pH = ？
（$2mol\cdot L^{-1}$）

（2）HCl 3滴 $\xrightarrow[\text{？滴}]{\text{加 NaOH (2mol·L}^{-1}\text{)}}$ 酸性，pH = ？ $\xrightarrow[\text{？滴}]{\text{加 NaAc (2mol·L}^{-1}\text{)}}$ 醋酸性 pH = ？
（$6mol\cdot L^{-1}$）

（3）HCl 3滴 $\xrightarrow[\text{？滴}]{\text{加？}}$ 溶液的 pH 值控制在4~5
（$2mol\cdot L^{-1}$）

（4）NaOH 3滴 $\xrightarrow[\text{？滴}]{\text{加？}}$ 氨性，pH = ？（方法不限于一种）
（$2mol\cdot L^{-1}$）

2. 影响鉴定反应的条件

（1）溶液的酸度（按表5-4中的内容进行实验）。

表 5－4　**溶液酸度对实验的影响**

加入溶液	K^+试液（2 滴）$+Na_3[Co(NO_2)_6]$（2 滴）		
	pH	现象	反应方程式
H_2O（2 滴）			
HAc（2 滴）（$2mol \cdot L^{-1}$）			
NaOH（2 滴）（$6mol \cdot L^{-1}$）			
HCl（2 滴）（$6mol \cdot L^{-1}$）			

（2）反应离子的浓度。在点滴板上，第一孔中加 1 滴 $0.1mol \cdot L^{-1}$ Mg^{2+}试液，再滴入 4 滴蒸馏水，搅匀即为Ⅰ号试液（Mg^{2+}浓度为 $0.02mol \cdot L^{-1}$），从Ⅰ号试液中取 1 滴放入第二孔，同样加入 4 滴蒸馏水，搅匀即为Ⅱ号试液，按上述操作配成不同浓度的 5 种试液。在第六孔中加入 4 滴蒸馏水作空白对照①。在上述各孔溶液中各加 1 滴 $2mol \cdot L^{-1}$ NaOH 和 1 滴镁试剂，搅匀。观察在哪些孔中有颜色变化。列表记录：实验编号，Mg^{2+}浓度，鉴定时试液体积，鉴定反应的结果。并计算用镁试剂检出 Mg^{2+}时的检出限量和最低浓度②。

（3）溶液的温度。在试管Ⅰ、Ⅱ中，分别加入 K^+试液和 HAc 各 2 滴，将试管Ⅰ置沸水浴加热片刻，试管Ⅱ在室温下，然后分别滴加 $Na_3[Co(NO_2)_6]$ 2 滴，比较两支试管中反应的结果。

（4）共存物的影响。按下列内容进行实验：

①取 K^+试液和 $Na_3[Co(NO_2)_6]$ 各 2 滴；

②以 NH_4^+试液代替①中的 K^+试液；

③取①的试剂再加 1 滴质量分数为 0.05% 的 $AgNO_3$；

④以 H_2O 代替③中的 K^+试液。

观察上述实验是否生成沉淀，并比较生成沉淀的快慢与沉淀量的多少。列表记录实验结果。

（5）介质的影响。在试管Ⅰ、Ⅱ中分别加入 K^+试液和 $Na_3[Co(NO_2)_6]$ 溶液各 2 滴，试管Ⅰ以 H_2O 为介质，试管Ⅱ以乙醇为介质，观察并比较沉淀生成的速度与沉淀量的多少。

---

①　以上取液要用同一滴管，设每 20 滴为 1mL，每搅匀一个孔穴中的溶液，必须用蒸馏水洗净并擦干玻璃棒，然后再搅拌下一孔穴的溶液。

②　检出限量是表示某一种鉴定方法在质量上的灵敏度，即某一方法所能检出某一离子的最少含量，以 μg 为单位。

最低浓度是表示某一种鉴定方法在浓度上的灵敏度，即某种方法能检出某一离子的最低浓度，以 $\mu g \cdot mL^{-1}$ 为单位。

问题与讨论

（1）进行酸化和碱化时，如何选择酸或碱的浓度？浓度不合适时有何影响？

（2）通常使用 NaAc 或 NH_4Cl 来调节溶液的 pH 值，其原理是什么？

（3）总结用 $Na_3[Co(NO_2)_6]$ 鉴定 K^+ 的最佳条件。

（4）哪些方法可把溶液从酸性转化为醋酸性，从碱性转化为氨性？

实验三十九　混合溶液中阴离子的分析

实验目的

（1）了解分离检出 11 种常见阴离子的方法步骤和条件。
（2）熟悉常见阴离子的有关性质。
（3）检出未知液中的阴离子：

实验提要

参见“常见阴离子的分析”。

仪器和药品　（除特别注明外，试剂浓度单位为 $mol \cdot L^{-1}$）

离心机，U 形气体瓶（自制），点滴板，离心试管。

待检试液：CO_3^{2-}、S^{2-}、NO_3^-、PO_4^{3-}、SO_3^{2-}、Cl^-、Br^-、I^-、$S_2O_3^{2-}$、SO_4^{2-}、NO_2^-的钠盐或钾盐溶液（浓度均为 0.1）。

$BaCl_2$（0.5），$Ba(OH)_2$（0.5），HNO_3（6），HCl（6，2），HAc（2），$AgNO_3$（0.1），$Sr(NO_3)_2$（0.1），H_2O_2（质量分数为 3%），氯水，碘水，$(NH_4)_2CO_3$（饱和），尿素（饱和溶液或固体），H_2SO_4（浓），$Na_3[Co(NO_2)_6]$，$CdCO_3(s)$，$(NH_4)_2MoO_4$试剂，Zn 粉，CCl_4，对氨基苯磺酸，α—萘胺，二苯胺，淀粉溶液。

KI—淀粉试纸，$Pb(Ac)_2$试纸，pH 试纸。

实验内容

分离检出常见的阴离子

在进行初步试验的各项操作及离子的个别鉴定时，每次取试液 1 ~ 2 滴，需要分离时，取试液 8 ~ 10 滴，点滴试验时取试液 1 滴。

领取未知液一份，可能含有 CO_3^{2-}、NO_2^-、NO_3^-、Cl^-、Br^-、I^-、PO_4^{3-}、S^{2-}、SO_3^{2-}、$S_2O_3^{2-}$和 SO_4^{2-}。按以下步骤检出未知液中的阴离子：

（1）观察溶液的颜色并试其酸碱性。

（2）按表 5 - 5 中的内容进行初步试验，以推测阴离子存在的可能范围。

表 5-5　**阴离子的初步试验①**

试剂		SO_4^{2-}	SO_3^{2-}	$S_2O_3^{2-}$	S^{2-}	CO_3^{2-}	PO_4^{3-}	Cl^-	Br^-	I^-	NO_2^-	NO_3^-
稀 H_2SO_4	理论		+	+	+	+					+	
	试验											
$AgNO_3$（稀 HNO_3）	理论			+	+			+	+	+		
	试验											
氯化钡 中性或碱性	理论	+	+	（+）		+	+					
	试验											
氯化钡 加稀 HCl	理论	+										
	试验											
KI—淀粉（稀 H_2SO_4）	理论										+	（+）
	试验											
I_2—淀粉（稀 H_2SO_4）	理论		+	+	+							
	试验											
$KMnO_4$（稀 H_2SO_4）	理论		+	+	+			（+）	+	+	+	
	试验											
可能存在的离子												
未能确定的离子												

（3）根据离子存在的可能范围（可能存在的和未能确定的离子），设计具体的分析方案，进行分离与检出。

有些离子之间有干扰，干扰离子必须在被干扰离子之前先行检出，当干扰离子不存在时，没有必要分离即可进行个别离子的鉴定。其他互不干扰的离子，先后鉴定均一样。分离方法与个别离子的鉴定，可参考有关实验的内容。

（4）对实验结果进行综合分析，若最后结果与初步试验矛盾时，必须再做必要的重复试验或用多种方法加以验证。

提示：

CO_3^{2-} 的鉴定：CO_3^{2-} 与酸作用产生 CO_2 气体，可使 $Ba(OH)_2$ 溶液变浑浊。

$$CO_3^{2-} + 2H^+ \xlongequal{\quad} CO_2\uparrow + H_2O$$

$$CO_2 + Ba(OH)_2 \xlongequal{\quad} BaCO_3\downarrow + 2H_2O$$

操作：取 1～2 滴试液于自制的 U 形气体瓶中，先滴加 2 滴质量分数为 3% 的 H_2O_2，然后从一头插入吸有少量 $Ba(OH)_2$ 的小滴管；另一头插入吸有稀 HCl 的小滴管，当滴加 HCl 时，若 $Ba(OH)_2$ 溶液迅速变浑浊，则表示有 CO_3^{2-} 存在。

① “+”表示有反应（正结果），“（+）”表示阴离子浓度大时才产生反应。“试验”表示未知溶液的试验结果。

问题与讨论

（1）根据阴离子有关的性质，你认为哪些阴离子之间必须先行分离才能检出？

（2）用 $Ba(OH)_2$ 溶液检验 CO_3^{2-} 时，要先加入 H_2O_2 后再加稀 HCl，能否颠倒操作？加 H_2O_2 的目的是什么？

（3）在混合液中加入 $BaCl_2$ 溶液后，再用稀 HCl 酸化，只缓慢析出白色乳状物，这是什么物质？这时是否能判断一定有 SO_4^{2-} 存在？$BaSO_4$ 沉淀的状态是怎样的？

（4）用氯水检验 Br^- 和 I^- 时，先检出 I^-，后检出 Br^-，若 I^- 含量大，则会影响 Br^- 的检出，试问应采取什么方法先将 I_2 除去后再检出 Br^- 离子？

（5）某一试样不溶于水，易溶于稀 HNO_3，并已证实试样中含有 Ba^{2+} 和 Ag^+，试分析：哪些阴离子需要检验？哪些阴离子不需要检验？

实验四十　混合溶液中阳离子的分析（Ⅰ）

实验目的

（1）将 Al^{3+}、Zn^{2+}、Cr^{3+}、Mn^{2+}、Fe^{3+}、Co^{2+}、Ni^{2+} 从混合溶液中分离检出，并掌握检出的条件。

（2）熟悉以上离子的有关性质。

仪器和药品　（除特别注明外，试剂浓度单位为 $mol \cdot L^{-1}$）

离心机。

Al^{3+}、Zn^{2+}、Cr^{3+}、Mn^{2+}、Fe^{3+}、Co^{2+}、Ni^{2+} 混合溶液，$(NH_4)_2[Hg(SCN)_4]$，H_2O_2（质量分数为 3%），NaOH（6，0.1），HNO_3（2，6），$NaBiO_3(s)$，NH_4SCN（饱和），$NH_3 \cdot H_2O$（2），HAc（2，6），H_2SO_4（3），Na_2S（0.5），戊醇，丁二酮肟，铝试剂。

实验内容

1. 沉淀分离

取试液 1mL 于离心试管中，滴加 $6mol \cdot L^{-1}$ NaOH 2mL，并过量 3 滴，加质量分数为 3% 的 H_2O_2 10 ~ 12 滴，于沸水浴中加热并不断搅拌 3 ~ 4min，离心分离，吸出清液于另一试管中（留做第四步用）。沉淀用 $0.1mol \cdot L^{-1}$ NaOH 1mL 搅拌洗涤一次，再以热蒸馏水洗涤两次（每次搅拌洗涤），经离心分离，将洗出液弃去。

2. 沉淀溶解

将上述沉淀加 $2mol \cdot L^{-1}$ HNO_3 2mL 和 H_2O_2 8 ~ 10 滴，水浴加热，搅拌使沉淀溶解，继续水浴加热 2 ~ 3min，使过量的 H_2O_2 分解。

3. 沉淀溶解后的离子检验

沉淀溶解后的溶液中，可能含有 Fe^{3+}、Co^{2+}、Ni^{2+}、Mn^{2+}。

（1）取上述清液 5 滴，加 $6mol \cdot L^{-1}$ HNO_3 1mL，加入少量的固体 $NaBiO_3$，搅拌，放置 1 ~ 2min，若显紫红色，示有 Mn^{2+}。

（2）取上述清液 5 滴，加 1mL 水，加饱和 NH_4SCN 2 滴，加 $2mol \cdot L^{-1}$ NH_4F 至溶液由血红色转为无色，示有 Fe^{3+}。

（3）取 1mL 上述清液，加饱和 NH_4SCN 0.5mL，缓慢加 $2mol \cdot L^{-1} NH_4F$，加 1mL 戊醇，摇荡后静置，若戊醇呈蓝色，示有 Co^{2+}。

（4）用吸管取（3）管中下层（水相）溶液 2～3 滴于点滴板上，加 5 滴 $2mol \cdot L^{-1}$ 氨水，加 1～2 滴丁二酮肟，若显红色，示有 Ni^{2+}。

4. 清液的离子检验

用第一步得到的清液分别鉴定 Al^{3+}、Zn^{2+}、Cr^{3+}。

（1）取试液 10 滴，加 $6mol \cdot L^{-1} HAc$ 酸化，加 1～2 滴铝试剂，加 $2mol \cdot L^{-1}$ 氨水碱化至微碱性，微热且有鲜红色絮状沉淀，示有 Al^{3+}。

（2）取试液 10 滴，加戊醇 10 滴，滴加 $2mol \cdot L^{-1} H_2SO_4$ 酸化，滴加质量分数为 3% 的 H_2O_2，摇匀，戊醇层呈蓝色，示有 Cr^{3+}。

（3）①取上述清液 10 滴，加 $2mol \cdot L^{-1} H_2SO_4$ 酸化，滴加 $(NH_4)_2[Hg(SCN)_4]$ 2 滴，摩擦试管壁，有白色沉淀，示有 Zn^{2+}（若无沉淀生成，可加 1 滴质量分数为 0.02% 的 $CuSO_4$ 溶液）。

②取上述清液 10 滴，滴加 $0.5mol \cdot L^{-1} Na_2S$ 溶液，产生白色沉淀，示有 Zn^{2+} 存在。

综上所述，这些阳离子的分离与检出如图 5－8 所示。

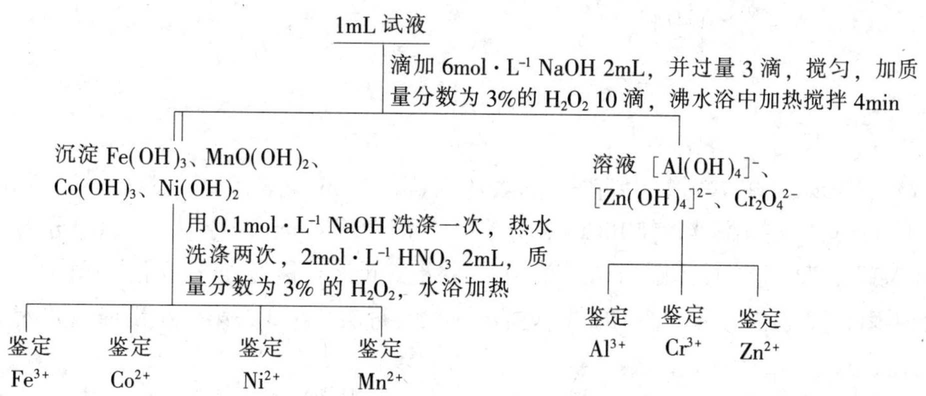

图 5－8　Al^{3+}、Zn^{2+}、Cr^{3+}、Mn^{2+}、Fe^{3+}、Co^{2+}、Ni^{2+} 混合液分离与检出示意图

问题与讨论

（1）本实验分离过程第一步为何要加过量 NaOH，还要加质量分数为 3% 的 H_2O_2？而反应后，为什么要使 H_2O_2 完全分解？

（2）在第二步，为什么又要加质量分数为 3% 的 H_2O_2？H_2O_2 在这里起什么作用？

（3）写出有关反应的化学方程式。

实验四十一　混合溶液中阳离子的分析（Ⅱ）

实验目的

（1）学会将 Ag^+、Pb^{2+}、Cu^{2+}、Bi^{3+}、Cd^{2+} 从混合液中进行分离，并掌握它的分离条件和方法。

（2）熟悉和巩固以上有关离子的性质。

仪器和药品　（除特别注明外，试剂浓度单位为 $mol \cdot L^{-1}$）

离心机。

Ag^+、Pb^{2+}、Cu^{2+}、Bi^{3+}、Cd^{2+} 混合液，HCl（浓，1，2），NH_4Ac（3），$NH_3 \cdot H_2O$（浓），HAc（6，2），甘油（1:1），NaOH（6，2），K_2CrO_4（0.1），$K_4[Fe(CN)_6]$（0.1），$SnCl_2$（0.1），$(NH_4)_2S$（饱和）。

实验内容

（1）在 10mL 刻度离心管中滴加 5 滴浓 HCl，再加 1mL 混合阳离子试液（注：不要颠倒加）。水浴加热，充分搅拌，使 BiOCl 充分溶解，水浴加热 3min，冷却后，离心分离（沉淀可能有 AgCl、$PbCl_2$，而其余离子在溶液中），将溶液迅速转移到另一支离心试管内，保留以备第四步用。沉淀用 $1mol \cdot L^{-1}$ HCl 溶液洗涤 3 次，每次 0.5mL，第一次洗涤液并入另一离心试管内，其余弃去。

（2）洗好的沉淀，加入 $3mol \cdot L^{-1} NH_4Ac$ 溶液，水浴温热，充分搅拌，离心分离，溶液内可能为 $Pb(Ac)_2$（转入一试管中），而沉淀为 AgCl，用 NH_4Ac 溶液将沉淀洗一次，溶液弃去，沉淀加入浓 $NH_3 \cdot H_2O$ 4 ~ 6 滴，不断搅拌（必要时可水浴加热），待沉淀完后，加入 $6mol \cdot L^{-1} HNO_3$ 中和，若出现白色沉淀，示有 Ag^+ 存在。

（3）往盛有溶液的试管滴 $6mol \cdot L^{-1}$ HAc，酸化，再加 $0.1mol \cdot L^{-1} K_2CrO_4$ 溶液，有黄色沉淀，示有 Pb^{2+} 存在。

（4）取第一步分离出的溶液加入甘油（1:1）8 滴，充分搅拌，又滴加 $6mol \cdot L^{-1}$ NaOH 至溶液呈碱性，再多加 10 滴，搅拌均匀后，离心分离。溶液可能有 Cu^{2+}、Bi^{3+} 的甘油化合物，转入一试管中，沉淀应是 $Cd(OH)_2$，沉淀加入甘油—碱［20 滴 $2mol \cdot L^{-1}$ NaOH 加入 5 滴甘油（1:1）配成］，充分搅拌后，离心分离，这样洗涤 3 次，直至不含 Cu^{2+}、Bi^{3+} 为止（Cu^{2+}、Bi^{3+} 的存在影响 Cd^{2+} 的鉴定）。

（5）洗涤完后沉淀应为 $Cd(OH)_2$，加入 $2mol \cdot L^{-1}$ HCl 6 ~ 8 滴，20 滴 H_2O，搅拌至

沉淀完全溶解（若溶不完，可适当水浴加热），加饱和（$(NH_4)_2S$ 1～2 滴，有黄色沉淀，示有 Cd^{2+} 存在。

若第四步洗涤不干净，有少量剩余的 Pb^{2+}、Cu^{2+}、Bi^{3+} 存在，则生成对应的硫化物，呈棕褐色，此时应离心分离，溶液弃去，沉淀加 1mol · L^{-1} H_2SO_4 10～12 滴，在不断搅拌下，水浴加热 3min，此时 CdS 溶解，而其他硫化物仍是沉淀，离心分离，将溶液转入一小试管中，滴加饱和（$(NH_4)_2S$ 溶液2～3滴，有黄色沉淀，示有 Cd^{2+} 存在。

（6）从第四步分离的溶液中取 2 滴于点滴板上，加 1 滴 6mol · L^{-1} HAc，酸化，再加 0.1 mol · L^{-1} $K_4[Fe(CN)_6]$，有红棕色沉淀，示有 Cu^{2+} 存在。

（7）从第四步分离的溶液中取 2 滴于点滴板上，加入新配的 Na_2SnO_2 溶液（即 0.1mol · L^{-1} $SnCl_2$ 加过量 2mol · L^{-1} NaOH 至有沉淀后，沉淀溶解则为 Na_2SnO_2），有黑色沉淀，示有 Bi^{3+} 存在。

Ag^+、Pb^{2+}、Cu^{2+}、Bi^{3+}、Cd^{2+} 混合液的分离如图 5－9 所示。

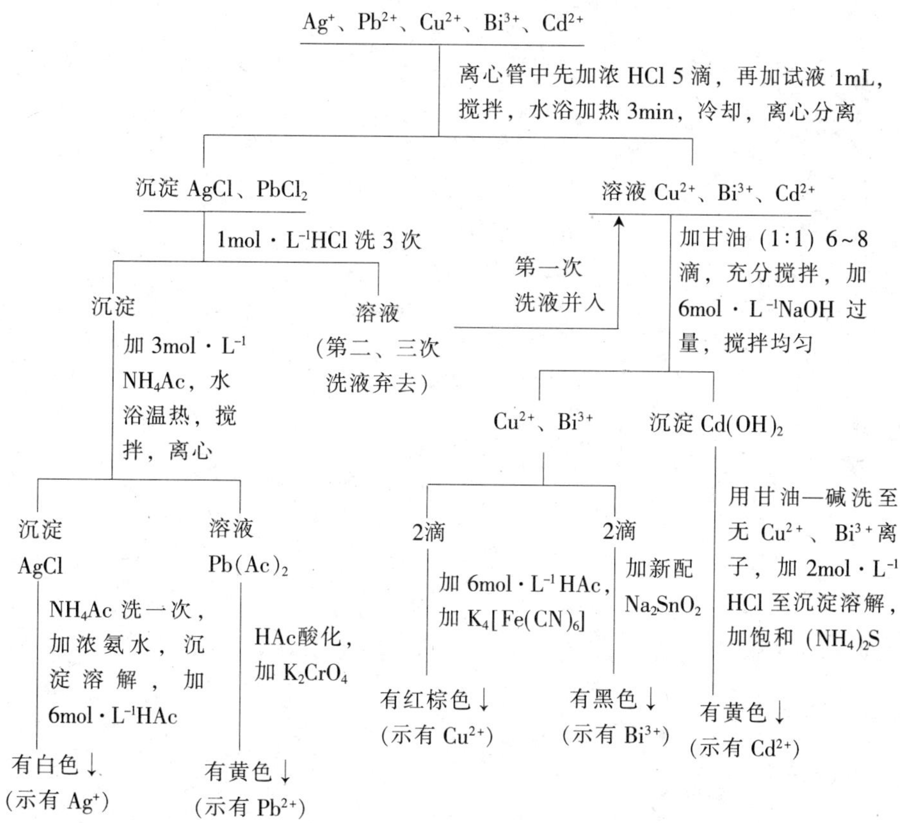

图 5－9　Ag^+、Pb^{2+}、Cu^{2+}、Bi^{3+}、Cd^{2+} 混合液分离示意图

问题与讨论

（1）为什么要把试液加到浓 HCl 中？

（2）第一步分离完后，为何要用甘油—碱洗涤？

（3）用 $K_4[Fe(CN)_6]$ 检出 Cu^{2+} 时，为何要用 HAc 酸化？

实验四十二　混合溶液中阳离子的分析（Ⅲ）

实验目的

（1）应用元素及其化合物的性质进行混合溶液中阳离子的分离与检出。

（2）了解有关阳离子的分离和检出条件。

（3）检出未知溶液中的阳离子。

实验提要

参见“常见阳离子的分析分组”。

仪器和药品　（除特别注明外，试剂浓度单位为 $mol \cdot L^{-1}$）

混合溶液，HCl（6，2，0.5），$NH_3 \cdot H_2O$（浓，2，6），NaOH（6，质量分数为4%），HNO_3（6），NH_4Cl（1），NH_4Ac（3），$SnCl_2$（0.1），K_2CrO_4（0.1），$K_4[Fe(CN)_6]$（0.1），HAc（6，2），尿素（s），TAA，H_2O_2（质量分数为3%），氨基乙酸（质量分数为5%），甘油溶液（1∶1），$NaBiO_3$(s)，铝试剂，$(NH_4)_2[Hg(SCN)_4]$，NH_4NO_3（质量分数为5%）。

实验内容

取一份混合溶液，可能含有 Ag^+、Pb^{2+}、Bi^{3+}、Fe^{3+}、Mn^{2+}、Al^{3+}、Cr^{3+}、Cu^{2+}、Zn^{2+}等离子，试分离检出混合溶液中的阳离子。

提示：

从混合溶液中取出约1mL试液于离心试管中进行分离与检出。

（1）观察试液的颜色，可以判断 Cr^{3+}、Cu^{2+}、Fe^{3+}是否存在。

（2）按顺序加入组试剂，如无沉淀表明该组离子不存在。若有沉淀，待沉淀完全后分离，再将沉淀溶解进行个别阳离子的检出。

1. Ag^+、Pb^{2+}的分离和检出

（1）试液加1滴6$mol \cdot L^{-1}$HCl并充分搅拌后，若有沉淀产生，再滴加2$mol \cdot L^{-1}$HCl至沉淀完全。离心分离。沉淀用0.1$mol \cdot L^{-1}$HCl洗涤，洗涤液并入分离液中备用。

（2）Pb^{2+}的分离和检出：在（1）的沉淀上加1mL蒸馏水，沸水浴加热并搅拌片刻，若仍有沉淀，趁热离心分离，将清液调节至醋酸性，用K_2CrO_4溶液检出Pb^{2+}，若有黄色沉淀，将沉淀溶于NaOH，进一步证实Pb^{2+}的存在。沉淀按（3）处理。

（3）在（2）沉淀上，用经 HCl 酸化的热蒸馏水洗涤一次，离心分离，弃清液，沉淀按常规方法检出 Ag^{+}。

2. Cu^{2+}、Pb^{2+}、Bi^{3+} 的分离和检出

（4）将（1）中的分离液调节 HCl 浓度至 0.3mol · L^{-1} 后①加入 TAA，溶液于沸水浴中加热 10min 左右，加 1 倍量水稀释溶液，再煮沸数分钟，静置并检查沉淀是否完全，再离心分离。离心液按（8）处理，沉淀以含 NH_4Cl 的水洗涤后按（5）处理。

（5）将（4）中沉淀加 6mol · L^{-1} HNO_3 水浴加热，搅拌使沉淀全部溶解。离心分离，弃去沉淀（沉淀物是什么?）。

于分离液中加入 5～6 滴甘油溶液（1∶1），滴加质量分数为 40% 的 NaOH 至呈碱性，若溶液显蓝色，示有 Cu^{2+} 存在②。再取出 1 滴溶液，以 HAc 酸化并用 $K_4[Fe(CN)_6]$ 试剂进一步确证 Cu^{2+}。

（6）取（5）中溶液，在醋酸性条件下，用 K_2CrO_4 检出 Pb^{2+}。

（7）取（5）中溶液，用新配制的 $Na_2Sn(OH)_4$ 检出 Bi^{3+}。

3. Fe^{3+}、Mn^{2+}、Al^{3+}、Cr^{3+}、Zn^{2+} 等离子的分离和检出

（8）将（4）中的分离液加 4～5 滴 6mol · L^{-1} HNO_3，水浴加热并搅拌，使 TAA 分解，离心分离，弃去硫黄。在分离液中滴加 6mol · L^{-1} $NH_3 \cdot H_2O$，待溶液稍有浑浊再滴加 0.5mol · L^{-1} HCl，使溶液刚好澄清（为何要这样处理?），加 10 滴氨基乙酸溶液，1.5g 尿素（s）③，加热 20min，离心分离，用质量分数为 5% 的 NH_4NO_3 洗涤沉淀两次。离心液作 Mn^{2+} 和 Zn^{2+} 的检出。

（9）将（8）中所得的沉淀加 10 滴 6mol · L^{-1} NaOH 及 6 滴 H_2O_2，充分搅拌，加热除去过量的 H_2O_2，离心分离，若有沉淀即为 $Fe(OH)_3$。再用其他方法确证之。分离液作 Al^{3+} 和 Cr^{3+} 的检出。

（10）取（8）中的分离液自行设计检出 Mn^{2+}。

Zn^{2+} 的检出：取（8）中的分离液，加氨基乙酸溶液 2 滴后，调节溶液 pH 值为 6 左右，加 TAA 试剂 3 滴，水浴加热片刻，若生成白色沉淀，示有 Zn^{2+} 存在。再用其他方法确证之。

---

① 将（1）中分离液调节溶液酸度为 0.3mol · L^{-1} 的方法：往（1）的清液中滴加 6mol · L^{-1} $NH_3 \cdot H_2O$ 至显碱性，然后慢慢滴加 2mol · L^{-1} HCl，使溶液近中性，再加入 2mol · L^{-1} HCl，HCl 量为原溶液体积的 1/6。此时溶液的酸度约为 0.3mol · L^{-1}。

② Cu^{2+}、Pb^{2+}、Bi^{3+} 都能与甘油生成可溶性配合物。Cu^{2+} 与甘油的反应为：

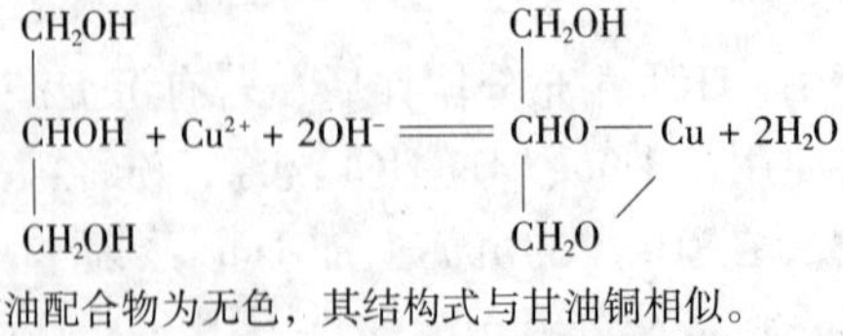

甘油铜显蓝色，而铅和锌的甘油配合物为无色，其结构式与甘油铜相似。

③ 在 gl 存在下，加固体尿素使 Fe^{3+}、Al^{3+}、Cr^{3+} 能以均相形式生成氢氧化物，Zn^{2+}、Mn^{2+} 则与 gl 生成配合物留在溶液中，沉淀致密，体积小，减少吸附，便于分离。

Fe^{3+}、Mn^{2+}、Al^{3+}、Cr^{3+}、Zn^{2+}的分离如图 5－10 所示。

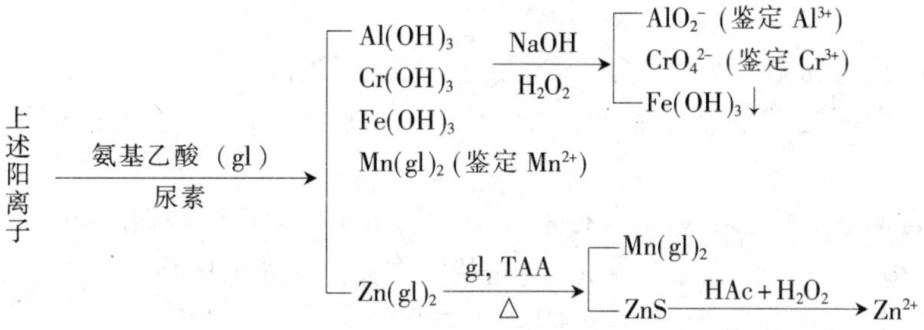

图 5－10 Fe^{3+}、Mn^{2+}、Al^{3+}、Cr^{3+}、Zn^{2+}的分离

选作部分

Ag^{+}、Pb^{2+}、Fe^{3+}、Co^{2+}、Ni^{2+}、Al^{3+}、Cr^{3+}、Mn^{2+}的分析。

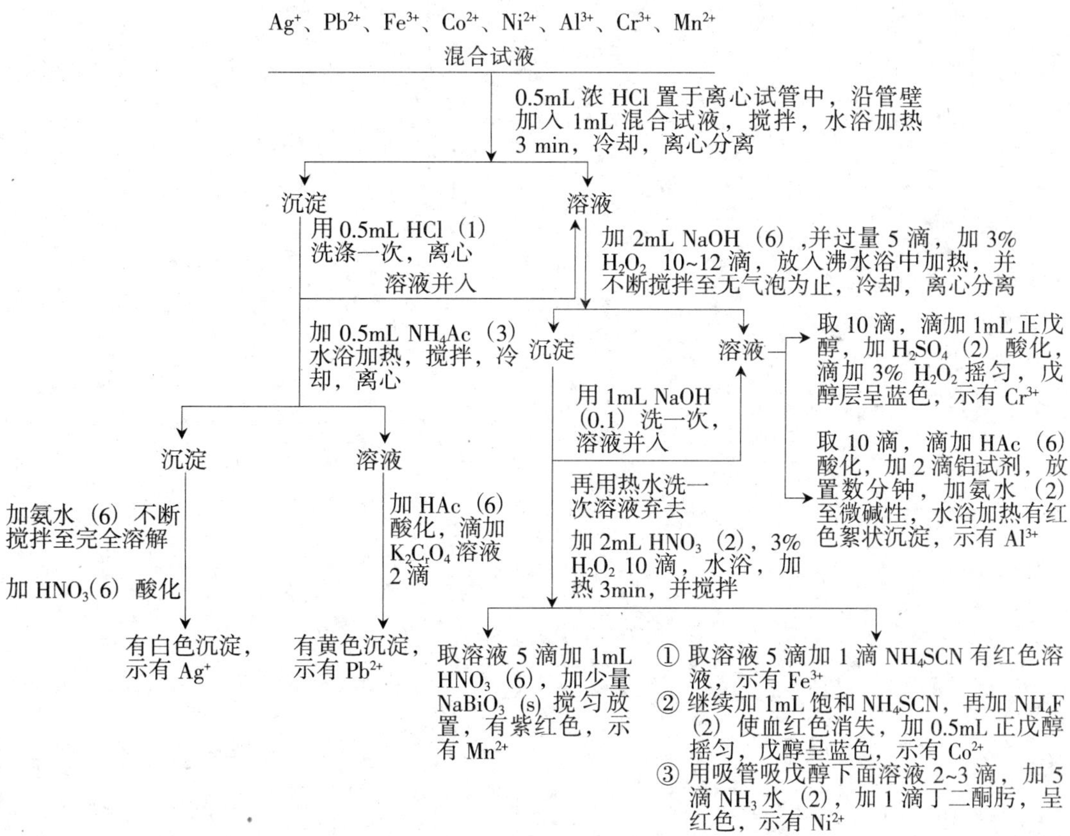

图 5－11 Ag^{+}、Pb^{2+}、Fe^{3+}、Co^{2+}、Ni^{2+}、Al^{3+}、Cr^{3+}、Mn^{2+}的分析

问题与讨论

（1）在硫化物沉淀过程中，为什么要加水将溶液稀释？

（2）如何选择沉淀的洗涤剂？例如，为什么要用 HCl 酸化的热蒸馏水洗涤 AgCl 沉淀？

（3）若有 Fe^{3+}、Cu^{2+}、Co^{2+} 共存的试液，用 $K_4[Fe(CN)_6]$ 检出 Cu^{2+} 时，Fe^{3+} 有干扰，用 SCN^- 检出 Co^{2+} 时，Fe^{3+}、Cu^{2+} 有干扰，应如何消除干扰？

（4）$Na_2Sn(OH)_4$ 试剂为何必须临用时配制？

（5）试分析 Pb^{2+} 为何会跨两组检出？

（6）用氨法和碱法分离第Ⅲ组阳离子时，存在什么缺点？用氨基乙酸法分离时，怎样克服上述两法中的缺点？

（7）在选作部分中，为什么再次沉淀后，沉淀还用该沉淀剂稀溶液洗涤？

（8）请写出选作部分中每一步骤的现象、离子反应式，并写出鉴定的结果。

实验四十三　离子交换法分离检出 Fe^{3+}、Co^{2+} 和 Ni^{2+}

实验目的

（1）练习和了解用离子交换树脂的一般操作方法和离子交换的基本原理。

（2）学习掌握 Fe^{3+}、Co^{2+}、Ni^{2+} 的分离检测方法。

实验提要

离子交换法

（1）离子交换法是目前分离金属离子十分有效的方法之一。它的分离过程是在离子交换树脂上进行的。这种树脂是人工合成的固态高分子聚合物，具有网状骨架结构。在其骨架结构上含有许多活性官能团，可以和金属离子进行选择性的交换反应。例如，目前应用最为广泛的聚苯乙烯磺酸型阳离子交换树脂，就是苯乙烯和一定量的二乙烯苯的共聚物，经过浓硫酸处理，在共聚物的苯环上引入磺酸基（$—SO_3H$）而成。它是强酸性的阳离子交换树脂。当树脂经水浸至充分膨胀之后，骨架内的孔隙扩大了，其中处在苯环上的磺酸基（$—SO_3H$）中的 H^+ 便可以与水溶液中的阳离子（如 Na^+）进行交换（R 代表树脂母体）：

$$R—SO_3^-H^+ + Na^+ \rightleftharpoons R—SO_3^-Na^+ + H^+$$

交换后的 Na^+ 留在树脂上，H^+ 则进入溶液中。如果共聚物的网状骨架中引入各种胺基，就构成阴离子交换树脂。例如，季胺盐型强碱性阴离子交换树脂 $R{\equiv}N^+Cl^-$，其中的氯离子（或其他阴离子）可以与溶液中的阴离子 X^- 进行交换：

$$R{\equiv}N^+Cl^- + X^- \rightleftharpoons R{\equiv}N^+X^- + Cl^-$$

当溶液中的金属离子形成络阴离子时，则金属离子以络阴离子形式与阴离子交换树脂进行离子交换，利用各种金属离子形成络阴离子能力的差异通过离子交换可使金属离子混合物得以分离。

（2）在浓的 HCl 溶液中，Fe^{3+} 和 Co^{2+} 都与 Cl^- 形成络阴离子，而 Ni^{2+} 则不会。Fe^{3+}、Co^{2+} 与 Cl^- 的综合程度随 HCl 溶液浓度降低而降低，而彼此又有差别。例如，当溶液中 HCl 大于 $8mol \cdot L^{-1}$ 时，溶液中几乎所有的 Fe^{3+} 和 Co^{2+} 都形成 $FeCl_6^{3-}$ 和 $CoCl_4^{2-}$；当 HCl 浓度小于 $4mol \cdot L^{-1}$ 时，$CoCl_4^{2-}$ 几乎完全解离；HCl 小于 $1mol \cdot L^{-1}$ 时，$FeCl_6^{3-}$ 亦完全解离。所以，当含有 $FeCl_6^{3-}$、$CoCl_4^{2-}$ 和 Ni^{2+} 的 $9mol \cdot L^{-1}$ HCl 溶液进入阴离子交换柱时，$FeCl_6^{3-}$、$CoCl_4^{2-}$ 首先与上层树脂发生交换反应，留在交换柱上，而 Ni^{2+} 则不发生交换反应。用 $9mol \cdot L^{-1}$ 的 HCl 溶液洗脱时，Ni^{2+} 率先随洗脱液从交换柱上流出，而 $FeCl_6^{3-}$ 和

$CoCl_4^{2-}$随洗脱液渗入下层树脂。改用 3mol · L^{-1} HCl 溶液洗脱，$CoCl_4^{2-}$逐渐解离，Co^{2+}被洗脱下来。最后用 0.5mol · L^{-1} HCl 溶液洗脱，$FeCl_6^{3-}$也逐渐解离，Fe^{3+}从交换柱上被洗脱下来，从而 Ni^{2+}、Co^{2+}和 Fe^{3+}得以分离。

（3）洗出液中离子的检查：

①Ni^{2+}：用毛细管吸取一小滴洗出液置于丁二酮肟试纸上，再将试纸置于浓氨水上氨熏片刻，湿斑边缘出现鲜红色，示有 Ni^{2+}存在。

②Co^{2+}：吸取 1～2 滴流出液于点滴板上，再放入几颗硫氰酸型阴离子交换树脂，约 1min 后树脂呈蓝绿色，示有 Co^{2+}存在。

③Fe^{3+}检验方法与 Co^{2+}相同，树脂呈红色或红褐色，示有 Fe^{3+}存在。

仪器和药品 （除特别注明外，试剂浓度单位为 mol · L^{-1}）

滴液管，5mL 移液管，交换柱（1cm × 30cm）或 25mL 酸式滴定管代用。

HCl（0.5，3，9，12，AR），氨水（浓），Fe^{3+}、Co^{2+}、Ni^{2+}混合液（各 0.1），NH_4SCN（4，饱和），丁二酮肟试剂，丁二酮肟试纸，强碱性阴离子交换树脂，硫氰酸型阴离子交换树脂。

提示：

（1）717[#]强碱性树脂的处理，用 3mol · L^{-1} HCl 浸泡 24h 后，用去离子水洗净，浸于去离子水中备用，树脂呈金黄色。

（2）硫氰根阴离子交换树脂：取上面处理好的树脂适量，用 NH_4SCN 饱和溶液浸泡 20min，倾去溶液，用去离子水洗涤 3～4 次，阴干后备用，树脂呈橘黄色。

（3）丁二酮肟试纸：将滤纸条浸于温热的丁二酮肟饱和溶液中，取出自然晾干后备用。用试纸检验其灵敏度比点滴板反应约高 10 倍。

（4）为了能从色阶判断各离子的洗脱情况，可以在点滴板上放置几颗 717[#]树脂（氯型），分别滴加含单一金属离子的 9mol · L^{-1} HCl 溶液，观察并记录颜色。

（5）为了客观地评价本实验对 Fe^{3+}的分离效果，可以做 Fe^{3+}的空白试验，即在加入混合溶液进行交换前，取几滴流出液做 Fe^{3+}的检查。

实验内容

1. 交换柱的准备

将交换柱洗净，检查活塞是否开启灵活，是否漏水，然后在交换柱底部垫少许玻璃丝，固定在铁架上。在柱中加入蒸馏水至 1/3 高度，排除玻璃丝及柱下部所有空气，然后将实验室准备好的树脂和水搅匀成糊状，从柱上端倾入（树脂连水一起倾入，防止树脂分层），使树脂自然沉下，同时将多余的水从下部排出，树脂高度为 24cm。当上部残留的水达 0.5cm 时（注意切勿使树脂露出水面！），在顶部也装入一小团玻璃丝，防止注入溶液时将树脂冲起。加入 10mL 9mol · L^{-1}的 HCl 溶液，开启活塞，控制流速为每分钟 0.5～0.8mL（整个交换过程保持这个流速）。待液面降至上端玻璃丝时，关闭活塞。注意：整个操作过程中树脂要一直保持在溶液下面，防止气泡进入，如果树脂床中进入空气，会产生缝隙使分离效果降低，在这种情况下就需重新装柱，或用蒸馏水从下端通入柱进行逆流冲洗，赶走气泡。

2. 试样的准备

用吸量管取 2mL 试液，置于小烧杯中，加入 4mL 浓 HCl，混匀后分两次加入交换柱，柱的下端用 250mL 三角锥瓶收集流出液。待液面降至上端玻璃丝时，即开始 Ni^{2+} 的洗脱。

3. Ni^{2+} 的洗脱与检验

用 $9mol \cdot L^{-1}$ HCl 作洗脱液，每次加入 2 ~ 5mL，每次加洗脱液前检查 Ni^{2+} 的洗脱情况，根据检查结果，酌量加入洗脱液，直至 Ni^{2+} 洗脱完全（洗脱液用量为 15 ~ 20mL）。

4. Co^{2+} 的洗脱与检查

更换三角锥瓶承接流出液，用 $3mol \cdot L^{-1}$ HCl 洗脱，过程控制与上相同（洗脱液用量为 20 ~ 30mL）。

5. Fe^{3+} 的洗脱与检查

用 $0.5mol \cdot L^{-1}$ HCl 作洗脱液，并更换承接瓶，过程控制与上相同（洗脱液用量为 40 ~ 60mL）。

以上各组分的流出液可做定量分析，本实验仅作分离和定性检验回收处理。

6. 交换柱的再生

确保 Fe^{3+} 洗脱完全后，将 $9mol \cdot L^{-1}$ HCl 分次加入交换柱内（每次 5mL，共用 20 ~ 30mL），使离子交换树脂再生，以供下次交换分离使用，收集流出液，倾入回收瓶。

问题与讨论

（1）为什么交换柱在加入混合液前要用浓 HCl 洗脱？

（2）用铵型阳离子交换法分离 Co^{2+} 和 Ni^{2+}，洗脱液为柠檬酸铵 $[(NH_4)_3Cit]$。已知 Co^{2+} 和 Ni^{2+} 与柠檬酸根 Cit^{3-} 形成的配合物稳定常数分别为 $K_{CoCit} = 3.16 \times 10^{12}$，$K_{NiCit} = 1.995 \times 10^{14}$，试指出：①哪种离子先被洗脱出来？②洗脱液中金属离子的存在形式。

（3）根据自己实验中的体会，你认为本实验成功的关键是什么？

（4）根据洗出液中 Fe^{3+}、Co^{2+} 和 Ni^{2+} 的检查结果，总结试剂显色速度快慢及颜色深浅与离子浓度间的关系。

（5）写出洗脱 Co^{2+} 或 Fe^{3+} 时交换柱上所发生的交换反应方程式。

第六部分

废液的回收处理
和水的净化

实验部分

实验四十四　从含碘废液中提取单质碘

实验目的

（1）了解从含碘废液中提取单质碘的原理和方法。
（2）学习综合应用化学平衡原理来解决一些实际问题。

实验提要

碘是人体必需的微量元素。它具有维持人体甲状腺正常的功能。在医药上，碘化物可以防止和治疗甲状腺肿大；碘酒用作消毒剂；碘仿用作防腐剂。碘化银用于制造照相软片和人工降雨时造云的“晶体”。碘是制备碘化物的主要原料。

碘和碘化物是实验室常用的化学试剂。若将废液废弃将造成浪费且污染环境。因此，从含碘废液中提取单质碘很有意义。

从化学实验室回收的含碘废液中，碘有以下几种形式：

（1）以 I^-、I_2、I_3^-、IO_3^- 等形态存在。例如：

$$S_2O_8^{2-} + 2I^- = 2SO_4^{2-} + I_2$$

$$I_2 + I^- = I_3^-$$

$$I_2 + 2S_2O_3^{2-} = 2I^- + S_4O_6^{2-}$$

$$3I_2 + 6OH^- = IO_3^- + 5I^- + 3H_2O$$

$$X_2 + 2I^- = I_2 + 2X^- \quad (X = Cl、Br)$$

（2）以沉淀物存在：

$$Ag^+ + I^- = AgI\downarrow$$

$$2Cu^{2+} + 4I^- = 2CuI\downarrow + I_2$$

$$Pb^{2+} + 2I^- = PbI_2\downarrow$$

（3）以配离子存在：

$$PbI_2 + 2I^- = PbI_4^{2-}$$

$$HgI_2 + 2I^- = HgI_4^{2-}$$

（4）以有机溶剂萃取液存在，如 I_2—CCl_4。

根据含碘废液来源不同，提取单质碘的方法可能有差异。从含 I_2、I_3^-、I^- 和 IO_3^- 的废液中提取碘时，可选用合适的还原剂将它们全部转化为I^-后，用沉淀法富集（通常以$CuSO_4$为沉淀剂），选用合适的氧化剂氧化，使I_2析出，以升华法提纯I_2。

例如，由“化学反应速度”实验中回收的含碘废液提取单质碘时，将含碘废液用$Na_2S_2O_3$把碘还原为I^-，再用$CuSO_4$和$Na_2S_2O_3$与它反应，使生成CuI沉淀，然后用浓HNO_3氧化，使I_2析出。有关反应式如下：

$$I_2 + 2S_2O_3^{2-} = 2I^- + S_4O_6^{2-}$$

$$2I^- + 2Cu^{2+} + 2S_2O_3^{2-} = 2CuI\downarrow + S_4O_6^{2-}$$

$$2CuI + 8HNO_3 = 2Cu(NO_3)_2 + 4NO_2\uparrow + 4H_2O + I_2\downarrow$$

仪器和药品

减压过滤仪器，两个配套的烧杯①，表面皿，沙浴盘，温度计，分液漏斗，蒸发皿，研钵。

$Na_2S_2O_3$（饱和），$Na_2S_2O_3$（$0.1mol\cdot L^{-1}$），NaOH（$6mol\cdot L^{-1}$），$CuSO_4$（饱和），HNO_3（浓），含碘废液，冰，CCl_4，HCl（$6mol\cdot L^{-1}$），海带。

实验内容

取约400mL含碘废液，边搅拌边滴加$Na_2S_2O_3$饱和溶液，直到溶液由棕色变为无色，然后滴加$CuSO_4$饱和溶液，此时溶液又出现棕色（为什么?），继续用$Na_2S_2O_3$和$CuSO_4$两种溶液交替滴定直到CuI沉淀完全（怎样判断?），静置，使CuI沉降，倾去上清液，将沉淀转移到大小适合的烧杯中。

在烧杯上盖一表面皿，逐滴加入浓HNO_3（在通风橱里进行），并不断搅拌，当I_2完全析出后，静置，使I_2沉降，倾去上清液，用少量水洗涤I_2晶体，抽滤至干。

将I_2置于干燥的高筒大烧杯中，其上面叠加一只小烧杯（杯内放少量冰水），并将大烧杯置于沙浴中。将沙浴盘缓慢加热至100～140℃左右。这时在小烧杯底部有碘晶体析出。待升华完毕，收集I_2并称量。

选做部分

从海带提取碘：取10g左右切细的干海带，放在蒸发皿中，在通风橱里加热灼烧进行充分灰化。冷却至室温，移入研钵研细，加等量的蒸馏水，搅拌5min左右，倾析过滤，滤渣用水再浸提3次，合并提取液。从提取液中提取碘的方法可有不同。

提示：

（1）用沉淀法富集I^-离子。

（2）加入合适的氧化剂。例如通入Cl_2（或加入亚硝酸钠），至溶液由无色变为黄色，

① 所谓两个配套的烧杯即一个高筒烧杯，套上一个小烧杯，两杯杯口能吻合相套，小烧杯底与大烧杯底相距一定距离。

停止通 Cl_2。用 CCl_4 分多次萃取至不含 I_2 为止。合并所有 CCl_4 萃取液。

萃取液的处理：方法一，用水浴减压蒸馏回收 CCl_4，收集 I_2 并提纯。方法二，向 CCl_4 萃取液中滴加 NaOH 溶液，使 I_2 歧化后，分离有机相，回收 CCl_4，水相倾入烧杯（若溶液浓度较稀，可先行浓缩），加酸酸化，使 I_2 沉降，收集 I_2 并提纯。

问题与讨论

（1）用 $CuSO_4$ 饱和溶液沉淀 I^- 时，为何必须加入 $Na_2S_2O_3$？

（2）怎样确定 CuI 已沉淀完全？

（3）有两种形式的含碘废液，试分别设计实验方案，将 I_2 回收。

①含碘沉淀物，如 AgI、PbI_2 等；

②含碘配离子，如 PbI_4^{2-}。

（4）在本实验中，若将还原剂改为 Na_2SO_3，试根据反应的自由能变化及其他因素进行综合分析，判断哪一种还原剂更有利。

实验四十五　从废液中回收有价金属

实验目的

（1）学习和掌握从废液中回收有价金属的基本原理和基本方法。

（2）综合运用无机化学各种实验技术，从实验室废液中回收1~2种有价金属元素或其化合物。

实验提要

工业或实验室的各种含有价金属废水，其共同特点是组分复杂，金属浓度低，因此回收处理过程通常包括富集、分离提取、纯化，然后转化为金属单质或制备成各种具有特殊用途的化合物。不同来源的废水，金属浓度和共存物种类往往差别很大，而共存物的性质又直接决定了分离提取的难易程度，所以具体的处理方案必须依据废水来源和实际组成而定。例如从含银废液中回收银时，可能的方法有：

（1）含银废液 $\xrightarrow{\text{直接还原}} Ag\downarrow$

（2）含银废液 $\xrightarrow{\text{NaCl 或 HCl}} AgCl\downarrow \xrightarrow{\text{浓 } NH_3\cdot H_2O} [Ag(NH_3)_2]^+ \xrightarrow{\text{还原剂}} Ag\downarrow$ 或热分解 $Ag\downarrow$

$AgCl\downarrow \xrightarrow{\text{或热分解}} Ag\downarrow$

（3）含银废液 $\xrightarrow{Na_2S} Ag_2S\downarrow \xrightarrow[\text{1 000℃左右}]{\triangle} Ag\downarrow$

（4）含银废液 $\xrightarrow{\text{有机萃取剂}}$ 富银有机相 $\xrightarrow[\text{或反萃}]{\text{还　原}} Ag\downarrow$ + 有机萃取剂（可循环使用）

（5）含银废液 $\xrightarrow[\text{离子交换树脂或其他吸附剂}]{\text{吸附、解吸}}$ 富银液 $\xrightarrow{\text{还原剂}} Ag\downarrow$

可供选择的还原剂有Zn粉、Fe粉、水合肼、甲醛、葡萄糖、抗坏血酸等。

各种方法各有其优点和适用范围，如果废液中有较多的重金属离子共存，而银主要以水合银离子形式存在，则选用方法（2）能回收得到纯度较高的银；如果废液中的银以较稳定的配离子形式存在，浓度较高时可用方法（1），浓度较低时可用方法（3）。总之选择和确定方案时，除了技术上的可行性外，还应考虑到经济、高效和无二次污染等。

实验内容

根据指导教师的意见，每人可选择下列1~2项内容做实验。

（1）从废定影液中回收银。

（2）从实验室含银废液中回收银。

（3）从印刷电路废腐蚀液中回收金属铜和铁盐。

（4）从实验室含铜废液中回收铜或铜盐。

（5）从实验室含镉废液中回收金属镉。

提示：

Ag_2S 的热分解反应为：

$$Ag_2S + O_2 \xrightarrow{1\ 000℃左右} 2Ag + SO_2$$

为便于回收，在反应中常加一定量的 Na_2CO_3 和硼砂［可按质量比 $m(Ag_2S):m(Na_2CO_3):m(Na_2B_4O_7)=3:2:1$］。

问题与讨论

（1）废定影液中银的存在形式是什么？下述 3 种方法中哪种最适宜于从废定影液中回收富集银？

①用锌粉置换成粗银；

②用食盐作沉淀剂生成 AgCl 沉淀；

③用硫化钠作沉淀剂生成 Ag_2S。

（2）某含银废液中同时含有相当量的 Cu、Fe、Pb、Zn 等金属离子，主要以水合离子的形式存在，试拟出从中回收银的方案并说明选择该方案的理由。

（3）用于印刷电路的腐蚀液，通常是三氯化铁溶液或盐酸与过氧化氢的混合液，腐蚀反应如下：

$$Cu + 2FeCl_3 \xlongequal{40\sim60℃} 2FeCl_2 + CuCl_2$$

$$Cu + H_2O_2 + 2HCl \xlongequal{} 2H_2O + CuCl_2$$

试拟出方案：

①从三氯化铁废腐蚀液中回收铜或铜盐；

②从过氧化氢和盐酸废腐蚀液中回收铜或铜盐。

实验四十六　重金属废水的处理

实验目的

（1）了解重金属废水的危害与治理方法。
（2）综合运用无机化学实验的基本方法处理实验室重金属废水。

实验提要

（1）重金属废水的危害。重金属废水是一种对生态环境危害极大的污染物。因为重金属离子进入环境后，不像有机污染物那样能被细菌、微生物降解，而往往参与食物链直接威胁人体健康，而且重金属离子及其化合物的毒害是累积性的，开始不易察觉，一旦出现症状就会带来严重后果。

重金属废水中危害最大的是汞、镉和铅。例如，工业废水中汞排入环境后，不同形态的汞在微生物的作用下，最后会变为毒性更大的甲基汞或二甲基汞。这种生物转化过程乃是水生生态中汞的生物富集的关键一环。

（2）污染物分类和排放标准值。污染物按其性质分为两类：第一类污染物是指能在水环境或动植物体内蓄积，对人体健康产生长远不良影响的有害物质；第二类污染物是指其长期影响小于第一类污染物的有害物质。按广东省地方标准（DB44－26－89）关于水污染物排放标准规定，第一类污染物及其最高容许排放质量浓度见表6－1。

表6－1　第一类污染物及其最高容许排放质量浓度

序号	污染物	最高容许排放质量浓度（$mg \cdot L^{-1}$）
1	总汞	0.05
2	烷基汞	不得检出
3	总镉	0.1
4	总铬	1.5
5	六价铬	0.5
6	总砷	0.5
7	总铅	1.0

（3）重金属废水的处理方法。目前废水处理方法主要分为三大类，即物理法、化学法和生物法。物理法主要通过重力分离法、离心法和过滤法将废水中不溶解的悬浮物和沉淀物分离截留；化学法主要通过加入化学试剂进行化学反应和传质作用，如萃取、吸附、离子交换以及电渗析、反渗透等膜分离技术将废水中可溶性的或呈胶体态的污染物除去；

生物法主要通过需氧或厌氧微生物的代谢作用使废水中有机污染物降解和转化。

重金属废水常用的处理方法有化学沉淀法、电解法、离子浮选法、离子交换法、电渗析法、反渗透法、铁氧体法和吸附法等。

其中化学沉淀法常用的化学试剂有石灰石、硫化物及钡盐等。硫化物沉淀法效率高，沉淀物体积小，可回收重金属。其缺点是沉淀剂价格昂贵，处理过程中易排出 H_2S 有害气体，反应后残留的 S^{2-} 还需进一步处理。

吸附法利用多孔性固体吸附剂吸附废水中的有害物质（物理吸附和化学吸附）。所用吸附剂大体分为无机系和有机系两大类。无机系以硅酸钙为代表，有机系以煤炭为主。其中腐殖酸类物质与其他吸附剂比较，具有价廉、交换容量高、对离子能选择性吸附等优点。因此，近几年越来越多的国家直接用腐殖酸类物质作为工业废水的吸附剂，获得了显著效果。

仪器和药品

根据指导教师的要求，拟出对废液进行初步检验的方案，在完成废液初检的基础上拟出废液处理的实施方案。提出每个方案所需要的仪器和药品（注意：所开出的仪器和药品必须是实验室所能提供的）。方案经教师审批后方可进行实验。

实验内容

检验并处理重金属废水

（1）废液来源：由实验室提供或学生本人在实验中回收的含重金属废液。

（2）处理要求：处理废液中重金属离子（可能含有 Hg^{2+}、$Hg_2{}^{2+}$、Cd^{2+}、$CrO_4{}^{2-}$、$Cr_2O_7{}^{2-}$、Pb^{2+}、Cu^{2+} 或 Ni^{2+} 等），使废液基本达到排放标准。

（3）检验和处理步骤：

①初步检验。检查废液的 pH 值，观察废液的颜色和透明度，废液是否含有沉淀物，沉淀物的颜色等，判断可能含有的重金属离子。拟出定性检出离子的方案，定性检出所要求处理的离子。

②废液的处理。根据初步检验结果，拟出处理方案，选用合适的试剂处理废液。

③复检处理后的废液，确定是否符合排放标准，对符合要求的废液给予排放。

④重金属废物的回收处理，根据指导教师的意见集中回收或作进一步处理。

提示：

（1）本实验可根据具体情况由每位学生独立进行或分组合作处理 1 份废液。组成复杂的废液，用分组合作完成较合适。

（2）复检时，不一定需要直接测定重金属离子的浓度，可根据所用的方法和实际控制的条件作出评价，即复检实际所控制的条件是否达到预定的要求。例如用沉淀法处理废液时，根据沉淀剂的平衡浓度即可推算重金属离子的残留量。

问题与讨论

（1）在铬污染物引起的危害中，Cr(Ⅵ）远远大于 Cr(Ⅲ)，所以处理Cr(Ⅵ)废水时通常先把 Cr(Ⅵ）转化为 Cr(Ⅲ）再加以处理。试选出 1 ~ 2 种便宜易得的还原剂把 Cr(Ⅵ)转化为 Cr(Ⅲ)。

（2）用沉淀法处理含 Cr(Ⅲ）的废液时，选用何种沉淀剂最合理？怎样控制沉淀条件才能确保 Cr(Ⅲ）沉淀完全［废液达到广东省地方标准（DB44 - 26 - 89）关于水污染物排放标准规定的要求，下同］？

（3）用下面两种不同的沉淀方法处理含铅的废液时，溶液的酸度应控制在什么范围，才能确保铅沉淀完全？

①以氢氧化钙作沉淀剂，把 Pb^{2+} 沉淀为 $Pb(OH)_2$。

②以硫化物为沉淀剂，把铅沉淀为 PbS。

实验四十七　水的净化

实验目的

（1）了解自来水中含有的常见杂质离子。

（2）学习蒸馏法和离子交换法净化水，掌握其原理和方法。

（3）进一步熟悉电导率仪（或电导仪）的使用和一些常见离子的鉴定方法。

实验提要

天然水或自来水中往往含有无机杂质、有机杂质及某些微生物。无机杂质常见的有 Mg^{2+}、Ca^{2+}、SO_4^{2-}、CO_3^{2-}、Cl^- 及某些气体等。实验室和某些生产部门对水质有一定要求，通常采用蒸馏法和离子交换法予以净化。

蒸馏是物质分离和提纯的常用方法之一。在一定温度下，各种液体的蒸气压各不相同，即沸点有所差异。因而，通过加热可使混合液体先后汽化、冷凝而使之分离或提纯。蒸馏法净化水是利用溶剂（水）和溶质（杂质）之间的沸点有较大的差异而实现的。经蒸馏而净化的水叫蒸馏水。为了有效地除去有机杂质和微生物，蒸馏时可加入一定量的高锰酸钾到水样中一起进行蒸馏，如果对水质有更高要求，可以对蒸馏水进行二次蒸馏（称双蒸水）或三次蒸馏（三蒸水），从而获得高纯水。

离子交换法是基于阴、阳离子交换树脂（参见本教材）能与其他物质的离子进行选择性的离子交换反应。水样中的阴、阳离子经离子交换后得到净化。这种净化后的水称去离子水。

阳离子交换树脂，经盐酸转型后，可与水样中的 Na^+、Mg^{2+}、Ca^{2+} 等阳离子进行交换。例如：

$$2RSO_3^-H^+ + Mg^{2+} \rightleftharpoons (RSO_3)_2Mg + 2H^+$$

阴离子交换树脂，经氢氧化钠转型后，可与水样中的 Cl^-、SO_4^{2-} 等杂质的阴离子进行交换。例如：

$$R\equiv N^+OH^- + Cl^- \rightleftharpoons R\equiv N^+Cl^- + OH^-$$

经阴、阳离子交换后产生的 H^+ 和 OH^- 结合又生成水：

$$H^+ + OH^- \rightleftharpoons H_2O$$

实际使用时，常把阳、阴离子交换树脂柱串联起来使用（必要时再通过阴、阳离子混合柱进行多级离子交换）。经交换而失效的离子交换树脂，可分别用稀的氢氧化钠、盐酸溶液再生。

水的纯度可由水样的电导率大小予以估计。水样的电导率越小，则其纯度越高（可溶性杂质越少）。室温时，双蒸水的电导率为 $10^{-4}S\cdot m^{-1}$，水样中的杂质离子如

Mg^{2+}、Ca^{2+}、SO_4^{2-}、CO_3^{2-}和Cl^-等可用常规的化学方法检验。

仪器和药品　（除特别注明外，试剂浓度单位为 $mol \cdot L^{-1}$）

蒸馏装置：蒸馏烧瓶，冷凝管，承接管，温度计，酒精灯，铁架台，铁夹，石棉网，铁圈，沸石或毛细管（一端封闭）。

离子交换装置：碱式滴定管（25mL，2 支），滴定管夹，铁架台，乳胶管，T 形玻璃管，玻璃纤维，电导率仪（或电导仪），电导电极，烧杯，试管，锥形瓶，滤纸碎片。

HNO_3（1.0），氨水（2.0），$AgNO_3$（0.1），$BaCl_2$（1.0），铬黑 T，钙指示剂，镁试剂。

强酸型阳离子交换树脂，强碱型阴离子交换树脂。

实验内容

1. 蒸馏法净化水

（1）仪器的安装。按图 6－1 所示，在蒸馏烧瓶中放入若干块沸石（无釉小瓷片。若用毛细管，则使封口的一端朝上，毛细管的长度应足以使它能触及蒸馏烧瓶的颈部①），往烧瓶中加入约 150mL 自来水（制备双蒸水时，则加入 150mL 蒸馏水），将温度计准确地插入塞子的正中，并使水银球上端与蒸馏烧瓶支管口的下端处在同一水平线上。

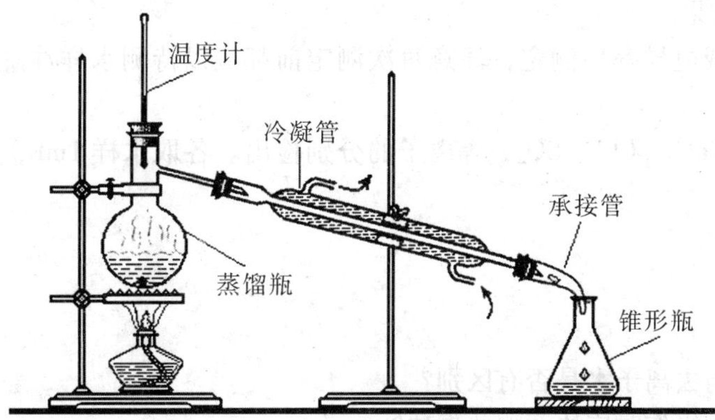

图 6－1　**蒸馏装置图**

调节冷凝管的倾斜度，使之与蒸馏烧瓶的侧管一致。让冷凝管的冷却水出口向上。仔细将两者连接好，并注意蒸馏烧瓶的侧管插入冷凝管内的深度不应小于 3cm，然后接上接引管。

（2）蒸馏。先通冷却水，并保持冷却水徐徐流动，加热蒸馏烧瓶（为加速蒸馏可用

① 液体沸腾时，从毛细管中徐徐冒出的小气泡可保持液体不会过热，沸腾平稳而不暴沸。

电炉代替酒精灯)，待温度计温度读数达到 100℃时，开始收集蒸馏水（收集约 50mL 即可停止加热)，蒸馏水待检验。

（3）后处理。蒸馏结束时，先移去酒精灯（或断开电源移去电炉)，待沸腾明显停止时，拆除装置，倒出剩余的自来水（或一次蒸馏水)，洗净蒸馏烧瓶。

2. 离子交换法净化水

（1）仪器安装。按图 6-2 所示安装离子交换装置，在碱式滴定管改装而成的交换柱底部，塞入少量玻璃纤维，拧紧下端的螺丝夹，先各加入少量蒸馏水，再分别加入阳离子交换树脂和阴离子交换树脂①，树脂层高度在 25cm 左右，装柱时注意尽量使树脂紧密，不留气泡，否则必须重装。

（2）离子交换。拧开高位槽（或自来水管）及各交换柱间的螺丝夹，让自来水流入，调节每支交换柱底部的螺丝夹（或玻璃珠)。控制流出液以每分钟约 30 滴的流速，开始流出的约 30mL 水弃去，重新控制流速为每分钟约 25 滴。分别收集水样各 50mL 做水质检验。

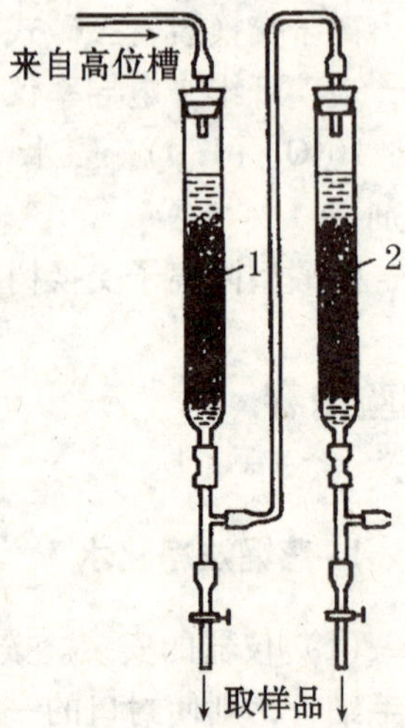

图 6-2　离子交换装置示意图

1. 阳离子交换柱
2. 阴离子交换柱

选做部分

水质的检验：对上述各水样连同自来水，分别进行下列检验，并记录结果。

（1）电导（或电导率）测定，注意每次测定前都应以待测水样冲洗电极，并用干燥滤纸碎片仔细吸干。

（2）Mg^{2+}、Ca^{2+}、Cl^-、SO_4^{2-} 等离子的分别检出。各取水样 1mL，分别进行各离子的检验。

问题与讨论

（1）蒸馏水与去离子水是否有区别?

（2）进行蒸馏操作时应注意哪些事项?

（3）进行水样的电导（或电导率）测定时，一般先测蒸馏水（或去离子水）水样，还是先测自来水水样?

（4）为什么可用水样的电导率来评价它的纯度? 电导率数值越大，水样的纯度是否越高?

（5）用离子交换法净化水时，流出液的流速大小对水样的纯度是否有影响?

---

① 若交换树脂已经再生，则应先用去离子水洗涤至 pH = 7.0，并浸泡过夜。洗涤和浸泡由教师完成。

第七部分

特色创新实验

实验部分

实验四十八 葡萄糖酸锌的制备

实验目的

（1）学习和掌握药用微量元素药物合成的基本方法。
（2）学习并掌握葡萄糖酸锌的合成和鉴别。
（3）了解锌的生物意义。

实验提要

锌在人体内是必需的微量元素之一，参与多种重要酶的合成，并对维持正常生理功能具有重要意义。人体需要的锌主要从日常饮食中获得。如发现缺锌现象，则必须给予适当的补充。以前常用的补锌剂是硫酸锌，而现在一般用葡萄糖酸锌（Zinc Gluconate）。硫酸锌对肠胃有刺激，而葡萄糖酸锌副作用小，可制成口含片使用，且易于吸收。

葡萄糖酸锌为白色粒状结晶或粉末，无臭，略有不适味，溶于水，易溶于沸水（约1:1），15℃时饱和溶液质量分数为25%，不溶于无水乙醇、氯仿和乙醚。它可由葡萄糖酸钙和硫酸锌反应制得：

$$Ca(Glu)_2 + ZnSO_4 \longrightarrow Zn(Glu)_2 + CaSO_4 \downarrow$$

过滤除去硫酸钙沉淀，溶液经浓缩可得葡萄糖酸锌结晶。

葡萄糖酸钙［Calcium Gluconate，$Ca(C_6H_{11}O_7)_2 \cdot H_2O$］本身是补钙剂，也是医药原料。

仪器和药品

布氏漏斗，普通漏斗。
葡萄糖酸钙，硫酸锌（$ZnSO_4 \cdot 7H_2O$），活性炭。

实验内容

称取葡萄糖酸钙［$Ca(C_6H_{11}O_7)_2 \cdot H_2O$］11.2g（0.025mol），放入100mL烧杯中，

加入30mL蒸馏水。另称取硫酸锌（$ZnSO_4 \cdot 7H_2O$）7.6g（0.026mol），用30mL蒸馏水使之溶解，在不断搅拌下，把$ZnSO_4$溶液逐滴加入葡萄糖酸钙溶液中，加完后在40℃水浴中保温约20min，抽滤除去$CaSO_4$沉淀，溶液转入烧杯，加热近沸，加入少量活性炭，脱色，趁热过滤。滤液浓缩至原体积的1/3～1/4。静置冷却，滤取结晶，粗品用适量热水重结晶，可得供压制片剂的葡萄糖酸锌。

问题与讨论

（1）可否用如下的化合物与葡萄糖酸钙反应来制备葡萄糖酸锌，为什么？

① ZnO；② $ZnCl_2$；③ $ZnCO_3$；④ $Zn(CH_3COO)_2$。

（2）试设计一方案制备葡萄糖酸亚铁。

实验四十九　磺胺嘧啶锌配合物的合成

实验目的

了解利用配体交换合成配合物的原理与方法。

实验提要

磺胺嘧啶（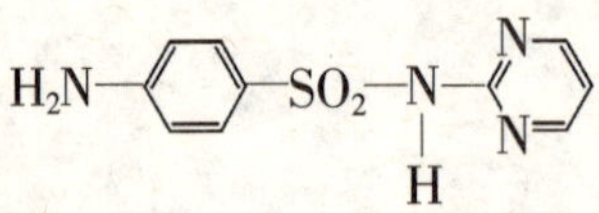，HSD，相对分子质量为250）为临床使用的抗菌药。它与锌生成的化合物因具有杀菌力强、促进创面愈合等功效，现已制成烧伤药物并用于临床。

磺胺嘧啶（HSD）不溶于水，易溶于碱。当溶液 $pH < 8.5$ 时，HSD 从溶液中析出。HSD 不能直接与锌离子发生反应，它必须以去质子后的 SD^- 形式才能与 Zn^{2+} 离子进行螯合反应。然而 Zn^{2+} 在 $pH > 6.4$ 时，开始水解形成 $Zn(OH)_2$ 沉淀，在强碱介质中，形成稳定的 $Zn(OH)_4{}^{2-}$ 配离子（$\lg\beta_4 = 17.6$），同样难与 SD^- 反应。

本实验采用先使 Zn^{2+} 离子与氨配体形成锌氨配离子 $[Zn(NH_3)_4]^{2+}$，然后与 SD^- 进行配体交换的合成路线。因为锌氨配离子的稳定常数适中（$\lg\beta_4 = 9.36$），可顺利地与 NaSD 或 NH_4SD 进行配体交换，所以能够合成出组成确定的磺胺嘧啶锌配合物。

仪器和药品

三口烧瓶（250mL），分液漏斗（60mL），温度计，电动搅拌器，恒温水浴槽，抽滤装置，酸式滴定管，永停滴定仪。

磺胺嘧啶（HSD，CP），NaOH(s)，$NH_3 \cdot H_2O$（浓），$ZnSO_4 \cdot 7H_2O(s)$，EDTA 标准溶液（$0.002mol \cdot L^{-1}$），HCl（$6mol \cdot L^{-1}$），六次甲基四胺缓冲溶液（$pH = 5.4 \sim 5.8$），二甲酚橙指示剂，KBr（s，AR），亚硝酸钠标准溶液（$0.1mol \cdot L^{-1}$），KI—淀粉溶液。

实验内容

1. 溶液的配制

（1）配制 $1mol \cdot L^{-1}NH_4SD$（或 NaSD）溶液 30mL（A 液）：

称取一定量的HSD（自行计算）溶于1∶1的$NH_3 \cdot H_2O$（或2mol·L^{-1} NaOH）溶液中，加水稀释至所需体积。

（2）配制1mol·L^{-1}锌氨溶液15mL（B液）：

称取一定量的$ZnSO_4 \cdot 7H_2O$溶于适量水中，滴加1∶1的氨水，使形成的沉淀完全溶解，生成锌氨溶液，用水稀释至所需体积。

2. 合成

根据实验操作的要求和实验室提供的仪器自行设计安装仪器。

将A液置于三口烧瓶中，加入105mL蒸馏水，在恒温（70℃）搅拌下，把B液缓慢滴加到A液中（NH_4SD溶液），滴加完毕后，继续恒温半小时，静置冷却，使晶体析出（放置时间长有助于晶体析出完全）。抽滤，晶体用蒸馏水洗涤4~5次，抽干，称量。产品存放在真空干燥器中干燥备用。

选做部分

1. 锌含量分析

准确称取产品0.2g①溶于6mol·L^{-1}盐酸中；用1∶1的$NH_3 \cdot H_2O$调节pH值为5~6，再加入六次甲基四胺缓冲溶液（pH=5.4~5.8）20mL，二甲酚橙指示终点，用0.02mol·L^{-1}EDTA标准溶液滴定至溶液由红变黄即为终点。按下式计算Zn的质量分数。

$$\text{Zn的质量分数}=\frac{V(\text{EDTA})\cdot c(\text{EDTA})\times 65.38}{m_{\text{产品}}}\times 100\%$$

2. 磺胺嘧啶含量分析

准确称取0.5g产品，溶于15mL 2mol·L^{-1} HCl，加KBr 2.0g，加水40mL，用0.1mol·L^{-1}亚硝酸钠标准溶液滴定，用永停滴定仪确定终点，并用KI—淀粉溶液（质量分数为0.2%）作指示剂对照。

根据以上分析结果，确定磺胺嘧啶锌配合物中锌与磺胺嘧啶的组成比。

问题与讨论

（1）何谓配体交换法？它有何优点？如何选择合适的第一个配体？

（2）通常制备磺胺嘧啶锌是把硫酸锌溶液缓慢滴加到磺胺嘧啶钠溶液中进行反应的。试分析用此方法合成，对产品质量有何影响。

---

① 更规范的做法应该将产品在马福炉中于850℃灼烧至恒重，将残渣按上述方法处理。

实验五十 固相合成硒芳香杂环化合物

实验目的

了解固相合成方法，了解硒芳香杂环化合物的合成。

实验提要

固相化学反应是指有固体物质直接参与的反应，它既包括经典的固—固反应，也包括固—气反应和固—液反应。所有固相化学反应都是非均相反应。固相反应是有机合成中的热点问题，主要特色反应表现在钯催化的耦联反应、杂环合成、环加成、烯醇烷基化反应等方面。固相合成法所得到的粗产物没有受到任何溶剂的影响，大大简化了反应过程，省去了传统溶液合成法中耗时的纯化和分离步骤，只需过滤和洗涤就可除去多余的试剂和副产物，因此固相合成法的产率比液相合成法的产率高。

芳香二胺类化合物与二氧化硒生成硒二唑化合物的反应称 Hinsberg 反应，是合成该系列化合物的最常用最经典的方法，也是合成有机硒的重要方法之一。它可以用以下的化学反应方程式表示：

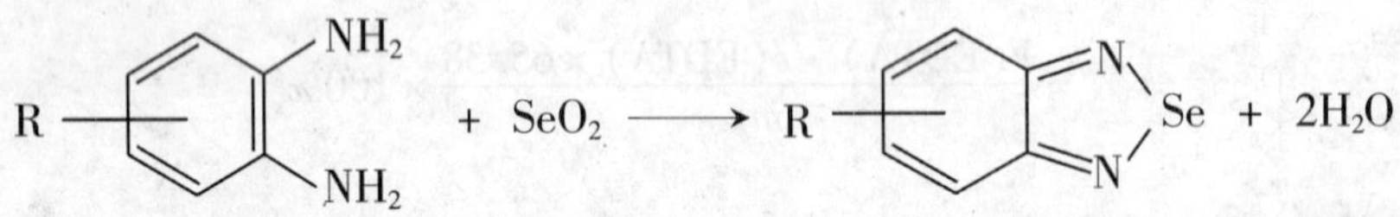

传统上，该类反应是在乙醇或稀酸的液相环境中进行的，反应涉及亲核进攻、闭环、消去等多步反应，过程复杂。固相化学反应速率主要取决于固相中物质向反应位点的传递，依赖于新相的成核作用，通常物质在固态时的扩散速率远远低于液态或气态时的扩散速率，因而无溶剂的固相反应通常显得困难。然而，Hinsberg反应却能在固相中顺利进行且纯度较高，这是十分有趣的。该类反应的产物——硒二唑化合物分子中的两个氮原子容易质子化，在酸性环境中容易产生质子化的副产物，给分离纯化带来一定的困难，而固相反应却避免了质子化副产物的形成。尽管 Na_2SeO_3 也可以与芳香二胺发生 Hinsberg 反应，但在固相反应中使用 SeO_2 为原料更为有利，因为反应的唯一副产物是 H_2O，容易处理，这也是固相中进行的 Hinsberg 反应产物纯度较高的主要原因。

仪器和药品

ELEMENTAR Vario EL 型元素分析仪（EA），Bruker Equinox55 型红外光谱仪（IR），XD—98 型 X 射线粉末衍射仪（XRD），TU—1901 型双光束紫外可见分光光度计（UV），970CRT 荧光分光光度计（FS）。

芳香二胺类化合物，AR 级；SeO_2、环己烷及其余试剂均为 AR 级；实验用水均为石英亚沸蒸馏器所得的二次蒸馏水。

实验内容

在室温下，分别将研磨成细粉的邻苯二胺化合物与二氧化硒按物质的量之比 1:1 均匀混合于研钵中，充分研磨，在反应过程中，可以观察到明显剧烈的变化，以 XRD 跟踪反应进程，监测结果表明，研磨约 30min，反应完成，得相应的化合物。将合成产物溶解于环己烷中，过滤（目的：除去可能存在的不溶性杂质），所得滤液用二次水洗涤 3 次（用何仪器?），蒸发除去环己烷，产物无须进一步纯化，即得纯品，干燥、称量、计算收率，避光保存备用。

将反应物、粗产物、固相合成的产物分别做 XRD、IR 实验，其中 XRD 为铜靶，管压 40kV，管流 20mA；IR 为 KBr 压片；对固相反应所得产物用 ICP 和 EA 分别测定 Se 和 C、H、N 的含量。

问题与讨论

（1）Na_2SeO_3 和 SeO_2 均可以和芳香邻二胺发生 Hinsberg 反应。在水溶液中的合成反应通常选用 Na_2SeO_3，而在固相反应中通常选用 SeO_2，为什么?

（2）讨论硒二唑化合物中，Se 和 N 的键合状态和电子配置情况。

实验五十一　从茶叶和紫菜中分离和鉴定某些元素

实验目的

（1）了解并掌握从茶叶和紫菜中分离和鉴定某些化学元素的方法。
（2）增加对探索大自然奥秘的兴趣，提高学习化学的积极性。

实验提要

植物是有机体，主要由C、H、N和O等元素组成，还含有P、I和某些金属元素。把植物烧成灰烬，经过一系列的化学处理，即可从中分离和鉴定某些元素。本实验要求从茶叶中检出钙、镁、铝、铁和磷5种元素，从紫菜中检出碘元素。

钙、镁、铝和铁4种金属离子的氢氧化物完全沉淀的pH范围如下：$Ca(OH)_2$为pH > 13；$Mg(OH)_2$为pH > 11；$Fe(OH)_3$为pH≥4.1；$Al(OH)_3$为pH≥5.2。而pH > 9时，$Al(OH)_3$又开始溶解。故本实验先用$2mol \cdot L^{-1}$ HCl溶解茶叶灰，然后用浓$NH_3 \cdot H_2O$将其滤液调至pH值为7左右，此时，只有铝和铁的氢氧化物完全沉淀。过滤后，Mg^{2+}和Ca^{2+}留于滤液中，从滤液中可分别鉴定Mg^{2+}和Ca^{2+}。沉淀与过量的$2mol \cdot L^{-1}$ NaOH溶液反应，由于$Al(OH)_3$具有两性，因而又可将Al^{3+}分离并鉴定之。

茶叶灰用浓HNO_3溶解后，从滤液中可检出磷元素。紫菜灰用醋酸溶解后，从滤液中可检出碘元素。

仪器和药品　（除特别注明外，试剂浓度单位为$mol \cdot L^{-1}$）

酒精喷灯，研钵，蒸发皿，天平，烧杯（100mL），药匙。

茶叶，紫菜，HCl（2），$(NH_4)_2C_2O_4$（0.5），$NH_3 \cdot H_2O$（浓），镁试剂，铝试剂，KSCN（饱和），$K_4[Fe(CN)_6]$（0.1），氯水，CCl_4，HNO_3（浓），钼酸铵试剂，HAc（2）。

实验内容

1. 茶叶中钙、镁、铝和铁元素的分离和鉴定

（1）称取15g干燥的茶叶，放入蒸发皿中，用酒精喷灯加热使其充分灰化（在通风橱中进行），并移入研钵磨细（取出少量茶叶灰以作鉴定P元素用）。然后将15mL HCl加入灰中搅拌，过滤此盐酸溶液。

（2）设计一实验方案，分离并鉴定上面滤液中 Ca、Mg、Al 和 Fe 4 种元素，并实验之。

2. **茶叶中磷元素的鉴定**

取一药匙茶叶灰于 100mL 烧杯中，用 2mL 浓 HNO_3溶解，再加入 30mL 蒸馏水，过滤后得透明溶液，鉴定 PO_4^{3-}的存在。

3. **紫菜中碘元素的鉴定**

（1）取 10g 左右的紫菜进行灰化（在通风橱中进行）。

（2）取一药匙紫菜灰于 100mL 烧杯中，放入 10mL HAc 溶液，稍加热溶解，过滤。

（3）在滤液中鉴定 I^-的存在。

问题与讨论

（1）茶叶和紫菜中还含有哪些元素？可用何种方法鉴定？

（2）从茶叶中分离和鉴定钙、镁、铝和铁 4 种元素时，各步反应的条件应如何控制？

实验五十二　纳米硫的制备

实验目的

了解从升华硫制备纳米硫的方法，了解纳米硫表面修饰作用和纳米粒子的表征方法。

实验提要

硫是一种重要的化学和生物学活性物质，熔点为 112 ~ 120℃。与单质硫相比，纳米硫由于粒子的比表面积增大，表面原子具不饱和性，易于与其他原子相结合而趋于稳定，因而具有很高的表面活性。

根据能量最低原理，在没有其他附加条件的情况下，纳米硫粒子的团聚能够降低体系的表面能，具有自发性，所以在反应液中需加入表面修饰剂。本实验中，选择氨基酸作为表面修饰剂，由于氨基酸有活性氨基和羧基，而硫外层有空着的 3d 轨道，与氨基酸中的氧、氮等原子成键时可形成较弱的 d - p π 配键，从而对纳米硫粒子起表面修饰和稳定作用。

在超声波处理条件下，将升华硫溶解于无水乙醇中，过滤获得饱和的均匀溶液，滴加入含有含硫氨基酸作为表面修饰剂和稳定剂的水溶液，得到由修饰剂和纳米硫所组成的液相耦合物，含硫氨基酸（胱氨酸和蛋氨酸）修饰的纳米硫粒子的粒径集中在 250nm 以内，分布范围较窄，且分散性良好，对纳米硫具有一定的粒径调控作用和稳定化作用，而且存在着浓度依赖关系。

仪器和药品

升华硫（纯度 >99.5%）、无水乙醇（AR）、蛋氨酸（Met）、胱氨酸，实验用水均为二次蒸馏水。

碘量瓶（250mL）、长颈漏斗、比色管、烧杯（150mL、100mL）、滴定管、定量滤纸、有机过滤滤纸［聚偏氟乙烯微孔滤膜（F 型）］。

KQ3200 超声波清洗器、SiGma 3 - 18 K 离心机、970CRT 荧光分光光度计、马尔文粒度电位仪、TEANAI - 10 型透射电子显微镜。

实验内容

1. 升华硫的溶解

将 100mL 无水乙醇与 1g 升华硫加入到 250mL 碘量瓶中，密封，在超声波清洗器中进行超声 30min，最后得一黄色混合溶液。将其迅速进行过滤，得一澄清溶液。所得溶液留做以下实验。

（1）将以上澄清溶液马上进行粒度、Zeta 电位与 TEM 测试。

（2）将以上澄清溶液放置在室温 30℃条件下保存 2 天，有淡黄色沉淀析出。

2. 纳米硫的制备

（1）配置蛋氨酸溶液：将 0.299 7g 蛋氨酸溶解在 80mL 二次蒸馏水中（该溶液的浓度 =0.025mol·L^{-1}），利用 0.01mol·L^{-1}盐酸溶液与 0.01mol·L^{-1}氢氧化钠溶液调节蛋氨酸溶液的 pH 值等于其等电点（5.74）。

（2）取 9 支离心管并编号 1－9，往各离心管加入等量（5mL）的纳米硫澄清溶液，对其先进行超声 10min。

（3）超声情况下依次向离心管加入 0.1mL、0.2mL、0.3mL、0.5mL、1mL、2mL、3mL、4mL、5mL 蛋氨酸溶液，并继续超声 10min。

（4）离心处理，离心条件为：25℃，5 000 r/min，10min。

（5）将上清液过滤，得最终样品，进行 TEM、粒径、Zeta 电位、共振瑞利散射测试。

3. 纳米硫的形貌表征

对氨基酸修饰的纳米硫使用透射电镜（transmission electron microscope，简称 TEM）进行形貌观察（条件允许，最好即做即测定）；利用马尔文粒度电位仪测定纳米硫的粒径及 Zeta 电位情况；利用荧光分光光度计（同步扫描，$\Delta\lambda = \lambda_{ex} - \lambda_{em} = 0$）测量纳米硫的共振瑞利散射光谱（条件允许，在配制完成后的第 1h、5h、10h、24h、48h 对体系进行测定）。

问题与讨论

（1）对不同氨基酸修饰的纳米硫，其粒径、形貌有何不同？

（2）除氨基酸外，还有哪些物质可作为修饰剂修饰制备纳米硫？

实验五十三 纳米硒的制备

实验目的

了解利用抗坏血酸（Vc）合成纳米硒水溶胶的制备方法，了解不同修饰剂对纳米硒的修饰过程。

实验提要

硒是人体必需微量元素。硒具有抗氧化、调节免疫、拮抗有害重金属等重要生物功能。早在 20 世纪 30 年代，人们就发现，在富硒环境中的某些微生物如光合细菌、微藻、真菌等可以把 Se（IV）或 Se（VI）还原为单质硒（Se^0），也可以把 Se^0 转化为气态的甲基硒。研究表明，纳米硒是新型的活性硒形态，其生物利用性好，急毒性小，生物活性高。

在酸性水溶液中使用过量的抗坏血酸（Vc）即可将亚硒酸（H_2SeO_3）还原为纳米硒。H_2SeO_3 由二氧化硒（SeO_2）与水分子结合而得到。其反应方程式为：

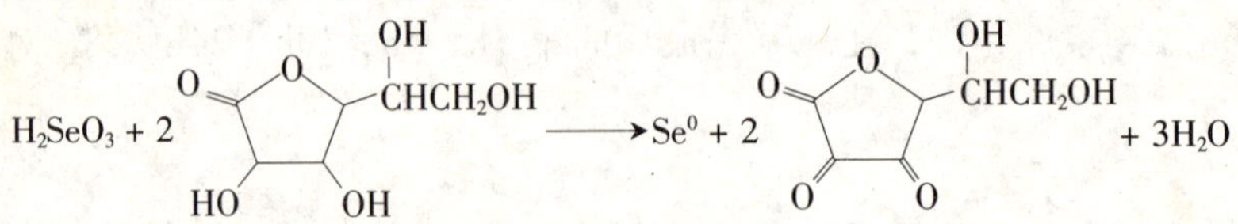

H_2SeO_3 被 Vc 还原成为纳米态单质硒，在自然条件下，生成的纳米硒会不断地发生聚集，纳米硒的颗粒不断增大。

在修饰剂存在下，纳米硒的生成和聚集都受到修饰剂的调控。通过控制反应条件和选择合适的表面修饰剂，可以对所生成的纳米硒的粒径进行调控，得到粒径小，粒径分布范围窄的液相纳米硒体系。

在水溶液中，利用半胱氨酸为修饰剂调控 Vc 还原亚硒酸的体系制备纳米硒，研究发现半胱氨酸（$15mmol \cdot L^{-1}$）对高浓度的硒（$3mmol \cdot L^{-1}$）具有一定程度的粒径调控和稳定化作用，制备的 Cys – Nano Se^0 在室温下放置 7 天后粒径稍有增大但并不发生聚沉，粒径维持在 100nm 至 150nm。

也可以利用谷胱甘肽（GSH）还原并修饰制备纳米硒，水体系中 GSH（$2.5mmol \cdot L^{-1}$）与亚硒酸（$0.5mmol \cdot L^{-1}$）反应制备得到的纳米硒粒子可稳定 12h 左右，粒径为 $110 \pm 20nm$。

上述两种物质均可以作用在纳米硒粒子的表面使纳米粒子带上一定的电荷从而使其在水体系中稳定存在。

仪器和药品

抗坏血酸（Vc），SeO_2，实验用水均为二次蒸馏水。

超声波清洗器、970CRT 荧光分光光度计、BI9000AT 型激光散射仪、TEANAI－10 型透射电子显微镜。

实验内容

1. 储备液的配制

抗坏血酸（Vc）配制成浓度为 $0.1\ mol \cdot L^{-1}$ 的储备溶液；Se（Ⅳ）储备溶液由 SeO_2 配制成浓度为 $4 \times 10^{-4} mol \cdot L^{-1}$ 的储备液。

2. 纳米硒溶胶的制备

在一组 5 个 25mL 容量瓶中，分别依次加入 12.5mL 二次蒸馏水和一定量的 Vc 储备液，轻轻摇匀；然后分别依次滴加 0.25 mL、0.5 mL、1.0 mL、2.0 mL、4.0 mL 的浓度为 $4 \times 10^{-4} mol \cdot L^{-1}$ 的 Se（Ⅳ）的储备溶液，轻轻摇匀，加二次蒸馏水定容。得到一系列不同 Vc 浓度，Se 浓度分别为 $4\mu mol \cdot L^{-1}$、$8\mu mol \cdot L^{-1}$、$16\mu mol \cdot L^{-1}$、$32\mu mol \cdot L^{-1}$、$64\mu mol \cdot L^{-1}$ 的 Vc－纳米硒粒子溶胶。

3. 纳米硒的形貌表征

对纳米硒溶胶利用 TEM 进行形貌观察；利用激光散射仪测定纳米硒的粒径及其分布情况；利用荧光分光光度计（同步扫描，$\Delta\lambda = \lambda_{ex} - \lambda_{em} = 0$）测量纳米硒的共振瑞利散射光谱。

问题与讨论

（1）讨论不同浓度的抗坏血酸（Vc）对纳米硒的粒径调控作用。

（2）哪些物质可作为纳米硒的修饰剂？

附　录

一、化学试剂的规格

关于化学试剂规格的划分，各国不一致。我国常用试剂等级的划分参阅下表。

国家标准	优（质）级纯（保证试剂）GR	分析纯 AR	化学纯 CP	实验试剂 LR
等　级	一级品（Ⅰ）	二级品（Ⅱ）	三级品（Ⅲ）	四级品（Ⅳ）
标　志	绿色标签	红色标签	蓝色标签	
用　途	精密的分析工作和科研工作	一般的分析工作和科研工作	厂矿的日常控制分析和教学实验	实验中的辅助试剂及制备原料

除上述 4 个等级外，还根据特殊需要而定出相应的纯度规格，如供光谱分析用的光谱纯，供核实验及其分析用的核纯等。

对于不同的试剂，各种规格要求的标准不同。但总的说来，优质纯试剂杂质含量最低，实验试剂杂质含量较高。应根据实际工作的需要，选用适当等级的试剂，既满足工作要求，又符合节约原则。

二、市售酸碱浓度[①]

溶液（化学式）	溶质摩尔质量 $M(g \cdot mol^{-1})$	溶质质量分数 $w(\%)$	溶液密度 $\rho(g \cdot cm^{-3})$	溶液浓度 $c(mol \cdot L^{-1})$
冰醋酸（CH_3COOH）	60	99.5	1.05	17
浓盐酸（HCl）	36.5	36	1.18	12
浓硝酸（HNO_3）	63	70	1.42	16
发烟硝酸（HNO_3）	63	95	1.50	23

① 引自：［英］J. G. 斯塔克. 化学数据手册. 北京：石油工业出版社，1980

(续上表)

溶液(化学式)	溶质摩尔质量 M(g·mol^{-1})	溶质质量分数 w(%)	溶液密度 ρ(g·cm^{-3})	溶液浓度 c(mol·L^{-1})
浓硫酸 (H_2SO_4)	98	98	1.84	18
发烟硫酸 (H_2SO_4)	98	(20% SO_3)	1.92	—
浓磷酸 (H_3PO_4)	98	85	1.75	15
浓氨水 (NH_3)	17	28	0.88	15

三、饱和水蒸气压①

在密闭体系中，纯水与其水蒸气达到平衡后，水蒸气的压力称为饱和水蒸气压。它随温度而变，如下表所列。

温度(℃)	压力(kPa)	温度(℃)	压力(kPa)	温度(℃)	压力(kPa)	温度(℃)	压力(kPa)
1	0.656 7	26	3.361	51	12.96	76	40.18
2	0.705 8	27	3.565	52	13.61	77	41.88
3	0.757 9	28	3.780	53	14.29	78	43.64
4	0.813 4	29	4.005	54	15.00	79	45.46
5	0.872 3	30	4.243	55	15.74	80	47.34
6	0.935 0	31	4.492	56	16.50	81	49.29
7	1.002	32	4.755	57	17.31	82	51.31
8	1.072	33	5.030	58	18.14	83	53.41
9	1.148	34	5.319	59	19.01	84	55.57
10	1.228	35	5.623	60	19.92	85	57.81
11	1.312	36	5.941	61	20.86	86	60.11
12	1.402	37	6.275	62	21.83	87	62.49
13	1.497	38	6.625	63	22.85	88	64.94
14	1.598	39	6.992	64	23.91	89	67.47
15	1.705	40	7.376	65	25.00	90	70.09

① 本表原始数据引自：John. A. Dean, *Lange's Handbook of Chemistry*, 12th edition (1979)，并按 1mmHg = 0.133 322kPa 换算所得。

（续上表）

温度(℃)	压力(kPa)	温度(℃)	压力(kPa)	温度(℃)	压力(kPa)	温度(℃)	压力(kPa)
16	1.818	41	7.778	66	26.14	91	72.80
17	1.937	42	8.199	67	27.32	92	75.59
18	2.063	43	8.639	68	28.55	93	78.47
19	2.197	44	9.100	69	29.82	94	81.44
20	2.338	45	9.583	70	31.16	95	84.51
21	2.486	46	10.09	71	32.52	96	87.67
22	2.643	47	10.61	72	33.94	97	90.93
23	2.809	48	11.16	73	35.42	98	94.29
24	2.985	49	11.73	74	36.96	99	97.76
25	3.167	50	12.33	75	38.54	100	101.3

四、常用的一些酸碱指示剂

名　称	变色范围（pH 值）	颜色变化	溶液配制方法①
麝香蓝（百里酚蓝）（第一次变色）	1.2～2.8	红～黄	0.1g 溶于 100mL 20% 乙醇中
β—二硝基苯酚	2.4～4.0	无色～黄	0.1% 水溶液
甲　基　橙	3.0～4.4	红～橙黄	0.1% 水溶液
刚　果　红	3.0～5.2	蓝紫～红	0.1% 水溶液
茜素红 S（第一次变色）	3.7～5.2	黄～紫	1% 水溶液
甲　基　红	4.4～6.2	红～黄	0.1g 溶于 100mL 60% 乙醇中
溴　酚　红	5.0～6.6	黄～红	0.1g 溶于 100mL 20% 乙醇中
中　性　红	6.8～8.0	红～亮黄	0.1g 溶于 100mL 20% 乙醇中
橘　黄　Ⅱ	7.6～8.9	棕～橙	0.1% 水溶液
麝香蓝（百里酚蓝）（第二次变色）	8.0～9.6	黄～蓝	溶于 100mL 20% 乙醇中
酚　酞	8.0～10.0	无色～紫红	0.1g 溶于 100mL 60% 乙醇中
茜素红 S（第二次变色）	10.0～12.0	紫～淡黄	0.1% 水溶液
石　蕊	4.0～6.4	红～蓝	2% 乙醇溶液

① $x\%$ 水溶液是指质量分数；$x\%$ 乙醇是指体积分数。

五、常见沉淀物的 pH 值

金属氢氧化物沉淀的 pH 值（包括形成氢氧配离子的大概数值）。

氢氧化物	开始沉淀时的 pH 初浓度 $(1mol \cdot L^{-1})$	开始沉淀时的 pH 初浓度 $(0.01mol \cdot L^{-1})$	完全沉淀时的 pH（残留离子浓度 $<10^{-5}(mol \cdot L^{-1})$）	沉淀开始溶解时的 pH	沉淀完全溶解时的 pH
$Sn(OH)_4$	0	0.5	1.0	13	15
$TiO(OH)_2$	0	0.5	2.0		
$Sn(OH)_2$	0.9	2.1	4.7	10	13.5
$ZrO(OH)_2$	1.3	2.3	3.8		
HgO	1.3	2.4	5.0	11.5	
$Fe(OH)_3$	1.5	2.3	4.1	14	
$Al(OH)_3$	3.3	4.0	5.2	7.8	10.8
$Cr(OH)_3$	4.0	4.9	6.8	12	15
$Be(OH)_2$	5.2	6.2	8.8		
$Zn(OH)_2$	5.4	6.4	8.0	10.5	12~13
Ag_2O	6.2	8.2	11.2	12.7	
$Fe(OH)_2$	6.5	7.5	9.7	13.5	
$Co(OH)_2$	6.6	7.6	9.2	14.1	
$Ni(OH)_2$	6.7	7.7	9.5		
$Cd(OH)_2$	7.2	8.2	9.7		
$Mn(OH)_2$	7.8	8.8	10.4	14	
$Mg(OH)_2$	9.4	10.4	12.4		
$Pb(OH)_2$		7.2	8.7	10	13
$Ce(OH)_2$		0.8	1.2		
$Th(OH)_4$		0.5			
$Tl(OH)_3$		~0.6	~1.6		
H_2MoO_4			~8	~8	~9
稀土		6.8~8.5	~9.5		
H_2UO_4		3.6	5.1		

沉淀金属硫化物的 pH 值

pH	被 H_2S 所沉淀的金属
1	铜组：Cu、Ag、Hg、Pb、Bi、Cd 砷组：As、Au、Pt、Sb、Se、Mo
2～3	Zn、Ti
4～6	Co、Ni
>7	Mn、Fe

溶液中硫化物沉淀时盐酸的最高浓度

硫化物	Ag_2S	HgS	CuS	Sb_2S_3	Bi_2S_3	SnS_2	CdS	PbS
盐酸浓度（$mol\cdot L^{-1}$）	12	7.5	7.0	3.7	2.5	2.3	0.7	0.35
硫化物	SnS	ZnS	CoS	NiS	FeS	MnS		
盐酸浓度（$mol\cdot L^{-1}$）	0.3	0.02	0.001	0.001	0.000 1	0.000 08		

六、常见无机化合物在水中的溶解度①

g/100g

与饱和溶液平衡的固相物质	0℃	20℃	40℃	60℃	80℃	100℃
AgCl		1.5×10^{-4}				2×10^{-2}
$AgNO_3$	122	222	376	525	669	952
Ag_2SO_4	0.573	0.796	0.979	1.15	1.30	1.41
$Al_2(SO_4)_3\cdot18H_2O$	31.2	36.4	46.1	59.2	73.1	89.0
$BaCl_2\cdot2H_2O$	31.6	35.7	40.7	46.4	52.4	58.8
$Ba(OH)_2\cdot8H_2O$	1.67	3.89	8.22	20.94	101.4	
Br_2	4.22	3.20				
$CaCl_2\cdot6H_2O$	59.5	74.5				
$Ca(OH)_2$	0.185	0.165	0.141	0.116	0.094	0.077
$CaSO_4\cdot2H_2O$	0.175 9		0.209 7			0.161 9
$CdCl_2\cdot H_2O$		134.5	135.3	136.5	140.5	147.0

① 本表数据录自 John A. Dean, *Lange's Handbook of Chemistry*, 11th edition 10－8（1973）。

(续上表)

与饱和溶液平衡的固相物质	0℃	20℃	40℃	60℃	80℃	100℃
$CoCl_2 \cdot 6H_2O$	41.6	50.4				
$CuCl_2 \cdot 2H_2O$	70.7	77.0	83.8	91.2	99.2	107.9
$CuSO_4 \cdot 5H_2O$	14.3	20.7	28.5	40.0	55	75.4
$FeCl_2 \cdot 4H_2O$			77.3	88.7	100.0	
$FeCl_3$	74.4	91.9			525.8	535.7
$FeSO_4 \cdot 7H_2O$	15.65	26.5	40.2			
$FeSO_4 \cdot H_2O$				50.9(70℃)	43.6	37.3(90℃)
HCl	82.3		63.3	56.1		
$HgCl_2$	3.6	6.6	10.2	16.2	30.0	61.3
I_2		2.9×10^{-2}	5.6×10^{-2}			
$K_2SO_4 \cdot Al_2(SO_4)_3 \cdot 24H_2O$	3.0	5.9	11.7	24.8	71.0	
KBr	53.5	65.5	75.5	85.5	95.0	104.0
KCl	27.6	34.0	40.0	45.5	51.1	56.7
$KClO_3$	3.3	7.4	14.0	24.5	38.5	57.0
K_2CrO_4	58.2	61.7	65.2	68.8	72.1	75.6
$K_2Cr_2O_7$	5.0	12.0	26.0	43.0	61.0	80.0
$K_3[Fe(CN)_6]$	31.0	42.9	60.0	66.0		
$K_4[Fe(CN)_6]$	14.9	28.9	42.7	55.9	68.6	77.8
$KHC_4H_4O_6$	0.32	0.53	1.32	2.5	4.6	7.0
K_2SO_4	7.4	11.1	14.8	18.2	21.4	24.1
$K_2C_2O_4$	25.5	36.4	43.8	53.2	63.6	75.3
KI	127.5	144	160	176	192	208
$KMnO_4$	2.83	6.4	12.56	22.2		
KNO_3	13.3	31.6	63.9	110.0	169	246
$KOH \cdot 2H_2O$	97	112				
$MgCl_2 \cdot 6H_2O$	52.8	54.5	57.5	61.0	66.0	73.0
$MnCl_2 \cdot 4H_2O$	63.4	73.9	88.6			
NH_4Cl	29.4	37.2	45.8	55.2	65.6	77.3
NH_4NO_3	118.3	192.0	297.0	421.0	580.0	871.0
NH_4SCN	119.8	170.0				

（续上表）

与饱和溶液平衡的固相物质	0℃	20℃	40℃	60℃	80℃	100℃
$(NH_4)_2SO_4$	70.6	75.4	81.0	88.0	95.3	103.3
$Na_2B_4O_7 \cdot 10H_2O$	1.3	2.7		20.3		
$NaC_2H_3O_2$	119.0	123.5	129.5	139.5	153	170
$Na_2CO_3 \cdot H_2O$			48.5	46.4	45.8	45.5
NaCl	35.7	36.0	36.6	37.3	38.4	39.8
$NaHCO_3$	6.9	9.6	12.7	16.4		
$NaOH \cdot H_2O$		109	129	174		
Na_2SO_3	14.4	26.3	37.2	32.6	29.4	27.9(90℃)
Na_2SO_4	4.9	19.5	48.8	45.3	43.7	42.5
$Na_2S \cdot 9H_2O$		18.8	28.5			
$Na_2S_2O_3$	52.5	70.0	102.6	206.6	246	266
$NiSO_4 \cdot 7H_2O$	27.22					
$PbCl_2$	0.672 8	0.99	1.45	1.98	2.62	3.34
$Pb(NO_3)_2$	38.8	56.5	75	95	115	138.8

七、普通有机溶剂的性质①

溶　剂	分子式	沸点（℃）	密度（20℃）（$kg \cdot L^{-1}$）
氯仿	$CHCl_3$	61.2	1.489
甲醇	CH_3OH	64.7	0.92
丙酮	CH_3COCH_3	56.7	0.791
四氯化碳	CCl_4	76.8	1.594
乙醇	C_2H_5OH	78.4	0.789
乙醚	$C_2H_5OC_2H_5$	34.6	0.708
苯	C_6H_6	80.1	0.879
二硫化碳	CS_2	46.3	1.263

① 本表数据录自 John A. Dean，*Lange's Handbook of Chemistry*，11th edition 7－56（1973）。

八、常用配合物的稳定常数表①

金属离子（M）与配位体（L）形成配合物的累积稳定常数的对数值($\lg\beta$)列于下表中（20～25℃）。

$$M + L \rightleftharpoons ML,\quad \beta_1 = \frac{c(ML)}{c(M)\cdot c(L)}$$

$$M + 2L \rightleftharpoons ML_2,\quad \beta_2 = \frac{c(ML_2)}{c(M)\cdot c^2(L)}$$

$$M + nL \rightleftharpoons ML_n,\quad \beta_n = \frac{c(ML_n)}{c(M)\cdot c^n(L)}$$

配合物的逐级稳定常数以 K_n 表示，它与累积稳定常数 β_n 的关系为 $\beta_1 = K_1$；$\beta_2 = K_1 \cdot K_2$；$\beta_n = K_1 \cdot K_2 \cdot K_3 \cdot \cdots \cdot K_n$。

亚硫酸盐（SO_3^{2-}）

金属离子	$\lg\beta_1$	$\lg\beta_2$	$\lg\beta_3$	$\lg\beta_4$	$\lg\beta_5$	$\lg\beta_6$
Ag^+	5.60	8.68	9.00			
Cu^+	7.85	8.70	9.36			
Hg^{2+}		24.07	24.96			

氨（NH_3）

金属离子	$\lg\beta_1$	$\lg\beta_2$	$\lg\beta_3$	$\lg\beta_4$	$\lg\beta_5$	$\lg\beta_6$
Ag^+	3.37	7.21				
Cd^{2+}	2.65	4.75	6.19	7.12		
Co^{2+}	2.11	3.74	4.79	5.55		
Co^{3+}	7.3	14.0	20.1	25.7	30.8	35.2
Cu^+	5.93	10.86				
Cu^{2+}	4.13	7.66	10.53	12.68		
Ni^{2+}	2.80	5.04	6.77	7.96		
Zn^{2+}	2.32	4.61	6.97	9.36		
Hg^{2+}				19.24		

① 摘自《化学分析手册》，科学出版社，1982 年。

氰化物（CN^-）

金属离子	lg β_1	lg β_2	lg β_3	lg β_4	lg β_5	lg β_6
Ag^+		21.1	21.8	20.7		
Cd^{2+}	5.18	9.6	13.92	17.11		
Co^{2+}						19.1
Co^{3+}						17.7
Cu^+		24.0	28.6	30.3		
Cu^{2+}				25		
Fe^{2+}						36.9
Fe^{3+}						43.9
Hg^{2+}	18.00	34.70	38.53	41.51		
Ni^{2+}				30.3		
Pb^{2+}				10.3		
Zn^{2+}		11.07	16.05	19.62		

硫氰酸盐（SCN^-）

金属离子	lg β_1	lg β_2	lg β_3	lg β_4	lg β_5	lg β_6
Ag^+	4.75	8.23	9.45	9.67		
Cu^+		12.11	9.90	10.09	9.59	9.27
Fe^{3+}	3.1	5.3	6.2			

氢氧化物（OH^-）

金属离子	lg β_1	lg β_2	lg β_3	lg β_4	lg β_5	lg β_6
Al^{3+}	9.27			33.03		
Bi^{3+}	12.7	15.8		35.2		
Cr^{3+}	10.1	17.8		29.9		
Cu^{2+}	7.0	13.68	17.00	18.5		
Pb^{2+}	7.82	10.85	14.58			61.0
Sb^{3+}		24.3	36.7	38.3		
Sn^{2+}	11.86	20.64	25.13			
Zn^{2+}	4.40	11.30	14.14	17.66		

氟化物（F^-）

金属离子	$\lg\beta_1$	$\lg\beta_2$	$\lg\beta_3$	$\lg\beta_4$	$\lg\beta_5$	$\lg\beta_6$
Al^{3+}	6.13	11.15	15.00	17.74	19.37	19.81
Cr^{3+}	4.36	7.70	10.18			
Fe^{3+}	5.17	9.09	12.00			
Sn^{2+}	6.26	8.76	9.25			
Sn^{4+}						~25

氯化物（Cl^-）

金属离子	$\lg\beta_1$	$\lg\beta_2$	$\lg\beta_3$	$\lg\beta_4$	$\lg\beta_5$	$\lg\beta_6$
Ag^+	3.04	5.04	5.04	5.30		
Bi^{3+}	2.43	4.43	5.78	6.21	6.69	
Cu^+		5.5	5.7			
Fe^{3+}	1.48	2.13	1.99	0.01		
Hg^{2+}	6.74	13.22	14.07	15.07		
Sb^{2+}	1.62	2.44	2.04	1.0		
Sn^{2+}	1.51	2.24	2.03	1.48		
Sn^{4+}						4

碘化物（I^-）

金属离子	$\lg\beta_1$	$\lg\beta_2$	$\lg\beta_3$	$\lg\beta_4$	$\lg\beta_5$	$\lg\beta_6$
Ag^+	6.58	11.74	13.68	13.10		
Bi^{3+}	3.63			14.95	16.80	18.80
Cd^{2+}	2.17	3.67	4.34	5.35	5.15	
Cu^+		8.85				
Hg^{2+}	12.87	23.82	27.60	29.83		
I_2	2.87(I_3^-)					
Pb^{2+}	2.00	3.15	3.92	4.47		
Sn^{2+}	0.70	1.13	2.13	2.30		2.59

草酸盐（$C_2O_4^{2-}$）

金属离子	$\lg\beta_1$	$\lg\beta_2$	$\lg\beta_3$	$\lg\beta_4$	$\lg\beta_5$	$\lg\beta_6$
Ag^+	2.41					
Al^{3+}	7.26	13.0	16.3			
Cd^{2+}	4.00	5.77				
Co^{2+}	4.69	7.15				
Cr^{3+}	5.34	10.51	15.44			
Cu^{2+}	6.19	10.23				
Fe^{2+}	2.9	4.52	5.22			
Fe^{3+}	9.4	16.4	20.2			
Mg^{2+}	3.43	4.38				
Mn^{2+}	3.97	5.40				
Ni^{2+}	5.3	7.64				
Pb^{2+}		6.54				
Zn^{2+}	4.85	7.55				

乙二胺（$C_2H_8N_2$）

金属离子	$\lg\beta_1$	$\lg\beta_2$	$\lg\beta_3$	金属离子	$\lg\beta_1$	$\lg\beta_2$	$\lg\beta_3$
Ag^+	4.7	7.7		Cu^{2+}	10.66	19.99	
Cd^{2+}	5.47	10.09	12.18	Fe^{2+}	4.34	7.65	9.70
Co^{2+}	5.93	10.66	13.96	Hg^{2+}	14.3	23.3	
Co^{3+}	18.7	34.9	48.7	Mn^{2+}	2.73	4.79	5.67
Cr^{3+}	16.5	<30.5		Ni^{2+}	7.52	13.84	18.33
Cu^+		11.4		Zn^{2+}	5.77	10.83	14.11

EDTA

金属离子	$\lg\beta_1$	$\lg\beta_2$	$\lg\beta_3$	金属离子	$\lg\beta_1$	$\lg\beta_2$	$\lg\beta_3$
Ag^+	7.31			Fe^{2+}	14.33		
Al^{3+}	16.11			Fe^{3+}	25.1		
Ba^{2+}	7.78			Hg^{2+}	21.8		
Bi^{3+}	27.9			Mg^{2+}	8.69		
Ca^{2+}	10.7			Mn^{2+}	14.04		
Cd^{2+}	16.46			Ni^{2+}	18.62		
Co^{2+}	16.31			Pb^{2+}	18.04		
Co^{3+}	36			Sn^{2+}	22.1		
Cr^{3+}	24.3			Sr^{2+}	8.63		
Cu^{2+}	18.8			Zn^{2+}	16.5		

九、某些物质的热力学数据

（压力为1.013 25×10^{5}Pa、温度为298.15K时某些物质的热力学函数）

物 质	$\Delta H_f^\ominus$ (kJ·mol^{-1})	$\Delta G_f^\ominus$ (kJ·mol^{-1})	$S^\ominus$ (J·K^{-1}·mol^{-1})	物 质	$\Delta H_f^\ominus$ (kJ·mol^{-1})	$\Delta G_f^\ominus$ (kJ·mol^{-1})	$S^\ominus$ (J·K^{-1}·mol^{-1})
Ag(s)	0	0	42.55	Ag_2S(s)	-32.59	-40.67	144.01
Ag^+(aq)	105.58	77.12	72.68	Ag_2SO_4(s)	-715.88	-618.48	200.41
AgBr(s)	-100.67	-96.9	107.11	Al(s)	0	0	28.32
AgCl(s)	-127.07	-109.80	96.22	Al^{3+}(aq)	-531.37	-485.34	-321.75
* $Ag_2C_2O_4$(s)	-673	-584	209	$AlCl_3$(aq)	-583.25	—	—
* Ag_2CrO_4(s)	-732	-642	218	$AlCl_3$(s)	-704.17	-628.85	110.67
AgF(s)	-204.60	—	—	$AlCl_3 \cdot 6H_2O$(s)	-2 691.57	—	—
AgI(s)	-61.84	-66.19	115.48	Al_2O_3(s，刚玉)	-1 675.69	-1 582.39	50.92
$AgNO_3$(s)	-124.39	-33.47	140.92	$Al(OH)_3$(沉淀)	-1 276.12	—	—
$[Ag(NH_3)_2]^+$(aq)	-111.29	-17.24	245.18	Al_2S_3(s)	-723.83	—	—
Ag_2O(s)	-31.05	-11.21	121.34	$Al_2(SO_4)_3$(s)	-3 440.84	-3 100.13	239.32
Ag_3PO_4(s)	—	-878.64	—	As_2O_5(s)	-924.87	-782.40	105.44
$Al_2(SO_4)_3$(aq)	-3 790.70	-3 204.94	-583.25	C_2H_5OH(l)	-277.69	-174.89	160.17
$Al_2(SO_4)_3 \cdot 6H_2O$(s)	-5 311.71	-4 622.57	469.03	CH_3COOH(aq)	-486.01	-369.41	86.6
* As_2O_3(s)	-657	-578	107	HCOOH(l)	-424.72	-361.41	128.95
As(s，a，灰)	-924.87	-782.40	105.44	CO(g)	-110.68	-137.15	197.56
As_2S_3(s)	-169.03	-168.61	163.59	CO_2(g)	-393.51	-394.36	213.63
* As_2S_5(s)	-146	—	—	CO_2(aq)	-413.79	-386.01	117.57
$Ba(NO_3)_2$(aq)	-952.26	-783.41	302.50	CO_3^{2-}(aq)	-677.14	-527.90	-56.9
* BaO(s)	-554	-525	70	$C_2O_4^{2-}$(aq)	-825.08	-674.03	45.60
BaO_2(s)	-634.29	—	—	CS_2(l)	-89.70	65.27	216.39
$Ba(OH)_2$(s)	-944.75	—	—	Ca(s)	0	0	41.42
BaS(s)	-460.24	-456.05	78.24	Ca^{2+}(aq)	-542.83	-553.54	-53.14
$BaSO_4$(s)	-1 476.19	-1 362.31	132.21	Cu^{2+}(aq)	-64.77	65.52	-99.58
Ba(s)	0	0	9.50	$CaCl_2$(s)	-795.79	-748.09	104.6
Be^+(aq)	-382.84	-379.69	-129	$CuCl_2$(s)	-220.08	-175.73	108.07
$BeCl_2$(s)	-490.36	-445.59	82.67	$CaCO_3$(s，方解石)	-1 206.92	-1 128.84	9 288
BeF_2(s，石英)	-1 026.75	-979.47	53.35	* * $CuCO_3$(s)	-595	-518	88

（续上表）

物　质	ΔH_f^Θ (kJ · mol^{-1})	ΔG_f^Θ (kJ · mol^{-1})	S^Θ (J · K^{-1} · mol^{-1})	物　质	ΔH_f^Θ (kJ · mol^{-1})	ΔG_f^Θ (kJ · mol^{-1})	S^Θ (J · K^{-1} · mol^{-1})
$Be(NO_3)_2$(aq)	-799.14	—	—	CaC_2O_4(s)	-1 360.63	—	—
BeO(s)	-609.61	-580.32	14.15	$CuCO_3 \cdot Cu(OH)_2$(s)	-1 051.44	-893.70	186.19
$Be(OH)_2$(s)	-902.49	-815.04	51.88	CaF_2(s)	-1 219.63	-1 167.34	68.87
$BeSO_4$(s，四方晶)	-1 205.20	1 093.86	77.91	CuI(s)	-67.78	-69.45	96.65
Bi(s)	0	0	56.73	$Ca(OCl)_2$(s)	-754.37	—	—
Bi^{3+}(aq)	—	82.84	—	$Cu(IO_3)_2$(aq)	-377.82	-190.37	137.24
$BiCl_3$(s)	-379.07	-315.05	176.98	$Ca(OH)_2$(s)	-986.09	-898.55	83.39
Bi_2O_3(s)	-573.87	-493.71	151.46	$Cu(IO_3)_2 \cdot H_2O$(s)	-692.03	-468.61	247.27
$Bi(OH)_3$(s)	-711.28		—	CaO(s)	-635.09	-604.4	39.74
BiOCl(s)	-366.94	-322.17	120.50	Cu_2O(s)	-168.62	-146.02	93.14
BiO^+(aq)	—	-146.44	—	$Ca_3(PO_4)_2$(s)	-4 120.82	-3 884.84	235.98
Bi_2S_3(s)	-143.09	-140.58	200.41	Cu(s)	-157.32	-129.70	42.63
Br_2(g)	30.91	3.14	245.35	$CaSO_4$(s，无水)	-1 434.10	-1 321.85	106.69
Br_2(l)	0	0	152.23	$Cu(OH)_2$(s)	-449.78	—	—
Br^-(aq)	-121.55	-103.97	82.42	$CaSO_4 \cdot 1/2H_2O$(s)	-1 576.74	-1 436.83	130.54
BrO^-(aq)	-94.14	-33.47	41.84	$Cu(NO_3)_2$(s)	-302.92	—	—
BrO_3^-(aq)	-68.19	18.49	161.71	$CaSO_4 \cdot 2H_2O$(s)	-2 022.63	-1 797.45	194.17
B(s)	0	0	5.86	$[Cu(NH_3)_4]^{2+}$(aq)	-348.53	-111.29	273.63
B_2O_3(s)	-1 272.77	-1 196.69	53.97	Cd^{2+}(aq)	-75.89	-77.58	-73.22
$[B(OH)_4]^-$(aq)	-1 344.02	-1 153.32	102.51	CuS(s)	-53.14	-53.56	65.53
Ba^{2+}(aq)	-537.64	-560.74	9.62	$CdCl_2$(s)	-391.49	-343.96	115.27
$BaCl_2$(s)	-858.57	-810.44	123.68	$CuSO_4$(s)	-771.36	-661.90	108.78
$BaCl_2 \cdot 2H_2O$(s)	-1 460.13	1 296.45	202.92	$CdCl_2$(aq)	-410.19	-340.10	39.75
BaC_2O_4(s)	-1 368.59	—	—	$CuSO_4 \cdot 5H_2O$(s)	-2 279.65	-1 880.05	300.41
$BaCrO_4$(s)	-1 445.99	-1 345.28	1 585.74	$CdCO_3$(s)	-750.61	-669.44	9 246
$Ba(NO_3)_2$(s)	-992.06	-769.72	213.80	$Cd(OH)_2$(s)	-560.65	-473.62	96.23
CCl_4(l)	-135.44	-65.27	216.39	$Cd(NO_3)_2$(s)	-456.30	—	—
CH_3OH(aq)	-245.93	-175.39	133.05	CdO(s)	-258.15	-228.44	54.81
CdS(s)	-161.92	-156.48	64.85	H_3BO_3(aq)	-1 072.32	-968.01	162.34
$CdSO_4$(s)	-933.28	-822.19	-53.13	$H_2B_4O_7$(aq)	-2 720.02	—	—
Cl_2(g)	0	0	222.95	HBr(g)	-36.40	-53.43	198.58
Cl^-(aq)	-167.16	-131.26	56.48	HBr(aq)	-121.54	-103.97	82.42

（续上表）

物　质	$\Delta H_f^{\ominus}$ (kJ·mol^{-1})	$\Delta G_f^{\ominus}$ (kJ·mol^{-1})	$S^{\ominus}$ (J·K^{-1}·mol^{-1})	物　质	$\Delta H_f^{\ominus}$ (kJ·mol^{-1})	$\Delta G_f^{\ominus}$ (kJ·mol^{-1})	$S^{\ominus}$ (J·K^{-1}·mol^{-1})
ClO^-(aq)	-107.11	-36.82	41.84	$HBrO_3$(aq)	-67.07	18.53	161.71
Cl_2O(g)	80.33	97.90	266.10	HCl(g)	-92.31	-95.30	186.86
ClO_2^-(aq)	-66.53	17.15	101.25	HCl(aq)	-167.16	-131.26	56.48
ClO_2(g)	102.51	120.50	256.73	HClO(aq)	-120.92	-79.91	142.26
ClO_3^-(aq)	-99.16	-3.35	162.34	$HClO_3$(aq)	103.97	-8.03	162.34
ClO_4^-(aq)	-129.33	-8.62	182.42	$HClO_4$(aq)	-129.33	-8.62	182
Co^{2+}(aq)	-58.16	-54.39	-112.97	HCO_3^-(aq)	-691.99	-586.85	91.21
$CoCl_2$(s)	-312.54	-269.87	109.16	H_2CO_3(aq)	-699.64	-623.16	187.44
$CoCl_2\cdot 6H_2O$(s)	-2 115.43	-1 725.48	343.08	HF(g)	-271.07	-273.22	173.67
$Co(NO_3)_2$(s)	-420.49	—	—	HI(g)	26.48	1.72	206.48
$[Co(NH_3)_6]^{2+}$(aq)	-189.54	—	—	HIO(aq，不电离)	-138.07	-99.16	94.4
$[Co(NH_3)_6]^{3+}$(aq)	-584.92	-162.76	167.36	HIO_3(s)	-230.12	—	—
$CoSO_4$(s)	-888.26	-782.40	117.99	H_2MoO_4(s，白)	-1 046	—	—
Cr(s)	0	0	23.77	HNO_3(l)	-174.10	-80.79	155.60
Cr^{3+}(aq)	5 648.4	—	—	H_2O(g)	-241.82	-228.59	188.74
$CrCl_3$(s)	-395.39	-356.06	115.31	H_2O(l)	-285.83	-237.18	69.91
Cr_2O_3(s)	-1 139.72	-1 058.13	81.17	H_2O_2(l)	-187.78	-120.42	—
CrO_3(s)	-589.53	—	—	OH^-(aq)	-229.99	-157.29	-10.75
CrO_4^{2-}(aq)	-881.15	-727.85	50.21	H_3PO_4(s)	-1 277.37	-1 119.22	110.49
$Cr_2O_7^{2-}$(aq)	-1 490.34	-1 301.22	261.92	H_2S(g)	-20.63	-33.55	205.68
Cu(s)	0	0	33.15	H_2S(aq)	-39.75	-27.86	121.34
Cu^+(aq)	71.67	50.00	40.58	HSO_4^-(aq)	-887.34	-756.00	131.80
F_2(g)	0	0	202.67	H_2SO_4(l)	-813.78	-690.10	156.90
F^-(aq)	-332.63	-278.82	-13.80	H_2SiO_3(s)	-1 188.67	-1 092.44	-133.89
Fe(s)	0	0	27.28	H_4SiO_4(s)	-1 481.14	-1 333.02	192.46
Fe^{2+}(aq)	-89.12	-75.94	-137.65	H_2WO_4(s)	-1 131.77	—	—
Fe^{3+}(aq)	-48.50	-4.6	-315.89	Hg(l)	0	0	76.02
$FeCl_2$(s)	-341.79	-302.34	117.95	Hg^{2+}(aq)	171.12	164.43	-32.22
$FeCl_3$(s)	-399.49	-334.05	142.25	Hg_2^{2+}(aq)	172.38	153.55	84.52
FeO(s)	-271.96	—	—	$HgCl_2$(s)	-224.26	-178.66	146.02
Fe_2O_3(s，磁铁)	-824.25	-742.24	87.40	HgO(s，红色)	-90.83	-58.55	70.29
Fe_3O_4(s，磁铁矿)	-1 118.38	-1 015.46	146.44	HgO(s，黄色)	-90.83	-58.55	-70.29

（续上表）

物质	ΔH_f^Θ (kJ · mol^{-1})	ΔG_f^Θ (kJ · mol^{-1})	S^Θ (J · K^{-1} · mol^{-1})	物质	ΔH_f^Θ (kJ · mol^{-1})	ΔG_f^Θ (kJ · mol^{-1})	S^Θ (J · K^{-1} · mol^{-1})
$Fe(OH)_2$(沉淀)	-569.02	-486.60	87.86	HgS(s, 红色)	-58.16	-50.63	82.42
$Fe(OH)_3$(沉淀)	-822.99	-696.64	106.09	Hg_2Cl_2(s)	-265.22	-210.78	192.46
$FeSO_4 \cdot 7H_2O$(s)	-3 014.57	2 510.27	409.19	HgS(s, 黑色)	-53.55	-47.70	88.28
H_2(g)	0	0	130.57	Hg_2I_2(s, 红色)	105.22	-101.67	179.91
H^+(aq)	0	0	0	$Hg_2(NO_3)_2 \cdot 2H_2O$(s)	-868	—	—
$H_2AsO_3^-$(aq)	-714.79	-587.22	110.46	$Hg(NO_3)_2 \cdot 1/2H_2O$(s)	-392	—	—
H_2AsO_4(aq)	-909.56	-753.29	117.15	I_2(g)	-62.44	19.36	260.58
H_3BO_2(s)	-1 094.32	-969.01	88.83	I_2(s)	0	0	116.14
I_2(aq)	22.59	16.40	137.24	Na(s)	0	0	51.0
I^-(aq)	-55.19	-51.59	111.29	Na^+(aq)	-239.66	-261.88	60.2
I_3^-(aq)	-51.46	-51.46	239.32	$Na_2B_4O_7$(s)	-329.13	-3 096.16	189.82
IO_3^-(aq)	-221.33	-128.03	118.40	NaBr(s)	-361.06	-348.98	86.82
$KClO_4$(s)	432.75	-303.17	151.04	NaCl(s)	-411.15	-384.15	72.13
K_2CrO_4(s)	-1 403.73	-1 295.78	200.1	NaClO(s)	-347.27	-298.74	100.42
$K_2Cr_2O_7$(s)	-2 061.45	-1 881.96	288.69	$NaClO_3$(s)	-365.77	-262.32	123.42
KI(s)	-327.9	-324.89	106.32	$NaClO_4$(s)	-388.29	-254.93	142.25
KIO_3(s)	-501.37	-418.4	151.46	$Na_2C_2O_4$(s)	-1 317.96	—	—
$KMnO_4$(s)	-837.22	-737.64	171.71	Na_2CO_3(s)	-1 130.68	-1 044.49	134.97
KNO_3(s)	-494.63	-394.93	133.05	$NaHCO_3$(s)	-950.18	-851.02	101.67
K_2O(s)	-361.5	—	—	Na_2CrO_4(s)	-1 342.22	-1 234.99	176.60
KOH(s)	-424.76	-379.11	78.87	$Na_2Cr_2O_7$(s)	-1 978.61	—	—
K(g)	89.24	60.63	160.23	$NaNO_3$(s)	-467.85	-367.06	116.52
K(s)	0	0	64.18	Na_2O(s)	-414.26	-375.47	75.06
K^+(aq)	-251.21	-282.25	102.50	NaO_2(s)	-260.24	-218.4	115.9
$KAl(SO_4)_2$(s)	-2 470.23	-2 240.11	204.59	Na_2O_2(s)	-510.87	-447.69	94.98
$KAl(SO_4)_2 \cdot 12H_2O$(s)	-6 061.77	-5 141.71	687.43	NaOH(s)	-425.61	-379.53	64.45
KBr(s)	-393.80	-380.66	95.90	Na_2SO_3(s)	-1 100.81	-1 012.52	145.94
KCl(s)	-436.75	-409.15	82.59	Na_2SO_4(s)	-1 387.07	-1 270.22	149.58
$KClO_3$(s)	-397.73	-296.31	143.09	$Na_2SO_4 \cdot 10H_2O$(s)	-4 327.26	-3 647.40	592.04
Li(g)	159.37	126.69	138.66	$Na_2S_2O_3$(s)	-1 122.98	-1 028.0	154.81
Li(s)	0	0	29.12	Ni^{2+}(aq)	-53.97	-45.60	-128.86
Li^+(aq)	-278.44	-293.80	14.2	$NiCl_2$(s)	-305.33	-259.06	97.65

（续上表）

物　质	ΔH_f^Θ（kJ·mol^{-1}）	ΔG_f^Θ（kJ·mol^{-1}）	S^Θ（J·K^{-1}·mol^{-1}）	物　质	ΔH_f^Θ（kJ·mol^{-1}）	ΔG_f^Θ（kJ·mol^{-1}）	S^Θ（J·K^{-1}·mol^{-1}）
LiCl(s)	-408.61	-384.38	59.33	$Ni(OH)_2$(s)	-529.69	-447.26	87.86
Li_2O(s)	-597.94	-561.20	37.57	$Ni(NO_3)_2$(s)	-415.05	—	—
Li_2O_2(s)	-634.30			$NiSO_4$(s)	-872.90	-759.81	92.04
Mg(s)	0	0	32.68	NH_3(g)	-46.11	-16.48	192.34
Mg^{2+}(aq)	-466.85	-454.80	-138.07	NH_3(aq)	-80.29	-26.57	111.29
$MgCl_2$(s)	-641.32	-591.83	89.62	NH_4Cl(s)	-314.43	-202.97	94.56
$MgCO_3$(s)	-1 095.79	-1 012.11	65.69	NH_4I(s)	-201.42	-112.55	117.15
MgO(s)	-601.70	-569.44	26.94	$(NH_4)_2Cr_2O_7$(s)	-1 806.65	—	—
$Mg(OH)_2$(s)	-924.54	-833.57	63.18	NH_4NO_3(s)	-365.56	-184.01	151.08
$MgSO_4$(s)	-1 284.91	-1 170.68	91.63	$(NH_4)_2SO_4$(s)	-885.33	—	—
Mn(s)	0	0	32	* NH_4SCN(s)	-79	—	—
Mn^{2+}(aq)	-220.75	-228.03	-73.64	* $(NH_4)_2S_2O_8$(s)	-1 643	—	—
MnO_2(s)	-520.03	-465.18	53.05	NO(g)	90.25	86.57	210.65
$Mn(OH)_2$(沉淀)	-695.38	-615.05	99.16	NO_2(g)	33.18	51.30	239.95
MnO_4^-(aq)	-541	-447	191	N_2O(g)	82.00	104.18	219.74
MnS(s，绿色)	-214.22	-218.40	78.24	NO_2^-(aq)	-104.6	-32.22	123.00
$MnSO_4$(s)	-1 065.24	-957.42	112.13	N_2O_4(g)	9.16	97.82	304.18
MoO_3(s)	0	-668.02	77.74	NO_3^-(aq)	-207.36	-111.37	146.44
MoO_4^{2-}(aq)	-997.88	-836.38	27.20	O_2(g)	0	0	205.03
N_2(g)	-745.08	0	191.50	O_3(g)	142.67	163.18	238.82
Pb_3O_4(s)	-718.39	-601.24	221.29	SbO^+(aq)	—	-177.11	—
PbO_2(s)	-277.40	-217.36	68.62	Sb_2O_3(s)	-907.51	-795.80	127.19
$Pb(OH)_2$(s)	—	-452.29	—	Si(s)	0	0	18.83
* $Pb(NO_3)_2$(s)	-456	—	—	$SiCl_4$(l)	-687.01	-619.90	239.74
PbS(s)	-100.42	-98.74	91.21	SiF_4(g)	-1 614.94	1 572.68	282.38
$PbSO_4$(s)	-919.94	-813.20	148.57	SiF_4(aq)	—	-1 607.49	—
P(s，白色)	0	0	41.09	SiO_2(s，石英)	-910.94	-856.67	41.84
P(s，红色)	-17.57	-12.13	22.80	Sn(s，白色)	0	0	51.55
PCl_3(l)	-319.66	-272.38	217.15	Sn(s，灰色)	-2.09	0.13	44.14
PCl_5(s)	-443.50	—	—	$SnCl_4$(l)	-511.28	-440.15	258.57
PH_3(g)	5.44	13.39	210.12	SnO(s)	-285.77	-256.9	56.48
P_4O_6(s)	-1 640.12	—	—	SnO_2(s)	-580.74	-519.65	52.3

（续上表）

物质	$\Delta H_f^\ominus$ (kJ·mol^{-1})	$\Delta G_f^\ominus$ (kJ·mol^{-1})	$S^\ominus$ (J·K^{-1}·mol^{-1})	物质	$\Delta H_f^\ominus$ (kJ·mol^{-1})	$\Delta G_f^\ominus$ (kJ·mol^{-1})	$S^\ominus$ (J·K^{-1}·mol^{-1})
P_4O_{10}(s，六方)	-2 984.03	-2 697.84	228.86	SnS(s)	-100.42	-98.32	76.98
* PO_4^{3-}(aq)	-1 290	-1 032	-222	SnS_2(s)	—	—	87.44
Pb(s)	0	0	64.81	Sr^{2+}(aq)	-545.80	-559.44	-32.64
Pb^{2+}(aq)	1.67	-24.39	10.46	$SrCO_3$(s)	-1 220.05	-1 140.14	97.07
$PbCl_2$(s)	-359.41	-317.90	135.98	SrC_2O_4(s)	-1 370.68	—	—
$PbCrO_4$(s)	-930.94	—	—	$Sr(NO_3)_2$(s)	-978.22	-780.15	194.55
PbO(s，黄色)	-215.33	-187.90	68.70	$SrSO_4$(s)	-1 453.10	-1 340.97	117.15
PbO(s，红色)	-218.99	-188.95	66.52	$TiCl_4$(l)	-804.16	-737.22	252.34
S(s，斜方)	0	0	31.80	TiO_2(s，金红石)	-944.75	-889.52	—
S(s，单斜)	0.33	—	—	V_2O_5(s)	-1 550.59	-1 419.63	130.96
S^{2-}(aq)	33.1	85.8	-14.6	W(s)	0	0	32.64
SO_2(g)	-296.83	-300.19	248.11	WO_3(s)	-842.87	-74.08	75.90
SO_2(l)	-320.49	—	—	WO_4^{2-}(aq)	-1 075.71	—	—
SO_3(g)	-395.72	-371.08	256.65	Zn(s)	0	0	41.63
SO_3^{2-}(aq)	-635.55	-486.60	-29.29	Zn^{2+}(aq)	-153.88	-147.02	-112.13
SO_4^{2-}(aq)	-99.27	-744.63	20.08	ZnS(s，闪锌矿)	-205.98	-201.28	57.74
$S_2O_3^{2-}$(aq)	-652.28	—	—	$ZnCl_2$(s)	-415.05	-369.43	111.46
$S_2O_8^{2-}$(aq)	-1 338.88	-1 110.43	248.11	$ZnSO_4$(s)	-982.82	-874.45	119.66
** $S_4O_6^{2-}$(aq)	-686	-577	2.4×10^2	ZnO(s)	-348.28	-318.32	43.64
$SbCl_3$(s)	-382.17	-323.72	184.10	$ZnSO_4\cdot7H_2O$(s)	-3 077.75	-2 563.08	388.09

注：表中（g）、（l）、（s）和（aq）分别表示气态、液态、固态和水溶液。

本表数据摘自 R. C. Weast, *Handbook of Chemistry and Physics*, 68th edition (1987—1988)，并根据 1 cal = 4.184J 换算而得。

其余数据摘自：

*［澳］G. H. 艾尔活德，T. J. Y. 芬德利. ST 化学数据表. 周宁怀译. 北京：高等教育出版社，1985

** 印永嘉. 物理化学简明手册. 北京：高等教育出版社，1988